江苏省 农村地表集中式水源地 面源污染防控技术与示范

主编 边 博 吴海锁 王惠中 陆继来 邹 敏

中国环境出版社·北京

图书在版编目（CIP）数据

江苏省农村地表集中式水源地面源污染防控技术与示
范 / 边博等主编 . 一北京：中国环境出版社，2013.6
ISBN 978-7-5111-1341-2

Ⅰ . ①江… Ⅱ . ①边… Ⅲ . ①饮用水－水污染源－污
染控制－研究－江苏省 Ⅳ . ① X52

中国版本图书馆 CIP 数据核字（2013）第 035945 号

出 版 人　王新程
责任编辑　黄　颖
责任校对　唐丽虹
装帧设计　刘丹妮　宋　瑞

出版发行　**中国环境出版社**
　　　　　（100062　北京市东城区广渠门内大街 16 号）
　　　　　网　　　址：http://www.cesp.com.cn
　　　　　电子邮箱：bjgl@cesp.com.cn
　　　　　联系电话：010-67112765（编辑管理部）
　　　　　　　　　　010-67112417（科技标准图书出版中心）
　　　　　发行热线：010-67125803，010-67113405（传真）
印　　刷　北京市联华印刷厂
经　　销　各地新华书店
版　　次　2013 年 6 月第 1 版
印　　次　2013 年 6 月第 1 次印刷
开　　本　787×1092　1/16
印　　张　18.5
字　　数　345 千字
定　　价　65.00 元

《江苏省农村地表集中式水源地面源污染防控技术与示范》

编著委员会

主　编：边　博　　吴海锁　　王惠中

　　　　陆继来　　邹　敏

委　员：姜立伟　　周灵君　　常闻捷

　　　　蒋永伟　　范亚民　　朱增银

前　言

保障群众饮水安全是当前我国环境保护工作的首要任务。随着我国工业化、城镇化进程的不断加快，水资源开发利用强度不断加大，地表水体污染日益严重，地表水源地水质安全现状堪忧，农村饮水困难和饮水安全问题尤为突出。目前，我国农村饮水安全受影响人口大约为 3 亿人，其中饮用水水质不达标人口占 56.2%，存在缺水问题（水量、方便程度和保证率不达标）的人口比重达到 43.8%，农村饮水安全是确保全国饮水安全的重中之重。

江苏省是我国城镇化和工业化程度最高的重点省份，也是资源环境约束与经济快速发展矛盾最为突出的地区。2011 年全省地表水质总体处于轻度污染状态，湖库富营养化问题较重，农村地表水水质存在不同程度的氨氮、石油类、挥发酚等指标超标现象，直接威胁农村饮用水源地水质安全。目前，江苏省农村饮水安全受影响人口达 1 000 万人，占农村总人口的 27%，防控农村地表饮用水源地水质污染是江苏省饮用水安全的迫切任务。

目前，我国农村地表水源地水质安全保障普遍存在重视程度不够、法律法规不完善、管理体制不健全、系统保护方案和工程少、技术集成应用不足等突出问题，对水源地面源污染防控更是缺少针对面源突发性、间歇性、多途径等特征的系统技术手段，难以满足污染防控新形势的要求，致使农村饮用水源地保护效果不理想。因地制宜地研发低成本、高效率、易操作的水源地污染防控技术体系成为解决农村饮水安全技术的主要发展方向。

本研究以地表型水源地为研究对象，从水源地综合调查入手，全面摸清江苏省农村地表水源地自然特征和污染来源，诊断各类水源地存在的主要水质安全问题，按照水源地流域防控和污染全过程控制理念，结合空间地貌和生态景观和谐要求，以构建污染沿程逐级控制技术，层层削减污染物为目标，形成江苏省农村典型地表水源地面源污染防控模式。结合室内试验研究和区域污染物联控工程示范，探索耦合流域农业污染控制与水源地保护的长效良性互动机制，形成了"源头控制、过程削减、循环利用"的农村地表集中式饮用水源地面源污染防控技术和应用体系，为其他地区农村水源地污染防控提供管理模式和可推广应用的技术支撑。

由于编者水平有限，本书难免存在差错和遗漏，敬请广大读者批评指正。

感谢江苏省重点自然基金"江苏省农村水库型水源地水质安全保障技术研究"课题(编号：BK2010091) 和江苏省科技支撑计划项目"太湖河网疏浚泥建设生态堤防关键技术研究及工程示范"课题（编号：BE2011809）对本成果的联合资助。

目　录

1 绪 论

1.1 江苏省水环境现状

1.1.1 太湖流域及太湖湖体

太湖流域是我国经济最发达、人口最密集、城市化程度最高的地区之一。近年来，由于流域经济快速发展和不合理开发利用导致流域水生态状况急剧恶化，成为生态环境退化最为严重的地区之一。2007 年以来，水体污染状况略有好转，2009—2010 年的富营养化指数已降至 60 以下，整体呈波动下降趋势；总氮、总磷浓度总体水平依然较高，尤其是总氮居高不下，流域河网区水质污染较严重。2009 年江苏省 53 个国家考核断面中劣Ⅴ类断面比例为 13.2%；主要污染因子是氨氮、石油类、生化需氧量和总磷，这 4 项因子劣于Ⅲ类水质标准的断面比例分别为 54.7%、41.5%、41.5% 和 30.2%。高锰酸盐指数的污染水平较低，劣于Ⅲ类水的比例为 4.8%。太湖流域河网区 2005—2009 年水质监测结果见表 1-1 至表 1-3。

太湖湖体水质：2009 年江苏省 21 个太湖湖体国控断面水体水质均达不到Ⅲ类水标准，水质污染较重，其中劣于Ⅴ类的断面比例为 66.7%。五个湖区中，梅梁湾、西部沿岸区和湖心区水质污染最重，均为劣Ⅴ类水质；五里湖水质稍好，为Ⅳ类水。总氮、总磷为主要污染因子，全湖平均总氮为 2.64mg/L，相对于Ⅲ类水质标准超标 1.6 倍，全湖平均总磷为 0.083mg/L，相对于Ⅲ类水质标准超标 1.67 倍。全湖平均综合营养状态指数为 58.4，处于中富营养状态，5 个湖区中，西部沿岸区和东部沿岸区的总磷和总氮以及湖心区的总氮年均值未达到国家重点流域水污染防治 2010 年考核目标要求，其余湖区及指标均达标。

表 1-1　2009 年太湖各湖区监测与评价结果　　　　单位：mg/L

湖区名称	高锰酸盐指数		总磷		总氮		综合营养状态指数		水质类别	富营养化状况	上年同期	
	监测结果	2010年目标	监测结果	2010年目标	监测结果	2010年目标	监测结果	2010年目标			水质类别	富营养化状况
五里湖	4.6	7	0.070	0.15	1.39	6.5	56.2	65	Ⅳ	轻富	Ⅳ	轻富
梅梁湖	4.7	6.5	0.074	0.15	2.76	5	60.1	65	劣Ⅴ	中富	劣Ⅴ	中富
西部沿岸区	4.6	5.5	0.121	0.1	3.79	3	62.3	60	劣Ⅴ	中富	劣Ⅴ	中富
湖心区	3.8	4.4	0.068	0.07	2.16	1.5	56.2	60	劣Ⅴ	轻富	劣Ⅴ	轻富
东部沿岸区	3.6	4.2	0.053	0.05	1.69	1.5	52.1	55	Ⅴ	轻富	Ⅴ	轻富
全湖	4.2	—	0.083	—	2.64	—	58.4	—	劣Ⅴ	轻富	劣Ⅴ	中富

表 1-2　太湖河网区 53 个国家考核断面水质类别　　　　单位：%

年份	Ⅰ～Ⅲ类比例	劣Ⅴ类比例
2005	15.7	25.5
2006	20.8	24.5
2007	18.9	32.1
2008	30.2	22.6
2009	34.0	13.2

表 1-3　太湖河网区 53 个国家考核断面各水质指标劣Ⅲ类水比例　　　　单位：%

年份	pH 值	氨氮	高锰酸盐指数	汞	挥发酚
2005	0.0	74.5	29.4	0.0	35.3
2006	0.0	69.8	28.3	3.8	22.6
2007	0.0	66.0	37.7	3.8	26.4
2008	0.0	60.4	18.9	3.8	18.9
2009	0.0	54.7	17.0	3.8	7.5

年 份	铅	溶解氧	生化需氧量	石油类	总 磷
2005	0.0	35.3	52.9	68.6	41.2
2006	0.0	39.6	52.8	67.9	39.6
2007	0.0	37.7	58.5	54.7	62.3
2008	0.0	24.5	41.5	32.1	43.4
2009	0.0	18.9	41.5	41.5	30.2

1.1.2　淮河流域

淮河流域水质：淮河流域 2009 年江苏省 45 个国家考核断面中，劣 Ⅴ 类水断面比例达 13.3%；主要污染因子是高锰酸盐指数、总磷和氨氮，这 3 项因子劣于Ⅲ类水的比例分别为 20%、20% 和 17.8%，水质优于太湖流域。2009 年江苏省 6 个洪泽湖湖体国控断面水质劣于 Ⅴ 类，主要污染因子为总氮、总磷。总氮平均浓度为 2.38mg/L，劣于 Ⅴ 类，总磷平均浓度为 0.185mg/L，基本达到 Ⅴ 类，高锰酸盐指数为 4.0mg/L，达到Ⅲ类。全湖平均综合营养状态指数为 58.1，处于轻度富营养状态。

从 2005—2009 年水质变化趋势来看，劣 Ⅴ 类水断面比例分别为 11.4%、13.3%、8.9%、15.6% 和 13.3%，变化不明显。2005—2009 年高锰酸盐指数劣Ⅲ类的断面比例分别为 22.7%、22.2%、24.4%、22.2%、20%，劣于Ⅲ类水的断面呈减少趋势。氨氮劣于Ⅲ类的断面比例分别为 29.5%、31.1%、24.4%、15.6%、17.8%，呈减少趋势。总磷劣于Ⅲ类的断面比例分别为 29.5%、24.4%、24.4%、24.4%、20.0%，呈减少趋势。总体上看，淮河流域水质总体优于太湖流域，有改善趋势。

1.1.3　长江干流及入江支流

长江干流水质：2009 年长江干流 10 个省控断面水质均优于Ⅲ类，其中优于 Ⅱ 类水的断面比例为 70%。长江江苏段干流水质总体较好。

入江支流水质：2009 年长江支流 45 个省控断面劣 Ⅴ 类水比例为 24.4%，总磷、氨氮、高锰酸盐指数是主要污染因子，总磷超Ⅲ类水比例为 37.8%，氨氮超Ⅲ类水比例为 28.9%，高锰酸盐指数超Ⅲ类水比例为 17.8%。入江支流污染较为严重。

由表 1-4 可见：从 2005—2009 年长江干流水质变化趋势来看，长江干流优于 Ⅱ 类水质断面比例分别为 80%、100%、80%、80%、70%，水质总体呈下降趋势。

从 2005—2009 年长江支流水质变化趋势来看，劣 Ⅴ 类水比例分别为 26.5%、26.2%、28.9%、26.7%、24.4%。主要污染因子中，总磷超Ⅲ类水的断面比例分别为 41.2%、38.1%、44.4%、42.2%、37.8%；氨氮超Ⅲ类水的断面比例分别为 44.1%、42.9%、44.4%、37.8%、28.9%；高锰酸盐指数超Ⅲ类水的断面比例分别为 26.5%、23.8%、24.4%、15.6%、17.8%，长江支流断面水质总体变化不明显。

表 1-4　长江 10 个干流断面水质类别　　　　　　　　　单位：个

年　份	Ⅱ 类	Ⅲ 类	总计
2005	8	2	10
2006	10	0	10
2007	8	2	10
2008	8	2	10
2009	7	3	10

1.1.4　主要饮用水水源地

2009 年长江干流水源地水质达标率为 100%，太湖流域为 98%，淮河流域为 92%。江苏省三大流域集中式饮用水源地水质达标率见表 1-5。三大流域集中式饮用水水源地水质超标率见表 1-6 至表 1-8。由表 1-5 至表 1-8 可以得到：从 2005—2009 年的水质变化趋势来看，太湖流域水源地水质达标率分别为 100%、99.1%、98.8%、98.3%、98.3%，变化不明显；长江流域水源地水质达标率分别为 98.5%、96.6%、98.8%、99.8%、100%，变化不明显；淮河流域水源地水质达标率分别为 85.6%、97.3%、96.3%、90.3%、91.9%，变化不明显，水源地水质总体较稳定。

表 1-5　2005—2009 年江苏省三大流域集中式饮用水源地水质达标率　　　单位：%

年　份	太湖流域	长江流域	淮河流域
2005	100.0	98.5	85.6
2006	99.1	96.6	97.3
2007	98.8	98.8	96.3
2008	98.3	99.8	90.3
2009	98.3	100.0	91.9

表 1-6　江苏省长江干流集中式饮用水源地主要水质超标率　　　单位：%

年　份	苯	挥发酚	溶解氧	铁
2005	0.26	0.49	0.52	0.26
2006	0.00	0.00	0.00	0.00
2007	0.00	0.34	0.00	0.81
2008	0.00	0.00	0.00	0.00
2009	0.00	0.00	0.00	0.00
年　份	石油类	阴离子表面活性剂	四氯化碳	五日生化需氧量
2005	0.26	0.00	0.00	0.00
2006	2.60	1.06	0.00	0.11
2007	0.00	0.00	0.00	0.00
2008	0.00	0.00	0.22	0.00
2009	0.00	0.00	0.00	0.00

表 1-7 江苏省太湖流域集中式饮用水源地主要水质超标率 单位：%

年 份	pH	氨氮	氟化物	溶解氧	五日生化需氧量
2005	0.00	0.00	0.00	0.00	0.00
2006	0.00	0.00	0.00	0.94	0.94
2007	0.00	0.00	1.21	0.00	0.00
2008	0.00	0.83	0.00	0.00	0.84
2009	1.69	0.00	0.00	0.00	0.00

表 1-8 江苏省淮河流域集中式饮用水源地水质超标率 单位：%

年 份	氨氮	溶解氧	高锰酸盐指数	镉	铅	挥发酚	硫化物
2005	0.51	3.36	0.81	4.42	1.54	0.00	0.00
2006	0.00	0.79	0.00	0.00	0.00	0.04	0.00
2007	0.22	1.07	0.00	0.27	0.00	0.00	0.00
2008	0.00	7.55	0.00	0.00	0.00	0.00	0.28
2009	0.18	6.90	0.00	0.00	0.00	0.00	0.00
年 份	锰	铁	石油类	四氯化碳	五日生化需氧量	硝酸盐	阴离子表面活性剂
2005	0.00	2.66	4.41	0.00	0.00	0.00	0.61
2006	0.47	0.56	0.00	0.00	0.00	0.79	0.00
2007	0.00	0.00	0.00	1.69	0.71	0.00	0.00
2008	0.53	0.00	1.34	0.00	0.00	0.00	0.00
2009	2.97	1.98	0.00	0.57	0.00	0.00	0.00

1.2 我国农村饮用水水源概况

1.2.1 农村饮用水水源概念

不同水域的水质差异较大，并非所有水源都可作为饮用水源。为了辨别哪些水源可以作为饮用水，哪些水源不可以作为饮用水，在原国家环保总局制定的《地表水环境质量标准》（GB 3838—2002）中，依据地表水水域环境功能和保护目标，按功能高低可分为五类水，评价指标主要有色、嗅、味、透明度、水温、矿化度、总硬度、pH 值、生化需氧量和化学需氧量等，在五类水中只有满足 I ～ III 类水质标准的水域可以作为饮用水水源。农村饮水安全，是指农村居民能够及时、方便地获得足量、洁净、负担得起的生活饮用水。我国是一个人口众多的发展中国家，受自然、地理、经济和社会等条件的制约，农村饮水困难和饮水不安全问题突出，必须经过净化处理或寻找优质水源才能满足饮水卫生安全要求。

农村饮用水源是指可以为农村居民生活及公共服务用水提供取水工程的水域地区。按照水源类型主要可以分为地下水、湖泊、河流以及水库等，在我国南方的农村地区一般采用河流、湖泊、水库等作为饮用水水源地；北方地区由于水资源的限制，多采用地下水作为饮用水水源。按照供水人口数量可以分为两类：供水人口小于1 000人的为分散式饮用水水源地，大于1 000人的为集中式饮用水水源地，我国大部分农村为分散式饮用水源地。相对地，供水方式也分为分散式供水和集中式供水：分散式供水指用户直接从水源地取水，未经任何处理及消毒或仅用简单的设施处理的供水方式；而集中式供水指自水源集中取水，通过输配水管网送到用户或者公共取水点的供水方式，包括自建设施供水。为用户提供日常饮用水的供水站和为公共场所、居民社区提供的分质供水也属于集中式供水，由于经济限制或地理气候等因素影响，在我国农村大部分地区采取的还是分散式供水的方式。

1.2.2 农村饮用水水源现状

世界卫生组织调查表明，在发展中国家，80%的疾病是由于不安全的饮用水和恶劣的卫生条件造成的[1]，水质不良可引起多种疾病，通过饮水发生和传播的疾病就有50多种，不安全的饮用水和恶劣的卫生条件每年导致超过500万人死亡[2]。因此饮用水安全直接关系到人类健康，安全优质饮用水是维系社会稳定的基础。

目前，我国农村饮用水的现状是缺水和水质污染并存[3]，饮用污染地表水和地下水、氟砷含量超标的水、苦咸水已成为威胁农民健康三大隐患，3亿多农民的饮用水不合格，农村饮用水符合饮水卫生条件的仅为66%[2-4]。

1.2.2.1 资源性缺水

虽然我国淡水总资源量丰富达到全球水资源总量的6%，但是人均占有量却只有2 300m³，且具有时空分布不均的特点，南北方差异较大，在我国东南沿海、长江中下游地区年平均降水量最高可达2 000mm，黄河上、中游及东北大兴安岭以西地区年降水量仅仅为200 ～ 400mm，部分北方地区降水量在时间上分布表现为夏季降水达全年降水的50%以上，而冬季降水还不足10%。

北方地区水资源稀缺，随季节变化幅度较大，农村多以供水相对稳定的地下水作为饮用水水源，近年来部分地区地下水超采严重，导致部以地下水为水源的自来水厂供水不足，甚至枯竭。我国南方地区，水资源储量大、河网密布、水系发达、水量相对稳定，农村多以河流、湖泊和水库等地表水作为饮用水源，遇干旱年水源保证率有时也难以保证。

1.2.2.2 水质性缺水

随着人口的急剧增长和工业生产的快速发展，农村水体污染日益严重，对地表水水源构成严重威胁，地表水水源水质下降已成为我国农村重要的潜在饮用水环境风险。2008 年我国七大水系的 409 个水质监测断面中，Ⅰ～Ⅲ类水质断面比例占 55.0%，比上年提高 5.1 个百分点；劣 V 类水质断面比例占 20.8%，比上年下降 2.8 个百分点。七大水系水质总体上持续好转，部分流域污染仍然严重。

2009 年，七大水系的 409 个水质监测断面中，Ⅰ～Ⅲ类水质断面比例占 57.1%，比上年提高 2.1 个百分点；劣 V 类水质断面比例占 18.4%，比上年下降 2.4 个百分点。七大水系水质总体上持续好转，部分流域污染仍然严重。

2010 年，国家地表水污染依然较重。长江、黄河、珠江、松花江、淮河、海河和辽河七大水系总体为轻度污染。204 条河流 409 个地表水国控监测断面中，Ⅰ～Ⅲ类、Ⅳ～Ⅴ类和劣 V 类水质的断面比例分别为 59.9%、23.7% 和 16.4%，如图 1-1 所示。主要污染指标为高锰酸盐指数、五日生化需氧量和氨氮。其中，长江、珠江水质良好，松花江、淮河为轻度污染，黄河、辽河为中度污染，海河为重度污染[5]。

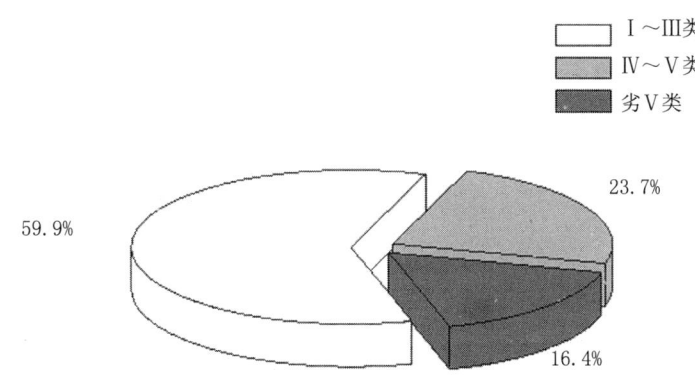

图 1-1　2010 年我国七大水系水质总体情况

中科院南京地理与湖泊研究所对我国 67 个主要湖泊水质和富营养化现状的调查和评价结果中，大约有 70% 的湖泊受到污染（Ⅳ～劣 V 类）。其中属Ⅳ类水质的湖泊有 18 个，占调查湖泊数量的 26.9%，面积为 10 394km²，占调查湖泊总面积的 55.6%；属 V 类水质的湖泊 10 个，占 14.9%，面积占 25.6%；属劣 V 类水质的湖泊 17 个，占 25.3%，面积占 0.9%。湖泊富营养化评价结果表明，67 个主要湖泊中：属贫营养湖泊数量为零；属中营养的湖泊为 18 个，占调查湖泊总数的 26.9%，面积为 701 311km²，占调查湖泊总面积的 37.6%；属富营养型的湖泊为 49 个，占调查湖泊数量的 73.1%，面积为 1 163 255km²，占调查湖泊总面积的 62.4%。从湖泊数量上来看，有近 3/4 的湖泊已达富营养程度，所占的面积也接近总面积的 2/3，表明当前我国湖泊富营养化问题十分突出[6]。

1.2.2.3 工程型缺水

我国农村集中式供水规模普遍较小，全国农村集中式供水受益人口 4 亿多，约占农村总人口的 60%，日供水量大于 200m³ 的集中式供水工程受益人口仅占农村总人口的 15%[7]。

江苏省农村集中式供水工程规模小于 200m³/d 的工程为 4 266 处，占总数的 64.3%，200 ～ 1 000 m³/d 的工程有 1 704 处，占总数的 25.7%，现状日供水规模大于 1 000m³ 的水厂有 661 处，占总数的 10.0%。分散式供水人口 1 083.3 万人，主要集中在徐州、连云港、淮安、宿迁等市，其中有供水设施的人口为 989.5 万人，占全省农村人口总数的 19.5%；无供水设施的人口主要分布在盐城、淮安、泰州、宿迁和扬州等市，多为直接取自水库、塘坝、河流等，人数为 93.8 万人，占全省农村总人口数的 1.8%。

1.2.2.4 农村饮用水源现状成因

2005 年以来，国家组织实施了《2005—2006 年农村饮水安全应急工程规划》和《全国农村饮水安全工程"十一五"规划》，共计解决 2.21 亿农村人口的饮水安全问题。截至 2010 年年底，原农村饮水安全现状调查评估核定的饮水不安全人数还剩余 1.02 亿，其中氟超标 1 108 万人，苦咸水 1 114 万人，铁锰、微污染等其他水质问题 4 074 万人，水量不足、取水不便、保证率低等缺水问题 3 924 万人。依据调查资料汇总分析，饮水不安全人数增加主要原因如下：

（1）水源来水减少，部分工程水源枯竭。气候变化等原因造成江河溪流水量减少，部分地区地下水超采，造成地下水水位下降，使得饮用水水源水量大幅减少甚至枯竭。新增缺水人口主要分布在近年来发生重大干旱、造成当地居民饮水困难的广西、重庆、四川、云南和新疆等西部地区。各地上报数据中，由于水源枯竭等原因新增饮水安全受影响人数为 5 738 万人。

（2）水污染加剧，部分饮用水水源水质恶化。在经济快速增长的同时，水污染问题日益突出。由于采矿、工业废水排放、农药化肥不合理使用、畜禽养殖和生活污水排放、农村垃圾处理不当等原因造成农村水环境恶化，水源污染加剧，使一些地区水源水质下降。各地上报数据中，水污染造成新增饮水安全受影响人数为 5 115 万。

（3）已建工程建设标准低，老化失修严重。20 世纪 90 年代以前建设的工程，建设标准偏低，经过多年运行，现已达到或接近报废年限，许多工程老化破损严重，有的已报废失效。这些工程覆盖人口需重新纳入规划安排解决。各地上报数据中，因工程破损报废而新增的饮水不安全人数为 1 096 万；因工程建设标准低而新增的饮水不安全人数为 4 145 万。

（4）饮用水水质标准提高带来的新增人数。2005年开展农村饮水安全现状调查评估时，衡量饮水是否安全的一项主要依据就是《生活饮用水卫生标准》（GB 5749—1985）及《农村实施〈生活饮用水卫生标准〉准则》（1991）。2007年新的《生活饮用水卫生标准》（GB 5749—2006）开始实施。新标准与原标准相比，水质指标由35项增加至106项，其中7项指标实施了更加严格的限值。对农村小型集中式供水和分散式供水的部分水质指标，氟化物限值由原来的1.5mg/L调整为1.2mg/L；氯化物由原来的450mg/L调整为300mg/L；硫酸盐由原来的400mg/L调整为300mg/L；溶解性总固体由原来的2 000mg/L调整为1 500mg/L；总硬度由原来的700mg/L调整为550mg/L等。据调查复核，全国因水质标准提高造成的新增饮水不安全人数为5 861万人。按照形成原因分类，各地上报的22 633万新增饮水安全受影响人数中，水污染5 115万，水源枯竭5 738万，工程报废1 096万，工程建设标准低4 145万及饮用水水质标准提高新增水质问题人数5 861万。

1.2.3　农村饮用水水源地类型

我国农村饮用水源类型将其大致分为两类：地表水源和地下水源。地表水源主要包括湖泊、水库、河流等；地下水源包括浅层地下水、深层地下水、泉水和裂隙水等。缺水地区也可以蓄积降水作为饮用水，在黄土高原地区窖窖水通常也被用作农村饮用水。《2010年中国环境状况公报》显示全国地表水污染依然较重。七大水系总体为轻度污染，湖泊（水库）富营养化问题突出26个国控重点湖泊（水库）中，Ⅴ类及劣Ⅴ类共16个，占61.6%。主要污染指标是总氮和总磷。重度富营养的1个，中度富营养的2个，轻度富营养的11个，占53.8%，见图1-2。

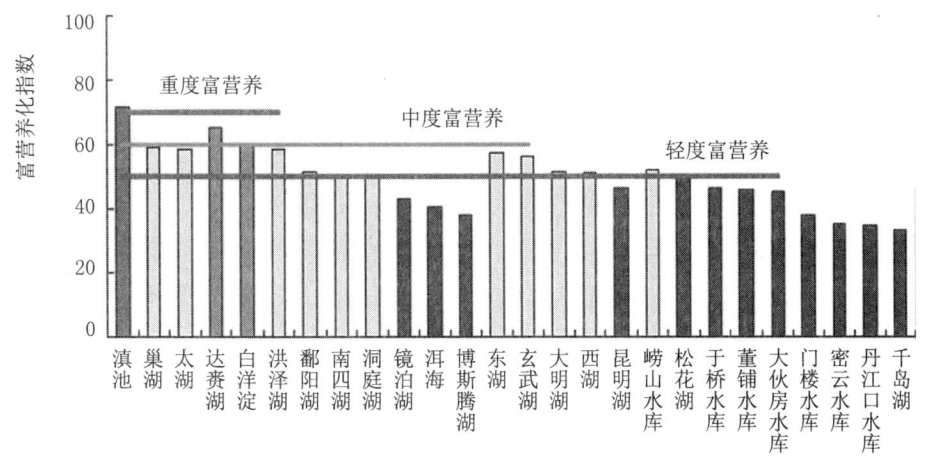

图1-2　2010年重点湖泊（水库）综合富营养化指数

1.2.3.1 湖泊型水源地

湖泊是陆地表面洼地积水形成的比较宽广的水域，湖泊水源优点在于水位变化小，流速缓慢，水量、水质较稳定；缺点在于稀释混合能力较差，水交换缓慢，易繁殖藻类，出现富营养化现象[8]。我国五大淡水湖泊鄱阳湖、洞庭湖、太湖、洪泽湖、巢湖均受到不同程度的污染，不同程度上影响着当地农村居民的饮水安全。2008年太湖生态安全指数为40.59，属不安全状态；巢湖处于"差"的状态；滇池2001年以后得分都在20分以下，都为Ⅴ级严重污染；鄱阳湖生态安全状况总体"安全"，接近"一般"安全水平；东洞庭湖区处于中度灾变的初级阶段。6大湖泊安全水平顺序为：鄱阳湖＞洞庭湖＞洪泽湖＞巢湖＞太湖＞滇池。

鄱阳湖：总面积3 960km²，是我国最大的淡水湖泊，水资源丰富，2000年时Ⅲ类水的断面占总断面比例达到了42.1%，鄱阳湖水质处于不断下降的趋势[9]。

洞庭湖：总面积2 740km²，为中国第二大淡水湖，2008—2010年水质均为Ⅴ类和劣Ⅴ类，总磷和总氮是主要污染因子，贡献率达到60%[10]。

太湖：总面积达2 338km²，太湖"十一五"期间流域总体水质有所改善，湖泊富营养化程度减轻，总氮仍是影响太湖水质的主要污染指标，其浓度一直处于较高水平，仍为劣Ⅴ类。2011年，太湖流域环湖河流水质总体为轻度污染。主要污染指标为氨氮、五日生化需氧量、石油类、高锰酸盐指数和挥发酚。流域内省控断面中，Ⅱ～Ⅲ类断面有38个，占25.0%；Ⅳ～Ⅴ类断面有101个，占66.4%；劣Ⅴ类断面有13个，占8.6%。与2010年相比，太湖流域环湖河流总体水质略有好转，劣Ⅴ类断面比例下降7.0个百分点。

巢湖：水域面积约769.5km²，2012年湖体水质总体为Ⅳ类，轻度污染，其中东半湖为Ⅳ类水质，西半湖为Ⅴ类水质。主要污染指标为总磷、化学需氧量和石油类。湖体总体为轻度富营养状态，其中东半湖为中营养状态，西半湖为中度富营养状态。与2011年同期相比，全湖营养状态无明显变化。2012年环湖河流总体为中度污染。主要污染指标为石油类、氨氮和溶解氧。19个断面中，Ⅰ～Ⅲ类、Ⅳ～Ⅴ类和劣Ⅴ类水质断面比例分别为31.6%、42.1%和26.3%。

洪泽湖：总面积达2 069km²，污染主要来自于上游淮河一带的点源污染，且点源污染占总污染的80%以上[11]。2011年水质受总磷影响，全湖处于Ⅴ类，综合营养状态指数为59.0，处于轻度富营养状态。高锰酸盐指数和总氮浓度较2010年分别上升5.9%和6.3%，总磷浓度无明显变化，营养状态指数较2010年上升0.5。

1.2.3.2 水库型水源地

水库水与湖泊水有相似的特点，一直处于缓慢的对流状态，水体自净速度迟缓，导致水质富营养化问题突出[12]。水库水污染主要来自于包括农药、肥料、牲畜排泄物的农业污染和集水流域地区工业废水、废渣，以及居民生活污水。乡镇地表径流、矿区地表径流、大气降水与降尘等也是造成水库水体富营养化不可忽视的重要污染源。2005—2008年原国家环保总局对10座大型水库（分别为大伙房水库、玉桥水库、丹江口水库、崂山水库、松花湖、董铺水库、门楼水库、密云水库、千岛湖和石门水库）的监测统计结果中，大部分为中营养状态，少数呈现轻度或中度富营养状态，极少数为贫营养状态，如表1-9所示。

表1-9 2005—2008年全国10座大型水库水质对比分析

水库名称	营养状态级别				水质类别				主要污染指标
	2005	2006	2007	2008	2005	2006	2007	2008	2005—2008
大伙房水库	中营养	中度富营养	轻度富营养	中营养	劣V	劣V	V	V	总氮
于桥水库	轻度富营养	中营养	中营养	中营养	IV	V	V	V	总氮
丹江口水库	中营养	中营养	中营养	中营养	III	III	III	IV	总氮
崂山水库	中营养	中营养	中营养	中营养	劣V	劣V	劣V	劣V	总氮
松花湖	中营养	中营养	中营养	中营养	V	V	V	V	总氮、总磷
董铺水库	中营养	中营养	中营养	中营养	III	III	III	III	—
门楼水库	中营养	中营养	中营养	中营养	劣V	劣V	劣V	劣V	总氮
密云水库	中营养	轻度富营养	中营养	中营养	III	III	II	II	—
千岛湖	贫营养	贫营养	中营养	中营养	III	III	III	IV	总氮
石门水库	项目不全未计算	项目不全未计算	—	项目不全未计算	II	II	II	II	—

1.2.3.3 河流型水源地

河流具有流程长，汇流面积大，取用方便的特点，但是水中含悬浮物和胶态杂质较多，水量和水质随季节和地理位置变化，不稳定，洪水期水量大，浊度高，枯水期水量小、浊度低。河流虽有一定的稀释与自净能力，由于浑浊度与细菌含量较高，不易彻底去除，且与海邻近的河流还易受潮汐影响，使得盐类含量升高。我国河流流域主要有七大水系、浙闽片河流、西南诸河和内陆诸河，七大水系分别为长江水系、黄河水系、珠江水系、松花江水系、淮河水系、海河水系以及辽河水系，各水系水质类别比例见图1-3。

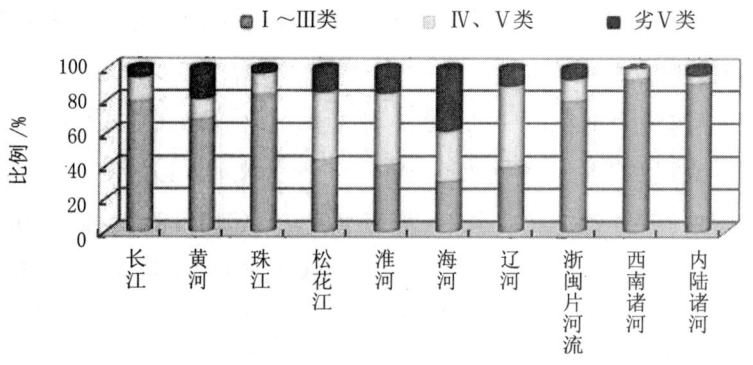

图1-3 2011年各水系水质类别比例

长江、黄河、珠江、松花江、淮河、海河、辽河、浙闽片河流、西南诸河和内陆诸河十大水系监测的469个国控断面中，Ⅰ～Ⅲ类、Ⅳ～Ⅴ类和劣Ⅴ类水质断面比例分别为61.0%、25.3%和13.7%。主要污染指标为化学需氧量、五日生化需氧量和总磷。

长江水系：水质总体良好。94个国控断面中，Ⅰ～Ⅲ类、Ⅳ～Ⅴ类和劣Ⅴ类水质断面比例分别为80.9%、13.8%和5.3%。干流水质为优，与2010年相比无明显变化。支流总体为轻度污染，主要污染指标为总磷、氨氮和五日生化需氧量。62个国控断面中，Ⅰ～Ⅲ类、Ⅳ～Ⅴ类和劣Ⅴ类水质断面比例分别为72.6%、19.3%和8.1%。其中，雅砻江、汉江和嘉陵江水质为优，大渡河、沅江、湘江和赣江水质良好，岷江和沱江为轻度污染，乌江为重度污染。

黄河水系：总体为轻度污染。主要污染指标为氨氮、化学需氧量和五日生化需氧量，43个国控断面中，Ⅰ～Ⅲ类、Ⅳ～Ⅴ类和劣Ⅴ类水质断面比例分别为69.8%、11.6%和18.6%。干流水质为优，与2010年相比无明显变化。支流总体为中度污染。主要污染指标为氨氮、化学需氧量和石油类，与2010年相比，水质无明显变化。支流中沁河和洛河水质为优；伊河和伊洛河水质良好；湟水和北洛河为轻度污染；大黑河为中度污染；其余河流均为重度污染。省界河段总体为中度污染。主要污染指标为总磷、氨氮和高锰酸盐指数。

珠江水系：水质总体良好。33个国控断面中，Ⅰ～Ⅲ类、Ⅳ～Ⅴ类和劣Ⅴ类水质断面比例分别为84.8%、12.2%和3.0%。干流水质良好，与2010年相比，水质无明显变化。广州段为轻度污染，主要污染指标为石油类和氨氮。支流水质总体为优。14个国控断面中Ⅰ～Ⅲ类和劣Ⅴ类水质断面比例分别为92.9%和7.1%。

松花江水系：总体为轻度污染。主要污染指标为高锰酸盐指数、总磷和五日生化需氧量。42个国控断面中，Ⅰ～Ⅲ类、Ⅳ～Ⅴ类和劣Ⅴ类水质断面比例分别为45.2%、40.5%和14.3%。干流为轻度污染，主要污染指标为化学需氧量、总磷和氨氮，

江苏省农村地表集中式水源地面源污染防控技术与示范

11 个国控断面数据的水质与 2010 年相比无明显变化。松花江支流总体为中度污染，主要污染指标为高锰酸盐指数、氨氮和五日生化需氧量。14 个国控断面中，Ⅰ～Ⅲ类、Ⅳ～Ⅴ类和劣Ⅴ类水质断面比例分别为 42.9%、28.5% 和 28.6%。省界河段总体为轻度污染，主要污染指标为总磷、高锰酸盐指数和氨氮，与 2010 年相比，Ⅰ～Ⅲ类水质断面比例持平，劣Ⅴ类水质断面比例降低 33.3 个百分点，水质明显好转。

淮河水系：总体为轻度污染。主要污染指标为化学需氧量、总磷和五日生化需氧量。86 个国控断面中，Ⅰ～Ⅲ类、Ⅳ～Ⅴ类和劣Ⅴ类水质断面比例分别为 41.9%、43.0% 和 15.1%。干流水质为优，支流水质总体为轻度污染，均与 2010 年无明显变化。山东省境内 18 个国控断面中，Ⅲ类、Ⅳ～Ⅴ类和劣Ⅴ类水质断面比例分别为 38.9%、55.5% 和 5.6%。与 2010 年相比，Ⅰ～Ⅲ类水质断面比例提高 27.8 个百分点，水质明显好转。

海河水系：总体为中度污染。主要污染指标为化学需氧量、五日生化需氧量和总磷。63 个国控断面中，Ⅰ～Ⅲ类、Ⅳ～Ⅴ类和劣Ⅴ类水质断面比例分别为 31.7%、30.2% 和 38.1%。海河干流 2 个国控断面中，Ⅳ类和劣Ⅴ类水质断面各 1 个。主要污染指标为总磷、化学需氧量和氨氮。与 2010 年相比，三岔口断面水质由劣Ⅴ类好转为Ⅳ类。海河水系其他主要河流总体为中度污染。主要污染指标为化学需氧量、五日生化需氧量和石油类。61 个国控断面中，Ⅰ～Ⅲ类、Ⅳ～Ⅴ类和劣Ⅴ类水质断面比例分别为 32.8%、29.5% 和 37.7%。与 2010 年相比，水质无明显变化。

辽河水系：总体为轻度污染。主要污染指标为五日生化需氧量、石油类和氨氮。37 个国控断面中，Ⅰ～Ⅲ类、Ⅳ～Ⅴ类和劣Ⅴ类水质断面比例分别为 40.5%、48.7% 和 10.8%。干流为轻度污染。主要污染指标为五日生化需氧量、石油类和化学需氧量。其中，老哈河和东辽河水质良好，辽河为轻度污染，西辽河为中度污染。辽河支流 3 个国控断面中，Ⅳ类、Ⅴ类和劣Ⅴ类水质断面各 1 个。辽河水系 3 个国控省界断面中，Ⅱ类水质断面 1 个，Ⅳ类水质断面 2 个。与 2010 年相比，辽宁铁岭吉、蒙辽交界的辽河福德店断面水质由劣Ⅴ类好转为Ⅳ类。

浙闽片河流：水质总体良好。31 个国控断面中，Ⅰ～Ⅲ类、Ⅳ类和劣Ⅴ类水质断面比例分别为 80.6%、12.9% 和 6.5%。浙江境内河流总体为轻度污染。主要污染指标为石油类、五日生化需氧量和化学需氧量。13 个国控断面中，Ⅰ～Ⅲ类、Ⅳ～Ⅴ类和劣Ⅴ类水质断面比例分别为 61.5%、30.8% 和 7.7%。与 2010 年相比，水质无明显变化。福建境内河流水质总体为优。18 个国控断面中，Ⅰ～Ⅲ类和劣Ⅴ类水质断面比例分别为 94.4% 和 5.6%。与 2010 年相比，水质无明显变化。

西南诸河：水质总体为优。17 个国控断面中，Ⅰ～Ⅲ类和Ⅳ类水质断面比例分别为 94.1% 和 5.9%。西藏境内河流水质总体良好。6 个国控断面中，Ⅱ类和Ⅳ类水质断面比例分别为83.3%和16.7%。与2010年相比，水质无明显变化。云南境内河流水质总体为优。11个国控断面中，Ⅱ类和Ⅲ类水质断面比例分别为36.4%和63.6%。与2010年相比，Ⅰ～Ⅲ类水质断面比例提高18.2个百分点，劣Ⅴ类水质断面比例降低18.2个百分点，水质明显好转。

内陆诸河：水质总体为优。23个国控断面中，Ⅰ～Ⅲ类、Ⅳ类和劣Ⅴ类水质断面比例分别为91.4%、4.3%和4.3%。与2010年相比，Ⅰ～Ⅲ类水质断面比例提高9.3个百分点，劣Ⅴ类水质断面比例降低2.8个百分点，水质有所好转[13]。

1.2.3.4 地下水源

地下水，是贮存于包气带以下地层空隙，包括岩石孔隙、裂隙和溶洞之中的水，水量稳定，水质好，是水资源重要组成部分。2011年中国环境状况公报中，全国共200个城市地下水水质监测点共计4 727个。优良、良好、较好水质的监测点比例共为45.0%，较差、极差水质的监测点比例为55.0%。其中，4 282个监测点有连续监测数据。与2010年相比，17.4%的监测点水质好转，67.4%的监测点水质保持稳定，15.2%的监测点水质变差。176个城市的连续监测数据中，65.9%的城市地下水水质保持稳定；水质好转和变差的城市比例相当，水质好转的城市主要分布在四川、贵州、西藏、内蒙古和广东等省（自治区），水质变差的城市主要分布在甘肃、青海、浙江、福建、江西、湖北、湖南和云南等省[13]，见图1-4。

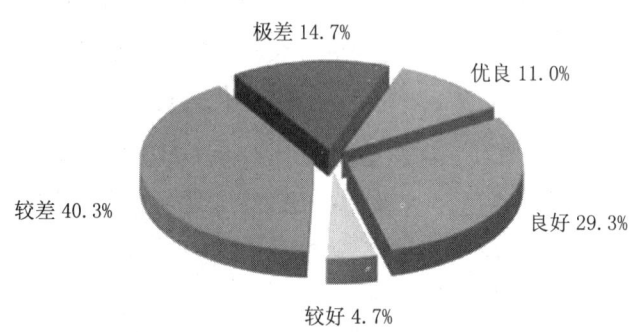

图1-4 2011年全国地下水水质类别比例

江苏省全省地下水集中供水工程5 665处，主要集中在苏北地区及苏中部分地区，现状用水人口2 263.4万人，占集中供水人口的56.7%。主要开采第Ⅱ、第Ⅲ承压孔隙水和溶岩裂隙水。地下水水源水质状况良好，基本均能达到Ⅲ类标准。但由于地下水超采和地表污染水渗透，目前地下水水质有一定程度下降[14]。

1.2.4 农村饮用水水源的主要污染源

污染源按人类活动功能可分为工业污染源、农业污染源、生活污染源、交通污染源等；按分布特性可分为点源和面源等；按空间位置可分为固定源和移动源等；按时间特点可分为恒定污染源、间歇变动源、瞬时污染源等。由于污染物具有种类繁多、数量庞大的特点，单纯依靠调查、监测不仅无法获得区域、流域真实排污量，还难以保证污染源调查的有效性，从污染源、区域和流域三个层次构建流域水污染物排放总量核定体系，以检验污染源调查的准确性、有效性和排污总量的合理性。

在污染源层次，主要根据污染源类型与特征的不同，以调查监测结果为基础，分别采用物料平衡、产污／排污系数、特征值分析、相关数据对比以及经验模型等方法核算或校核单个污染源的排污总量。

在区域层次，主要以区域宏观统计数据为依据，通过典型调查监测或一般经验获得的特征参数核算或核定行政区的排污总量。

在流域层次，主要通过识别地区间差异特征、分析污染物负荷构成比例及其变化趋势来研究排污总量的合理性，从而核定流域水污染物的排放总量。

1.2.4.1 工业污染源

确定污染物排放量是工业污染源调查的核心内容，对重点工业污染源、废水直接排入水环境的污染源，主要根据环境统计、排污申报、污染源普查等相关资料进行核算，对不同来源数据差异较大，或缺少化学需氧量、氨氮、总氮和总磷等主要污染物排放数据的企业要进行现场调查和监测，对污染物排放量进行补充和验证。补充验证的方法有物料衡算法、经验计算法（排放系数或排污系数法）、实测法、特征值分析法和相关数据对比分析法，重点是对比调查数据与现有用水、排水、排污等统计数据，分析数据不一致的原因，确定反映实际排污量的数据。

1.2.4.2 种植业污染源

农田化肥的流失是氮、磷的主要来源之一。不合理的农业经营活动会破坏土壤结构，造成沙土流失，使土壤中的氮、磷随径流迁移至水体。化肥的流失量与农田的土壤质地、透水性能、覆盖程度、施肥水平有关，施肥量越大，流失率越高，每公顷施肥小于150kg，NO_3-N 的淋溶率在 10%，大于 150kg 时 NO_3-N 的淋溶率为 20% 左右，每逢插秧季节，河流氮浓度普遍升高。目前，中国化肥的利用率不高，发达国家农田化肥中 N、P、K 的比例为 1∶0.5∶0.5，而我国农田化肥的 N、P、K 的比例为 1∶0.32∶0.15[15]，N 和 P 过剩。发达国家氮肥的利用率为 50% 以上，我国氮肥利用率仅为 30%～35%，大部分的肥料通过各种途径流失。未被吸收的氮、磷元素除部分被土壤吸附存留于土壤中外大部分则通过地表径流、农田排水进入地表和地下水体导致水体富营养化和其他水体污染。

1.2.4.3 农村生活污染源

农村生活污水是指农村居民在日常生活中产生的废水，包括粪尿污水、生活杂排水（包括洗衣水、洗碗水、洗浴水、清洗水及厨房用水）等，是农村饮用水源污染的又一个重要成因。污染物包括：病原微生物、有机物以及氮磷富营养化污染物等，这些物质改变了水体的pH值和溶解氧，产生恶臭，使水的硬度升高。由于农村居住分散，加上大多数农村集体经济实力有限，缺乏有效管理和技术处理能力，缺乏完善的排水和垃圾清运处理系统，大多数村落没有收集系统，污水肆意流淌；有收集系统的村落，也仅是不完整的无盖明渠，渠道淤积堵塞严重，每逢雨季污水则四处流淌。调查发现，大部分农户仍保留着粪便还田的传统。调查表明24%的农户生活废水选择了直接排入村河，50%的农户排水采用排入屋后及地表渗入地下，排入沟渠的农户有25%，部分农户选择两种以上的方式，还有少数农户排入化粪池、田地等方式。农村生活污水不能有效地收集，难以得到有效的控制，农村生活污染已成为威胁农村饮用水安全的重要隐患之一。

1.2.4.4 畜禽养殖污染源

2010年2月公布的第一次中国污染普查公报显示水污染源主要来自于农业排放，占2007年全国废水中化学需氧量的43.7%，总氮、总磷的57.2%和67.4%。而在农业污染中，畜禽养殖污染最大，化学需氧量、总氮和总磷分别占农业污染源的96%、38%和56%，超过了化肥和农药，江苏省畜禽养殖无论是集约化规模养殖的大中型饲养场还是大小规模化养殖场均以家禽和猪为主，其中家禽占总养殖量的60%以上，猪的养殖量大约20%[16]，养猪业对水质污染居首位，其次是家禽，据相关数据显示一头猪一天产生并排放的废水相当于7个人生活产生的废水。畜禽养殖过程中，大量未经处理的动物粪便、剩余饲料、残留兽药等被随意排放到环境中，给周边的土壤、空气以及水源造成污染，而污水的处理又严重滞后，导致水体中各种污染物无限扩散，畜禽养殖对大气的污染主要来自于养殖场产生的恶臭、有害气体及携带病原微生物的粉尘等[17]。动物粪便中含有大量的N、P等有机物，导致大量磷和畜禽粪污中某些高浓度成分（如铜、铁、铬、锌、磷、抗生素等）累积在土壤中，被有机物或颗粒吸附而逐步富集。由于粪便中养分N：P的平均比例（4：1）低于作物吸收的N：P比例（8：1），如果根据作物N的需求施肥，就会造成P过量，长期施用将会造成土壤中P盈余并积聚在土壤表层，使土壤的结构和性状发生改变，破坏其原有的基本功能，影响作物生长和产量[18]。

随着畜牧业的发展，畜禽生产方式发生了新变化，一是规模化畜禽养殖场发展迅速，但布局不尽合理。部分养殖场建在人口稠密、交通方便和水源充沛的地方，往往离居民区或水源地较近；二是缺乏必要的环保配套设施，不少畜禽养殖场没有真正的污水处理设施，有的即使建了污水处理设施也没有正常运行；三是农牧脱节，不少规模畜禽养殖场没有足够数量的配套耕地以消纳其产生的畜禽粪便，产生畜禽粪便不能得到及时有效处理。目前太湖地区畜禽养殖综合处理利用率不足 65%。在未经处理利用的畜禽排泄物中，约有 30% 的畜禽排泄物进入水体，成为农村面源的重要污染源之一。

1.2.4.5 水产养殖污染源

水产养殖过程中用水原有的体系中浮游植物、藻类等初级生产者种类单纯、数量少，不能满足饲养密度高的养殖对象的生长需要，要添加大量人工配制饵料来满足养殖生物的生长所需。人工添加的饵料营养丰富，不能全部被养殖对象有效利用，部分以污染物的形式排放到环境中，残余的饵料同养殖对象的排泄物一起进入水体，构成养殖废水最主要的污染物来源。养殖系统的特性、养殖种类、饲料的质量和管理等因素都会对污水排放的数量和质量产生影响，饲料中添加的营养物质大多数都会被释放到水环境中。水产养殖动物是排氨生物，氮是其排出废物中的主要组成成分。研究表明以饲料中氮的含量 100% 计，双壳贝类排放到水体中的氮占总投入氮的 75%，鲍鱼、鲑鳟鱼和虾类排放到水体中的氮分别为投入氮的 60% ～ 75%，70% ～ 75% 和 77% ～ 94%。近些年随着饲料质量的提高，其利用率有所增加，然而由于养殖对象其固有的摄食及生长方式，并不能根本上改善饵料残余和排泄物对水质的影响，要满足废水排放或者回用的要求，主要还是借助于水处理的手段。近年来，太湖围湖利用面积逐年扩展，围网养殖增长迅速，围网养殖主要分布在东太湖，太湖围网养殖，过剩的饵料增加了水体营养负荷一定程度上成为饮用水安全的隐患。

1.2.4.6 城镇不透水地表径流污染

降水径流污染是伴随着城市化进程而产生的，是人类活动集中和加强对环境产生负面影响的表现。城镇化过程，不透水地面大量增加，使城市的水文循环状况发生了很大的变化，降水量增多，但降水渗入地下、蒸发及填洼的部分减少，而地表径流的部分却大量增加，这种变化随着城镇的发展、不透水面积率的增大而增大，为城市地表径流污染的发生提供了外部动力条件，在这个特殊的下垫面及水文循环过程中，污染物的时空分布格局、界面过程、迁移机制及环境效应等都发生了变化，产生了新的迁移转化模式。人类的各种活动频繁造成地表累积较多的污染物质，为地表径流污染提供了物质基础。不透水地表径流污染物来源复杂，主要来自三个方面：地表沉积物、大气沉降物、雨污合流管道系统，地表沉积物经降雨的冲刷和溶解进入径流，是地表径流中污染物的主要来源[19-21]，是面源污染物的重要组成部分。城市地表沉积物的组成决定着城市面源污染的性质[22, 23]。大气的干沉降和湿沉降主要是指大气中的粉尘、烟尘、有毒物质等直接降落到水面或随同降雨、降雪而降落到地表，从而成为面源污染的污染源之一。雨污管道系统对面源水质的影响，主要是合流制排水系统漫溢出的雨污水和分流制中雨水口垃圾与污水的进入，成为面源污染的污染源，见图1-5。

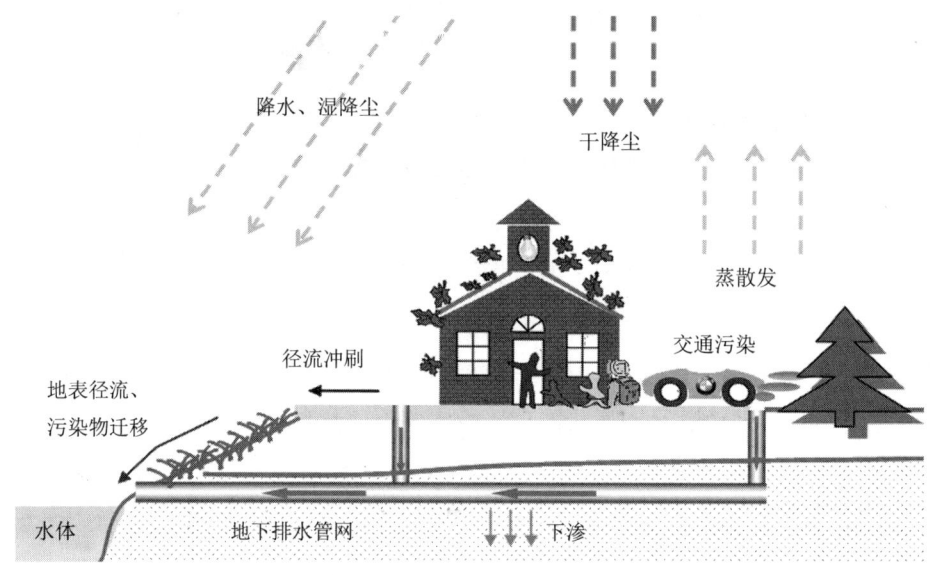

图 1-5　城市面源污染过程示意图

大气的干沉降和湿沉降主要是指大气中的粉尘、烟尘、有毒物质等直接降落到水面或随同降雨、降雪而降落到水体表面，从而造成水环境地表水体污染[24]。湿沉降包括降雨和降雪，降水造成的污染主要有两部分：一是降水中污染物的本底值，二是降水淋洗空气污染物造成的污染。在工业区或者空气污染严重的地区后者的作用较为明显。在街道商场的停车场、商业区和交通繁忙街道产生的径流中，几乎所有氮、16%～40%的硫和13%的磷来自降雨[25-27]，湿沉降是径流中重金属的来源之一[28]。研究表明雨污合流排水系统的径流污染要比分流制排水系统中严重[29]。在合流制排水系统的径流中含有更多的有机物质，挥发性悬浮固体与总悬浮固体之比的变化范围为24%～55%，而在分流制排水系统径流中挥发性固体/总悬浮固体的变化范围为10%～36%，合流制排水系统是地表径流污染中的颗粒物和有机污染物的主要来源之一[30]。

地表沉积物是环境中一种常见的污染物，被认为是城市水体城市面源污染的最初来源。常见的称呼有，路面堆积物（Road Deposited Sediment，RDS）[31, 32]或街道堆积物[33]、街道尘埃[34, 35]、街道地表物[36, 37]等。城市地表沉积物可以看作一个不断平衡的系统：有输入、输出、存储转化及它们之间的相关过程[32]。输入包括两个方面：首先是外来源所产生的，包括：通过内河或河流对周围土壤或斜坡的侵蚀，随水而流的物质；空气的干、湿沉降；落叶和枯草的生物输入。其次是路面内部的，包括：路面磨损、路面涂料或油漆的剥蚀、汽车磨损、汽油和微粒放射等。输出有：街道清扫、风作用下的再悬浮和去除、径流的携带和输送。储存过程体现在：输入和输出过程有一定的时间间隔，这样就使路面堆积物包含了一定数量的毒性无机金属、有机物[38, 39]和营养物质等，见表1-10。

表 1-10　城市地表沉积物中污染物的来源

来源	Pb	Zn	Cu	Cr	Ni	N	P
燃料释放	■				■	■	■
轮胎磨损		■					
轧磨损		■	■	■			
发动机磨损			■	■		■	
车辆磨损		■			■		
油漆剥落	■						■
大气沉降	■					■	
植物腐烂						■	■
动物粪便						■	■

1.2.5　农村饮用水水源中主要污染物

1.2.5.1　饮用水中污染物

使得水体的水质、生物质、底质质量恶化的各种物质均可称为水体污染物或水污染物。饮用水中的污染物包括悬浮物、酸碱、耗氧有机物、氮、磷等植物性有机物、难降解有机物、重金属、石油类及生物污染等[40]。

（1）固体悬浮物

固体物质在水中有三种存在形态：溶解态、胶体态、悬浮态。在水质分析中，常用一定孔径的滤膜过滤的方法将固体微粒分为两部分：被滤膜截留的悬浮固体（SS-Suspended Solids）和透过滤膜的溶解性固体（DS-Dissolved Solids），二者合称总固体（TS-Total Solids）。一部分胶体包括在悬浮物内，另一部分包括在溶解性固体内。悬浮物在水体中沉积后，会淤塞河道，危害水体底栖生物的繁殖，影响渔业生产。灌溉时，悬浮物会阻塞土壤的孔隙，不利于作物生长。大量悬浮物的存在，还干扰废水处理和回收设备的工作。

（2）有机污染物

有机污染物是指以碳水化合物、蛋白质、氨基酸以及脂肪等形式存在的天然有机物质及某些其他可生物降解的人工合成有机物质为组成的污染物。大部分水质污染都是由有机物质引起的，主要包括需养有机污染物质和常见有机毒物，这些有机污染物在分解过程中需要消耗大量的氧，当水中溶解氧不足时，厌氧菌繁殖形成厌氧分解，发出恶臭，生成甲烷、硫化氢等有毒气体，危害水体生态系统的健康。

（3）重金属

重金属是具有潜在危害的重要污染物。一般是指对生物有显著毒性的元素。汞、砷、镉、铅、铬毒性大小排序为 $Hg > Cd \approx Cu > Zn > Pb > Co > Cr$。不能被微生物分解，相反，生物体可以富集重金属，并且能将某些重金属转化为毒性更强的金属即有机化合物。生物从水体中摄取的重金属经过食物链的生物放大作用，在较高级生物体内富集起来，通过食物进入人体，在某些器官积蓄起来引起慢性中毒危害健康。

（4）生物污染物

生物污染物是指废水中的致病微生物及其他有害的生物体。主要包括病毒、病菌、寄生虫卵等各种致病体。此外，废水中若生长有铁菌、硫菌、藻类、水草及贝壳类动物时，会堵塞管道、腐蚀金属及恶化水质，也属于生物污染物。主要来自城市生活废水、医院废水、垃圾及地面径流等方面。病原微生物的水污染危害历史最久，至今仍是危害人类健康和生命的重要水污染类型。纯净的天然水一般含细菌是很少的，病原微生物就更少，受病原微生物污染后的水体，微生物激增，其中许多是致病菌、病虫卵和病毒，往往与其他细菌和大肠杆菌共存，通常规定用细菌总数和菌指数为病原微生物污染的间接指标。

1.2.5.2　饮用水源水质指标

水体污染程度通常用水质指标来表示。水质指标是水体评价、利用和制订污水治理方案的依据，也是污水处理设施设计和运行管理的主要依据[40]。与饮用水相关的水质指标在《生活饮用水卫生标准》（GB 5749—2006）中有明确的规定，下面主要介绍水质常规指标和农村小型集中式供水和分散式供水部分水质指标。

（1）水质常规指标

微生物指标包括总大肠菌群、耐热大肠菌群、大肠埃希氏菌和菌落总数；

毒理指标为砷、镉、铬、铅、汞、硒、氰化物、氟化物、硝酸盐（以N计）、三氯甲烷、四氯化碳、溴酸盐（使用臭氧时）、甲醛（使用臭氧时）、亚氯酸盐（使用二氧化氯消毒时）、氯酸盐（使用复合二氧化氯消毒时），单位均为 mg/L；

感官性状和一般化学指标包括色度、浑浊度、臭和味、肉眼可见物、pH 值、铝、铁、锰、铜、锌、氯化物、硫酸盐、溶解性总固体、总硬度、耗氧量、挥发酚类、阴离子合成洗涤剂；

放射性指标包括总 α 放射性和总 β 放射性共两项。

（2）农村小型集中式供水和分散式供水部分水质指标

微生物指标为菌落总数；

毒理指标包括砷、氟化物以及硝酸盐；

感官性状和一般化学指标包含色度、浑浊度、pH 值、溶解性总固体、总硬度等。具体数值见表 1-11。

表 1-11 农村小型集中式供水和分散式供水部分水质指标

指　标	限　值
1. 微生物指标	
菌落总数 /（CFU/mL）	500
2. 毒理指标	
砷 /（mg/L）	0.05
氟化物 /（mg/L）	1.2
硝酸盐（以 N 计）/（mg/L）	20
3. 感官性状和一般化学指标	
色度（铂钴色度单位）	20
浑浊度（散射浑浊度单位)/NTU	3 水源与净水技术条件限制时为 5
pH	不小于 6.5 且不大于 9.5
溶解性总固体 /（mg/L）	1 500
总硬度 （以 $CaCO_3$ 计）/（mg/L）	550
耗氧量（COD_{Mn} 法，以 O_2 计）/（mg/L）	5
铁 /（mg/L）	0.5
锰 /（mg/L）	0.3
氯化物 /（mg/L）	300
硫酸盐 /（mg/L）	300

1.2.6　农村饮用水水源中优控污染物

在人类生产和生活活动中已使约 2 221 种化学污染物和约 1 441 种有毒藻类、细菌、病毒等进入水体，由此导致水质下降、危害人体健康，尤其是人工合成有机物危害更大[41]。由于水中有毒物品种类繁多，不可能对其每一种都制定控制标准，只能有针对性地从中挑选出一些毒性强、难降解、残留时间长、在环境中分布范围广的重点污染物先进行控制，这些优先选择的有毒污染物称为环境优先控制污染物，简称优控污染物（Priority Pollutants），也叫优先污染物[42]。

在世界饮用水中发现765种有机物，其中117种被认为或被怀疑为有"三致"作用。鉴于此，美国、欧盟（EU）、世界卫生组织（WHO）、日本和中国都先后提出了水（体）中"优先控制污染物名单"，俗称"黑名单"。

1.2.6.1 美国优控污染物

优控污染物的筛选原则是基于法令进行的，在所有的化合物中，只对法律提及的类别所涉及的化合物进行优先筛选。原则是[43]：① 在法令提及的65类化合物和化合物类名单中，具体化合物必须列入；② 除A（人类致癌剂 human carcinogen）以外的其他污染物，在初筛检测中出现频率高于5%的；③ 存在可用于定性和定量鉴定的化学标准物质；④ 稳定性较高的化合物；⑤ 具有分析测定的可能性；⑥ 有较大生产量；⑦ 具有环境与健康的危害性（考虑急性毒性、慢性毒性以及毒性产生的环境效应和生物效应）。

美国EPA（美国环保局）根据有机物的毒性、生物降解的可能性及在水体中出现几率等因素，从7万多种有机化合物和其他污染物中筛选出了65类129种作为优控污染物（后来又补充了80种），其中114种为有毒有机污染物。这些优先控制的污染物中规定了21种杀虫剂、26种卤代脂肪烃、8种多氯联苯、11种酚、7种亚硝酸及其他化合物，具体见表1-12[41]。

表 1-12　美国 EPA 优先控制的水环境污染物

类别	种类
可吹脱的有机物（31种）	挥发性卤代烃类26种（氯仿、溴仿、氯甲烷、溴甲烷、氯乙烯、三氯乙烯、四氯乙烯、氯苯等），苯系物3种（苯、甲苯、乙苯）及丙烯醛，丙烯腈
酸性、中性介质可萃取的有机物（46种）	二氯苯、三氯苯、六氯苯、硝基苯类、邻苯二甲酸酯类、多环芳烃类（芴、荧、蒽、苯并 [a] 芘）、联苯胺、N-亚硝基二苯胺
碱性介质可萃取的有机物（11种）	苯酚、硝基苯酚、二硝基苯酚、二氯苯酚、三氯苯酚、五氯苯酚、对氯间甲苯酚
杀虫剂和多氯联苯（26种）	α-硫丹、β-硫丹、α-六六六、β-六六六、γ-六六六、δ-六六六、艾氏剂、狄氏剂、4,4′-滴滴涕、七氯、氯丹、毒杀酚、多氯联苯、2,3,7,8-四氯二苯并对二噁英
金属（13种）	Sb、As、Cd、Cr、Cu、Pb、Hg、Ni、Se、Tl、Zn、Ag、Be
其他（2种）	总氯、石棉（纤维）

1.2.6.2 欧盟优控污染物

欧洲经济共同体 1975 年提出的"关于水质的排放标准"的技术报告中，列出了所谓"灰名单"和"黑名单"。目前欧盟开展了《水框架指令》（Water Framework Directi Ve，WFD）的工作，筛选出水环境中的优控污染物，优先监测和治理。

欧盟筛选 WFD 优控污染物所采用的方案是 CHIAT（The Chemical Hazard Identification and Assessment Tool），如图 1-6 所示，该方案还被欧盟成员国政府、化工行业、科研部门、环保组织和环境认证机构等广泛用于环境风险评估[43]。

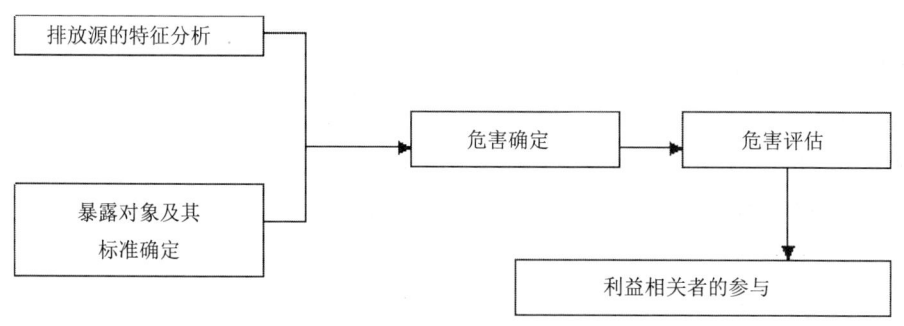

图 1-6 CHIAT 方案流程

筛选采用的具体方法是"综合基于监测和模型的优先设置方案"（combined monitoring-based and modeling-based priority setting scheme，COMMPS）。它采用先以相对风险为基础进行自动排序，随后交由专家判断的简易风险评估流程。自动风险排序使有机污染物产生两个排序名单；对底泥吸附的污染物则根据底泥监测数据产生另一个排序名单；对于重金属，根据不同设定前景可产生多个排序名单。

最终列入候选物质名单的污染物总共包括 658 种，其中一部分来源于各种官方化学品名单，另一部分为各种监测项目中监测到的水体污染物。

1.2.6.3 我国的优控污染物

（1）筛选原则

国内外有两种确定筛选原则的方法。其一是定量评分系统，局限性在于数据的完整性很难获得；其二是实用模型式属半定量的评分系统，强调从实际出发，在环境调查基础上，结合毒性效应、产品产量、专家经验等确定筛选原则，是目前较为常用的方法。从我国国情出发，相关部门按照以下原则，确定筛选出我国水中优控污染物[44]。

①应具有较大生产量（或排放量），并较为广泛地存在于环境中。参考值主要取决于"年产量"和"检出频率"这两个参数。

②应是毒性效应较大的化学物质，包括急性毒性、慢性毒性和特殊毒性。其中致死剂量水平是最常使用的急性毒性指标，常用的有定量参数 LD_{50}（半致死剂量）和

LC_{50}（半致死浓度）。慢性毒性采用的参数为比较直观和易于比较的参数 TD_{L0}（最低中毒浓度）。

③应是在水中难以降解，在生物体中有积累性，具有水生生物毒性的污染物。因此有关学者一般将生物降解性、积累性、水生生物毒性作为筛选优控污染物的重要指标。

④选择国内已具备一定基础条件且可以监测的污染物。基础条件包括样品、分析方法、标准物质、分析仪器等。

⑤优控污染物的名单采取分期分批建立的原则。在技术、经济、法规等多方面影响和制约的条件下，名单的建立应分期进行、逐步实施，当前优选出来的污染物应是能够进行控制排放的污染物。

（2）筛选程序及具体的优控污染物名单

根据上述的筛选原则，通过将初始名单层层筛选，最终，原国家环保局于1989年4月提出了适合我国国情的"水中优先控制污染物"名单，包括14类68种有毒化学污染物，具体见表1-13[42]。

表1-13 我国水中优先控制污染物黑名单

类别	种类
挥发性卤代烃（10种）	二氯甲烷、三氯甲烷、四氯化碳、1,2-二氯乙烷、1,1,1-三氯乙烷、1,1,2-三氯乙烷、1,1,2,2-四氯乙烷、三氯乙烯、四氯乙烯、三溴甲烷
苯系物（6种）	苯、甲苯、乙苯、邻二甲苯、间二甲苯、对二甲苯
氯代苯类（4种）	氯苯、邻二氯苯、对二氯苯、六氯苯
酚类（6种）	苯酚、间甲酚、2,4-二氯酚、2,4,6-三氯酚、五氯酚、对硝基酚
硝基苯类（6种）	硝基苯、对硝基苯、2,4-二硝基苯、三硝基苯、对三硝基苯、三硝基甲苯
苯胺类（4种）	苯胺、二硝基苯胺、对硝基苯胺、二氯硝基苯胺
多环芳烃类（7种）	萘、荧蒽、苯并 [b] 荧蒽、苯并 [k] 荧蒽、苯并 [a] 芘、茚并 [1,2,3-c,d] 芘、苯并 [g,h,i] 苝
酞酸酯类（3种）	酞酸二甲酯、酞酸二丁酯、酞酸二辛酯
农药（8种）	六六六、滴滴涕、敌敌畏、乐果、对硫磷、甲基对硫磷、除草醚、敌百虫
丙烯腈（1种）	
亚硝胺类（2种）	N-亚硝基二乙胺、N-亚硝基二正丙胺
氰化物（1种）	
重金属及其化合物（9种）	砷及其化合物；铍及其化合物；铬及其化合物；镉及其化合物；汞及其化合物；镍及其化合物；铊及其化合物；铜及其化合物；铅及其化合物

水中优先控制的污染物具有的特点是：①它们均具有毒性，而且具有长效性，对环境和人体的破坏具有不可逆性，严重危害人类的生存；②黑名单中的污染物以有机

物为主，表现为 68 种有毒污染物里有 58 种是有机物，无机污染物占 10 种，比较符合我国的国情；③在黑名单的 58 种有机化合物里，以有机氯化合物为主，占到 25 种，其突出的特点是其"三致"作用和在环境中的难降解性，美、日等国在这方面也非常重视，例如 EPA 公布的 129 种优控污染物，有机氯化合物就占 61 个；④在水中含量低，一般为 μg/L，甚至为 ng/L 量级 [41, 42]。

1.3 我国农村饮用水水源保护现状

1.3.1 农村饮用水水源地管理体制现状

我国在饮用水水源保护管理机构的设置和职责配置方面，环境保护部、水利部、国土资源部、卫生部、住房和城乡建设部等部门在水环境管理中都存在相应的职责。但在饮用水水源保护管理方面，没有一个专职、全面负责的机构或部门，环境保护部虽然全面负责水环境保护与管理，但是与其他很多机构分享权力，职能有交叉。大部分水源地属于多部门共同管理状态 [45]。

环境保护部污染防治司内的饮用水水源地环境保护处，负责拟订水环境管理及饮用水水源地环境保护的政策、规划、法律、法规、规章、标准、规范及水环境功能区划并监督实施，组织拟订饮用水、地下水和几大流域的水污染防治规划并监督实施，承担饮用水水源地环境保护与湖泊污染防治工作。

水利部设水资源司，负责指导饮用水水源保护，水生态保护，城市供水的水源规划，内又设农村水利司，负责指导农村饮水安全，村镇供水排水工作，组织实施农村饮水安全工程建设。水利部负责保障水资源的合理开发利用，指导地下水开发利用和城市规划区地下水资源管理保护工作，对江河湖库和地下水的水量、水质实施监测，发布水文水资源信息，情报预报。

国土资源部设地质环境司，组织地下水等地质环境资源的动态监测、预报工作，监督防止地下水的过量开采与污染，监督管理矿泉水的开发利用，组织编制、发布地下水资源的年报、通报、公报，参与地下水资源国际合作交流项目的审查工作；流域级的综合管理机构，如长江水利委员会、黄河水利委员会、淮河水利委员会等，在水资源分配与协调方面的作用较小 [46]。

1.3.2 农村饮用水标准现状

农村饮用水密切相关的现行标准包括由国家环保总局和国家质量监督检验检疫总局联合发布的《地表水环境质量标准》（GB 3838—2002）、卫生部发布的《生活饮用水卫生标准》（GB 5749—2006）、《农村生活饮用水量卫生标准》（GB 11730—

89）、建设部颁布实施的《生活饮用水水源水质标准》（CJ 3020—93）等。

1.3.2.1 《地表水环境质量标准》（GB 3838—2002）

《地表水环境质量标准》（GB 3838—83）为首次发布，1988 年为第一次修订，1999 年为第二次修订，最近一次修订为 2002 年，并于同年 6 月 1 日起实施，该标准按照地表水环境功能分类和保护目标，规定了水环境质量应控制的项目及限值，以及水质评价、水质项目的分析方法和标准的实施与监督。该标准项目共计 109 项，其中地表水环境质量标准基本项目 24 项，集中式生活饮用水地表水源地补充项目 5 项，集中式生活饮用水地表水源地特定项目 80 项。依据地表水水域环境功能和保护目标，按功能高低依次划分为五类不同功能类别分别执行相应类别的标准值。水域功能类别高的标准值严于水域功能类别低的标准值。同一水域兼有多类使用功能的，执行最高功能类别对应的标准值。实现水域功能与达功能类别标准为同一含义，饮用水源地至少要达到III类标准才能达到正常饮水安全的标准。

1.3.2.2 《生活饮用水卫生标准》（GB 5749—2006）

《生活饮用水卫生标准》（GB 5749—2006）是由卫生部根据卫生质量要求，对生活饮用水中各种物质含量所作的规定。2006 年 12 月 29 日由国家标准委和卫生部联合发布。同时发布的还有 13 项生活饮用水卫生检验方法国家标准。经过修订，标准中指标数量不仅由 35 项增至 106 项，还对原标准的 8 项指标进行了修订，标准规定了生活饮用水水质卫生要求、生活饮用水水源水质卫生要求、集中式供水单位卫生要求、二次供水卫生要求、涉及生活饮用水卫生安全产品卫生要求、水质监测和水质检验方法。适用于城乡各类集中式供水的生活饮用水，也适用于分散式供水的生活饮用水。引用参考标准包括《地表水环境质量标准》（GB 3838）、《生活饮用水标准检验方法》（GB/T 5750）的所有部分、《地下水质量标准》（GB/T 14848）、《二次供水设施卫生规范》（GB 17051）、《饮用水化学处理剂卫生安全性评价》（GB/T 17218）、《生活饮用水输配水设备及防护材料的安全性评价标准》（GB/T 17219）、《城市供水水质标准》（CJ/T 206）、《村镇供水单位资质标准》（SL 308）以及卫生部颁布的生活饮用水集中式供水单位卫生规范。

1.3.2.3 《生活饮用水水源水质标准》（CJ 3020—93）

《生活饮用水水源水质标准》（CJ 3020—93）规定了生活饮用水水源的水质指标、水质分级、标准限值、水质检验以及标准的监督执行。本标准适用于城乡集中式生活饮用水的水源水质（包括各单位自备生活饮用水的水源）。分散式生活饮用水水源的水质，亦应参照使用。

参考标准包括《生活饮用水卫生标准》（GB 5749）、《生活饮用水源水中铍卫生标准》（GB 8161）、《水源水中百菌清卫生标准》（GB 11729）和《生活饮用水标准检验法》（GB 5750）。

该标准将生活饮用水水源水质分为二级：

一级水源水：水质良好。地下水只需消毒处理，地表水经简易净化处理（如过滤）、消毒后即可供生活饮用的。

二级水源水：水质受轻度污染。经常规净化处理（如絮凝、沉淀、过滤、消毒等），其水质即可达到 GB 5749 规定，可供生活饮用的。

水质浓度超过二级标准限值的水源水，不宜作为生活饮用水的水源。若限于条件需加以利用时，应采用相应的净化工艺进行处理。处理后的水质应符合 GB 5749 规定，并取得省、市、自治区卫生厅（局）及主管部门批准。

生活饮用水供水单位主管部门、卫生部门负责监督和检查执行情况。各级公安、规划、卫生、环保、水利与航运部门应结合各自职责，协同供水单位做好水源卫生防护区的保护工作。

1.3.3 农村饮用水水源地法律法规现状

我国饮用水源保护立法及有关规定目前还没有专门针对农村饮用水源的法律，但饮用水源保护的法律规定包含了对农村饮用水的保护[47]。具体法律主要包括：《中华人民共和国环境保护法》（1989 年颁布，以下简称《环境保护法》）、《中华人民共和国水污染防治法》（2008 年修订，以下简称《水污染防治法》）及《水污染防治法实施细则》、《中华人民共和国水法》（以下简称《水法》）等法律法规和其他规范性文件中。

《环境保护法》作为综合性的环境保护基本法，对环境保护的基本原则、监督管理、环境的改善、污染的防治以及法律职责等做了规定，在环境保护法律体系中居于核心地位。虽然这部法律没有对饮用水水源保护作出直接规定，但规定了政府和个人在水源保护方面的责任。如第 17 条规定了各级政府对重要的水源涵养区域的保护职责；第 20 条强调各级政府应加强对农业环境的保护，防止水源枯竭；第 44 条规定了对水资源造成破坏所需要承担的法律责任。

《水污染防治法》是为了防治水污染，保护和改善环境，保障饮用水安全，促进经济社会全面协调可持续发展，制定的法规。由中华人民共和国第十届全国人大常委会第三十二次会议于 2008 年 2 月 28 日修订通过，自 2008 年 6 月 1 日起施行。主要体现在 4 个方面[1]：①规定了我国水污染防治管理体制；②规定水污染防治的标准和规划的主体及其权利范围；③水污染防治的监督管理；④水污染防治措施。

《水污染防治法实施细则》于 2000 年 3 月颁布实施，具体实施细则是根据《水污染防治法》制定的，进一步细化了饮用水源保护区内的防护措施，且自发布之日起施行。1989 年 7 月 12 日国务院批准、国家环境保护局发布的《中华人民共和国水污染防治法实施细则》同时废止。

《水法》于 1988 年 1 月 21 日，第六届全国人大常务委员会通过，2002 年 8 月 29 日经第九届人大常务委员会第二十九次会议修订，修订后的《中华人民共和国水法》自 2002 年 10 月 1 日起施行。主要内容有：①调整范围。在中华人民共和国领域内开发、利用、保护、管理水资源，防治水害，必须遵守水法。水资源包括地表水和地下水。②明确水资源所有权，即水资源属于全民所有和集体所有。③通过征收水费和水资源费等经济手段加强对水资源利用的管理。④加强政府对防汛抗洪工作的领导，规定了防汛指挥机构在紧急情况下可采取的措施。其中与饮用水源保护的相关细则有：第 9 条对水资源保护的措施进行了具体规定。第 21 条开发、利用水资源，应当首先满足城乡居民生活用水，并兼顾农业、工业、生态环境用水以及航运等需要。第 33 条国家建立饮用水水源保护区制度。省、自治区、直辖市人民政府应当划定饮用水水源保护区，并采取措施，防止水源枯竭和水体污染，保证城乡居民饮用水安全。第 34 条禁止在饮用水水源保护区内设置排污口。第 54 条各级人民政府应当积极采取措施，改善城乡居民的饮用水条件。第 67 条在饮用水水源保护区内设置排污口的，由县级以上地方人民政府责令限期拆除、恢复原状；逾期不拆除、不恢复原状的，强行拆除、恢复原状，并处 5 万元以上 10 万元以下的罚款。

1.3.4 农村饮用水水源地保护技术方法现状

农村饮用水水源地环境保护技术的具体细节，包括农村新建饮用水水源地选址工程技术、农村饮用水水源地保护工程技术、水源防护区划分技术、水源保护区标志工程建设技术、农村饮用水水源污染防护技术以及农村饮用水水源地环境管理技术[48]。

1.3.4.1 农村新建饮用水水源地选址工程技术

（1）新建饮用水源地选址水质水量技术要求

新、改、扩建水源地，至少进行丰、枯两个季节的水质、水量监测。水质需满足 GB 3838—2002 或 GB 14848—93 中Ⅲ类水质的规定，若无后续净化措施，则需满足 GB 5749—2006 的要求。水量不低于近、中期需水量的 95%。

当地表和地下水源水质水量均符合要求时，应优先考虑地下水源。

（2）新建饮用水水源地选址技术经济要求

当有多个水源可供选择时，除水质水量符合要求外，还要考虑供水的可靠性、基建投资、运行费用、施工条件和施工方法等。宜进行全面技术经济分析，作为选址的重要参考依据。

（3）新建饮用水水源地选址技术

有条件的山区农村应尽量选择山泉水或地势较高的水库水为水源，可以靠重力供水；平原地区的农村水源一般采用地下水源，宜适当集中达到适度规模，便于水源地卫生防护，以及取水设施工程建设。

地下水源应选择包气带防污性好的地带，尽量设在地下水污染源的上游，并按照地下水流向，在镇（乡）村的上游地区，尽量靠近主要用水地区。

连片供水水源优先选择深层地下水，取水深度按照当地地质结构确定。

村前房后设置的单户或多户水源井，可以地下潜水作为水源。

打井深度按照当地水文地质条件，取水水量和取水水质应达到饮用水水质要求。

（4）农村饮用水水源地取水口设置要求

大型河流、湖库水源地取水口应避免设在岸边。离岸水平距离应大于 30m，垂线方向应距最枯水位线大于 0.5m。

有条件地区，宜采用傍河取水方式设置取水井，避免从大型河道、湖库直接取水。取水井井口设置应高于大型河流、湖库正常防洪水位线。

1.3.4.2 农村饮用水水源地保护工程

农村饮用水水源地环境保护工程技术包括取水口隔离及取水设施建设、水源防护区划分、水源标志设置、水源污染防护 4 个子项技术。

（1）大型河流、湖库水源保护工程技术

大型河流、湖库水源保护工程，如图 1-7 所示。

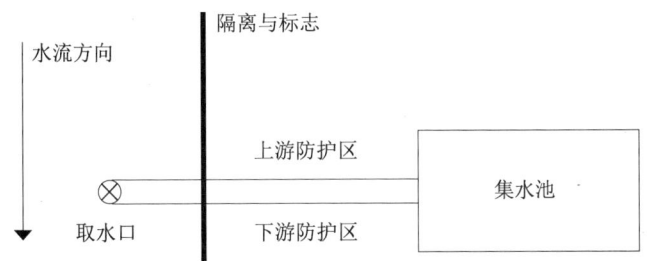

图 1-7 大型河流、湖库水源保护工程示意图

（2）小型塘坝水源保护工程技术

小型塘坝水源保护工程，如图 1-8 所示。

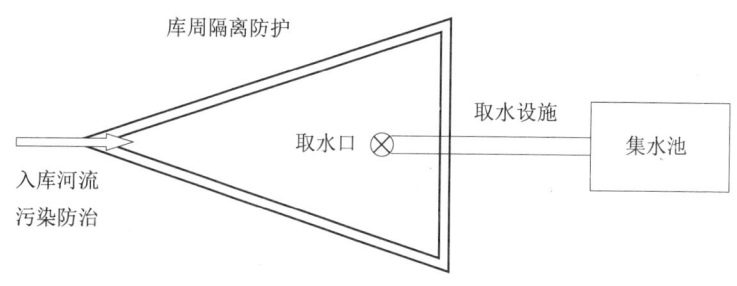

图 1-8　小型塘坝水源保护工程示意图

（3）地下水源保护工程技术

地下水源保护工程见图 1-9。

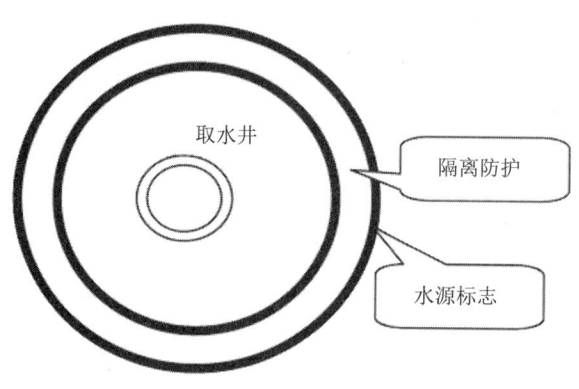

图 1-9　地下水源保护工程示意图

1.3.4.3　农村饮用水源地防护区划分

大型河流、湖库水源防护区范围：取水口陆侧岸边上游 50m，下游 30m 范围的区域。

小型塘坝水源防护区范围：不大于库塘水面、正常水位线以上水平距离 50m 范围。

地下水水源防护区范围：应大于井的影响半径，且不小于 30m。傍河取水水源地保护范围参照此要求执行。井的影响半径范围根据水源地所处的水文地质条件、开采方式、开采水量和污染源分布情况确定。

1.3.4.4　农村饮用水源地保护区标志工程建设

农村饮用水水源防护区标志主要包括界标和交通警示牌。

（1）界标

在防护区的地理边界设立界标，用于标识防护区的范围，并起到警示作用。界标的设置要求参照 HJ/T 433—2008。

（2）交通警示牌

交通警示牌分为道路警示牌和航道警示牌，用于警示车辆、船舶或行人进入饮用水水源保护区道路或航道，需谨慎驾驶或谨慎行为。交通警示牌的设置要求参照 HJ/T 433—2008。道路警示牌和航道警示牌的具体设立位置应分别符合《道路交通标志和标线》（GB 5768—2009）和《内河助航标志》（GB 5863—93）的相关要求。

1.3.4.5 农村饮用水水源污染防护技术

（1）小型塘坝水源周边生态隔离技术

针对塘坝饮用水水源和平原地区地下水饮用水水源，主要采取生态隔离措施，由 4 个子系统组成，即：流域农田减量施肥子系统、生态拦截沟渠子系统、生态隔离防护子系统，图 1-10 为塘坝饮用水水源污染防护工程示意图。

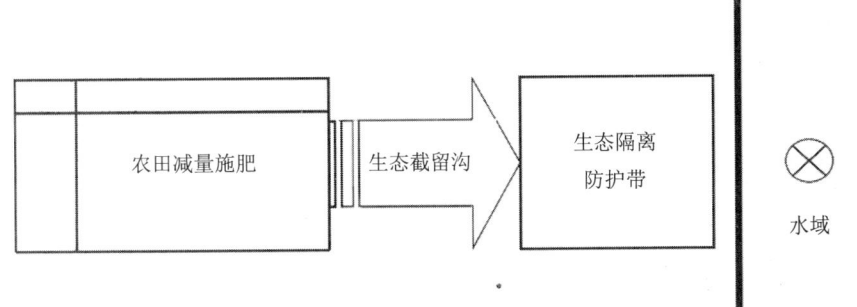

图 1-10　塘坝饮用水水源污染防护工程示意图

流域农田减量施肥子系统：在库塘周边农田中实施测土配方、合理施肥，以减少 N、P 的流失，从而减少农业非点源污染对周围水体的污染。

生态截留沟：在农田与生态隔离防护带之间构建生态截留沟，对沟渠的两壁和底部采用蜂窝状混凝土板材硬质化，在蜂窝状孔中种植对 N、P 营养元素具有较强吸收能力的植物，吸收农田排水中的营养元素，从而减轻库塘水质的富营养化。

生态隔离防护带子系统：在库塘周边 50m 范围内，构建生态隔离带，通过生物吸收作用等再次消耗氮磷养分、净化水质，提高养分资源的再利用率。库塘周边生态隔离带应按照宽度大于 50m、高度大于 1.5m 进行设置，以起到阻隔人群活动影响的作用。库塘周边生态隔离系统的最佳结构为疏林＋灌草，这一结构可以通过密度控制来实现，需根据当地的气候条件，选取适宜的生物物种。适合水土保持的防护林树种主要有：松树、刺槐、栎类、凯木、紫穗槐等。

（2）前置库

前置库布置在河流流入水库的入库口处，入库来水在工程区域的滞留时间，从而加大泥沙以及吸附在泥沙上的污染物质的沉降量，同时通过收集、培育当地水生生物，从库岸到库心依次种植和水深密切相关的水生生物，形成库滨带、浅水挺水植物带、半深水浮叶植物带以及到深水的沉水植物带，并加以放养鱼类和底栖动物与人工浮床等措施进行水质净化和生态修复，可使水中部分悬浮物沉淀而降低水源水浊度，可通过生物降解、生物氧化有机物、金属络合沉淀等综合作用去除。上海市陈行前置库对长江水源处理后平均浊度从 160NTU 降到 19.3NTU，氨的去除率可达 70.2%，亚硝酸盐的去除率可达 23.5%。也可适当增加水中水草或鱼类种类与数量，对水质净化有正面的效应，能直接去除污染物质，前置库的构造包含：①泥溜区；②沉淀区；③一般沉淀区；④坝体等。利用重力沉降原理，控制水流的停留时间，使河流中的颗粒沉降在前置库的区域内，有效地减少流入湖体的污染负荷，具体见图 1-11。

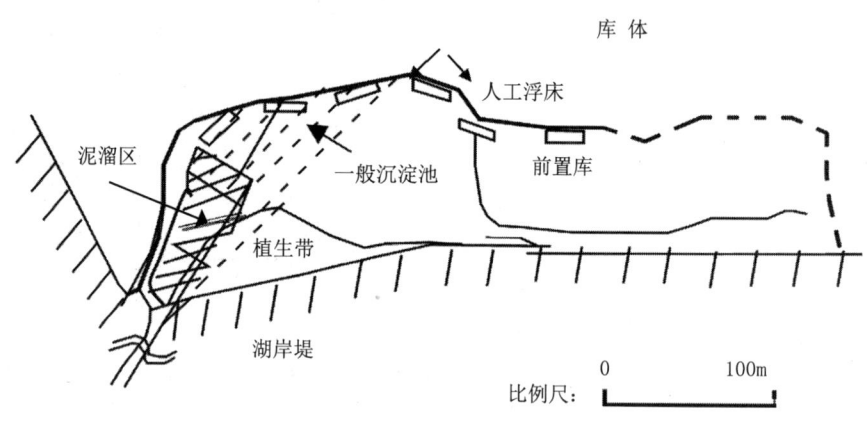

图 1-11 前置库构造示意图

（3）人工湿地

人工湿地系统能有效去除降解饮用水水源中的污染物，如营养盐、氯化物和芳香族的碳氢化合物，研究表明湿地植物如芦苇因其优异和稳定的供氧能力在污染物的去除中表现出明显的优势，采用人工湿地处理星云湖富营养化水，高水力负荷人工湿地对叶绿素 a 和蓝藻的平均去除率分别达到 90% 以上，对 TP 的去除率达到 68.8%，对 BOD_5、NH_4^+-N、TN 也有很好的去除效果。人工湿地的设计，按照系统布水方式的不同，可划分为三种类型：表面流人工湿地、潜流型人工湿地和垂直流人工湿地，人工湿地类型不同对污染物去除效果不同，具有各自优缺点不同。

表面流人工湿地中污水从表层经过，自由水面的自然复氧有利于硝化作用的产生。具有投资和运行费用低，建造、运行和维护简单等优点，其缺点是占地面积较大，污染物负荷和水力负荷率较小，去污能力有限。由于其水面直接暴露在大气中，除了易孳生蚊蝇、产生臭气和传播病菌外，处理效果受温差影响较大，见图 1-12。

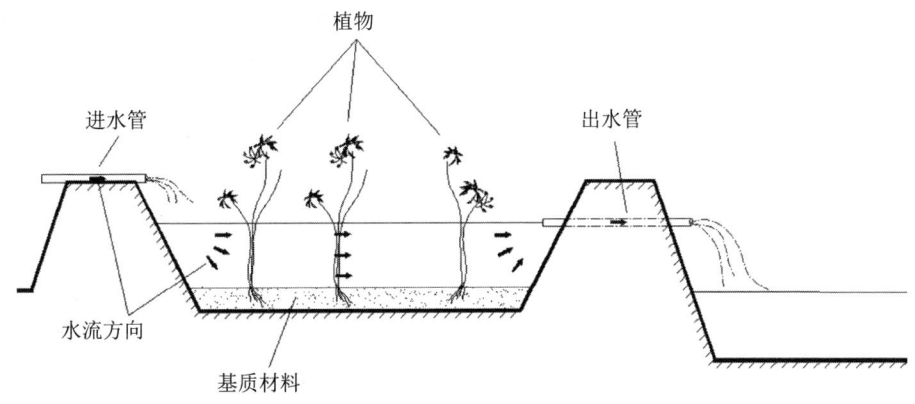

图 1-12 表面流湿地示意图

水平潜流湿地系统中，污水在湿地床的内部流动，一方面可以充分利用填料表面生长的生物膜，分布的植物根系及表层填料截留等的作用，水力负荷、污染负荷较大，对 BOD、COD、SS 及重金属处理效果好；另一方面，由于水流在地表以下流动，故其保温性较好、处理效果受气候影响小、卫生条件较好的特点。但由于地下区域常处于水饱和状态，氧气不足，不利于湿地好氧反应的进行。相对于表面流湿地，其工程造价较高，具体如图 1-13 所示。

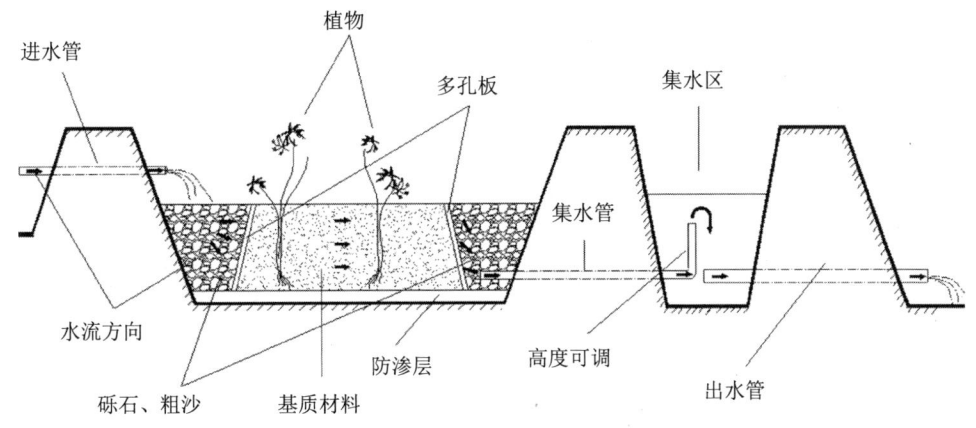

图 1-13 潜流湿地示意图

垂直流人工湿地水流状况综合了表面流湿地和水平潜流湿地的特点，污水由表面纵向流至床底。此外，垂直潜流系统常常采用间歇进水，湿地床体处于不饱和状态，氧气通过大气扩散和植物根的输氧进入湿地，硝化能力强，适于处理高氨氮含量的污水，但构造比较复杂，淹水／落干周期长，而且造价高，具体如图1-14所示。

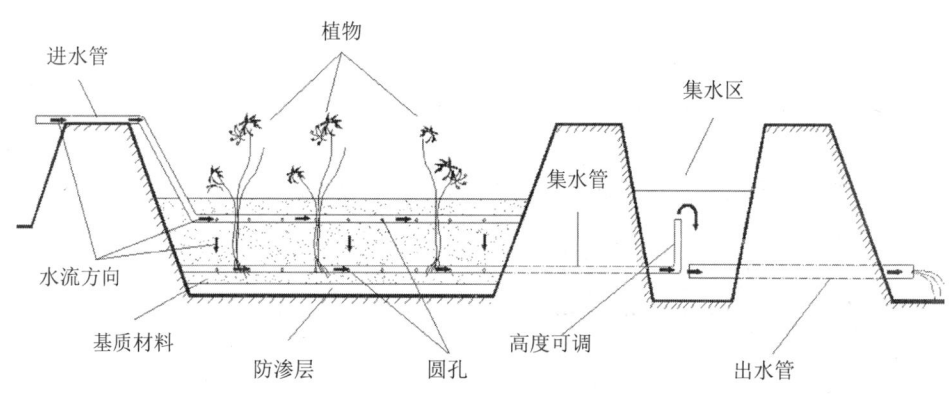

图 1-14　垂直流湿地示意图

（4）农村水源地农业面源拦截

主要由工程部分和植物部分组成，工程部分包括沟渠塘的设计、清淤和改造，植物部分包括沟渠塘侧面和底部的植物配置和管护。依据"因地制宜，生态降解"的原则，根据当地农田沟渠塘众多，沟渠中水流速度不快，人多地少的实际情况，充分利用现有自然资源条件，对农田排水沟渠和乡村废弃池塘进行生态化工程改造，建成氮、磷生态拦截型沟渠塘湿地系统，使之在具有原有的排蓄水功能基础上，增加对农田排水中所携带氮、磷等物质的拦截、吸附、沉积、转化和吸收利用功能。

淤积严重和连通度差或杂草丛生区段，先进行生态清淤，拓宽沟渠容量。为保证水生植物正常生长，清理时要保留部分原有水生植物和一定量的淤泥。改造后的渠体断面为等腰梯形，两侧具有一定坡度，沟壁和沟底均为土质，配置多种植物。沟体内相隔一定距离构建透水坝、拦截坝等辅助性工程设施，减缓水流速度，延长水力停留时间，使流水携带的悬浮物质和养分得以沉淀和去除。

生态沟渠考虑适度增加沟渠的蜿蜒性，延长排水时间。建设密度应能满足排水和生态拦截的需要，分布在农田四周与农田区外的沟渠连接起来，并利用地形地貌将低洼地或者废弃池塘和鱼塘改造成生态池塘，种植富集氮、磷的水生蔬菜，增加二次或三次净化，提高了系统的氮磷拦截能力。

水生植物品种繁多是沟渠塘系统重要组成部分，由人工种植和自然演替形成。选择合适的植物对提高湿地拦截净化能力至关重要，要考虑多个方面因素，如要适合当地环境，耐污能力强，去污效果好。以下介绍几类水生植物：

①漂浮植物

主要有浮萍、萍蓬草、凤眼莲等。这些植物生命力强，对环境适应性好，根系发达，生物量大，生长迅速。但生命周期短，主要集中在每年的3—10月或9月至次年5月，并且以营养生长为主，对氮的需求量高。因此，在进行植物配置时应重视其对氮的吸收利用效果，在污染物氮含量比重较大时可作为优势植物加以利用，提高沟渠塘对氮的吸收效果。

②根茎、球茎和种子植物

主要包括睡莲、荷花、慈姑、菱角、芡实、水芹菜、水蕹菜、马蹄莲等，它们或具有发达的地下根茎或块根，或能产生大量的种子果实，耐淤能力较好，适宜生长在淤土层深厚肥沃的地方，对于磷的需求较多，可作为沟渠塘系统磷去除的优势植物应用。

③挺水草本植物

包括芦苇、茭草、香蒲、旱闪竹、水葱等，一般为本土优势品种，适应能力强，根系发达，生长量大，对氮、磷和钾吸附能力强大，可作为大范围推广植物应用。

为了减少沟渠堤岸植物带受岸上人类活动、沟渠水流、沟渠开发等影响，保护生态多样性，在平缓地带生态沟渠中要常年保持一定水位，生长小型水生植物和藻类，在降雨期间和农田灌溉时起排水作用，在其他时间水体处于静止状态或缓慢流状态，以满足水生植物的生长。为提高系统对氮磷等物质去除率，应对湿地植物定期进行收割，以防植物残体腐烂以及营养物质重新释放进入水体。

（5）生物接触氧化

接触氧化法作为一种较成熟的强化生物净化技术，它具有水处理效率较高、有机负荷较高、接触停留时间短、占地少、投资小等优点。接触氧化法净化河流是仿照天然河床上附着的生物膜的过滤作用及净化作用，人工填充滤料和载体，利用滤料和载体比表面积较大、附着生物种类多以及数量大等特点，从而使其净化能力成倍增长。水中污染物在砾间流动过程中与砾石上附着的生物膜接触、沉淀，进而被生物膜作为营养物质而吸附、氧化分解，从而使水质得到改善。其高效的去污能力基于其独特而复杂的作用机制，生物膜在污染物的去除过程中有其特有的作用，生物膜的发育程度直接影响净化系统的处理效率。净化装置处理污水时，有机物的吸附、降解和转化主要是由生物膜来完成的。接触氧化系统基质表面及湿地植物根系为生物膜提供了巨大的附着表面，生物膜为微生物提供了良好的生长表面。生物膜具有很大的表面积，可以大量吸附废水中呈多种状态的有机物，并具有非常强的氧化能力。不溶性的有机物在通过湿地基质的过程中由于基质的沉积、过滤作用可以很快地被截留，进而被分解或利用；可溶性有机物则可通过生物膜的吸附、吸收及生物代谢作用而被降解去除，结构示意图如图1-15所示。

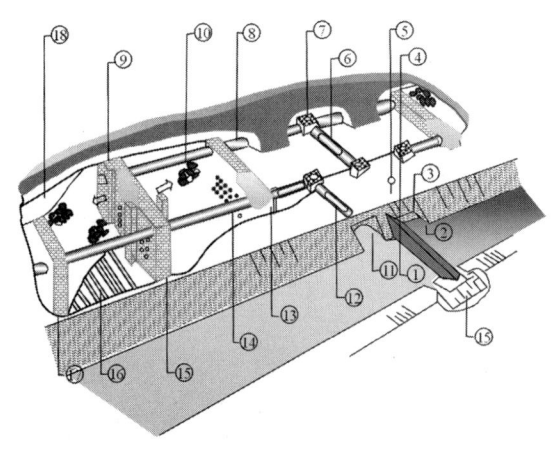

图 1-15 生物接触氧化法示意图

①—橡胶坝；②—污水进水口；③—污水闸板；④—拦污栅；⑤—自动水位探测计；⑥—进水自动阀；⑦—污物滤网；⑧—污水进水管；⑨—污水孔墙；⑩—接触氧化槽中的卵石；⑪—清水孔墙；⑫—出水自动阀；⑬—清水出口；⑭—清水出水管；⑮—残渣去除设施；⑯—通气管；⑰—检查水管入口；⑱—盖子

（6）稳定塘

稳定塘旧称氧化塘或生物塘，是一种利用天然净化能力对污水进行处理的构筑物，其净化过程与自然水体的自净过程相似。通常是将土地进行适当的人工修整，建成池塘，并设置围堤和防渗层，依靠塘内生长的微生物来处理污水。

按照塘内微生物的类型和供氧方式来划分，稳定塘可以分为以下 4 类：

①好氧塘：深度较浅，一般小于 0.5m。塘内存在着细菌、原生动物和藻类，由藻类的光合作用和风力搅动提供溶解氧，好氧微生物对有机物进行降解。

②兼性塘：深度较大，一般大于 1m。上层为好氧区；中间层为兼性区；塘底为厌氧区，沉淀污泥在此进行厌氧发酵。

③厌氧塘：塘水深度一般在 2m 以上。

④曝气塘：塘深大于 2m，采取人工曝气方式供氧，塘内全部处于好氧状态。

此外，还有其他一些类型的稳定塘如深度处理塘、水生植物塘和生态系统塘等。

由于稳定塘可以构成复合生态系统，而且塘底的污泥可以用作高效肥料，所以稳定塘在农业、畜牧业、养殖业等行业的污染物削减中也得到了越来越多的应用。特别是在我国西部地区，人少地多，氧化塘技术的应用前景非常广泛。

（7）地下水源地隔离防护技术

以水井为中心，周围设置坡度为 5% 的硬化导流地面，半径不小于 3m，30m 处设置导流水沟，防止地表积水直接下渗进入井水。导流沟外侧设置防护隔离墙，高度 1.5m，顶部向外侧倾斜 0.2m。或者生物隔离带宽度 5m，高度 1.5m，具体如图 1-16 所示。

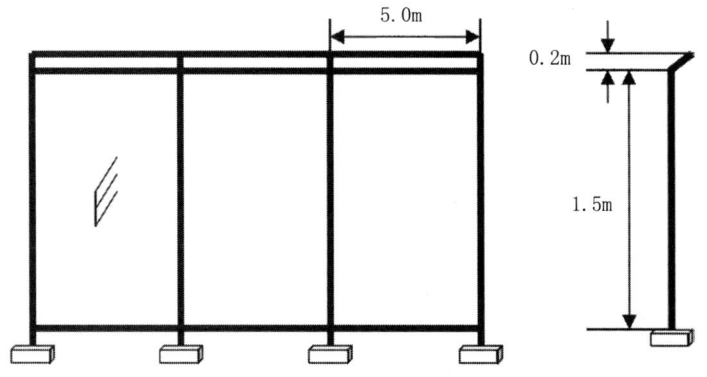

图 1-16 饮用水水源取水口隔离工艺示意图

1.4 国外农村饮用水水源保护现状

1.4.1 美国

1.4.1.1 管理机制

美国饮用水环境管理起步较早,相对应的管理体制的相关立法也比较完备[45],水环境管理机构设置、法律制定、污染防治、资金筹措等方面比较成熟。管理部门有制定环境保护法以及有着行政能力的独立机构 EPA,它授权给州政府及部落负责颁发许可证、监督和执行守法。各州环境保护机构虽是 EPA 的执行者和监督者,但也有其自主权即拥有对该州的环境行政管理权,若州环保机构不能正常履行其职责,美国环境保护局可以直接接管其运行[49],二者相互牵制,形成力量平衡。此外,《清洁水法》和《安全饮用水法》虽由 EPA 颁布,但 EPA 并不能独立执行其中的某些许可证计划,有时需要与其他部门共同执行。主要工作是根据国会颁布的环境法律制定和执行环境法规,法律法规赋予 EPA 和享有优先权的州及部落强制执行法律法规的规定,并与各州地方政府协调合作采取综合性措施控制水污染。

主要执行的是《清洁水法》和《安全饮用水法》,是由负责水的副局长所管理的 EPA 各部门来监管并执行的。其下的组织结构包括水办公室、研究与发展办公室、执法与守法办公室、EPA 地区办公室以及 EPA 的其他结构。其中负责出台包括水质保护、污水处理、饮用水保护等水务相关计划的政策、方针和指南的部门是水办公室。

制定了相关法律法规后,由各州和部落作为法律的贯彻执行单位。州、部落和领域授权后对强制执行国家污染物排放削减制度许可证负主要责任。而 EPA 的执法与守法办公室负责与 EPA 的地方部门、州政府、部落政府以及其他联邦机构一起合作以确保遵守国家环境法。

EPA 和其他联邦机构管理的许多项目都可以用来保护水源，特别是地表水。EPA 所管理的项目包括控制在《安全饮用水法》和《清洁水法》控制下的项目。其他管理相关项目的联邦机构包括农业部、交通运输部、内务部、陆军工程兵部队和美国地质调查局。由于 EPA 的权力限制，在许多相关或相同项目上需要与这些机构进行协作，如在执行《清洁水法》的第 404 项条款时，该条款对疏浚和填充材料在水中的排放进行了限制，需要 EPA 和美国陆军工兵署共同执行。

1.4.1.2 法律法规

美国的饮用水保护法规主要是《安全饮用水法》和《清洁水法》，是由 EPA 制定并由美国国会通过的用于保护美国水环境安全的两部法案。

（1）《安全饮用水法》

《安全饮用水法》是由 EPA 制定的用于针对保护美国饮用水的专项法规，由 EPA 地下水和饮用水办公室联合各州、部落和众多合作伙伴，共同确保饮用水安全和保护地下水。这部法案 1974 年通过美国国会审批，后又经过 1986 年以及 1996 年两次修订，加入了地下水保护计划，包括源头保护计划，其中水源保护计划是 1996 年修订案的重要条款之一，条款给出了确定和保护所有饮用水水源（包括地表水和地下水）的措施，为美国的水源保护提供了重要支撑。

（2）《清洁水法》

美国的《清洁水法》是于 1977 年通过对《联邦水污染控制法案》的修订形成的法案，它制定了控制美国污水排放的基本法规。《清洁水法》是地表水保护的基础，其目的是恢复和维持国家水域生态健康，在水体中可以钓鱼、游泳以及进行水生生物保护等。EPA 通过《清洁水法》向各州政府委托执行各项许可程序、行政管理以及强制执法的任务，与此同时，EPA 仍保留其监督的权力。美国以《安全饮用水法》和《清洁水法》为基础，对饮用水水源地实施保护措施，通过颁布许可证来限制企业或生活污水等点源污染的排放，而非点源污染由于其有污染来源不集中、难收集的特点，导致污染治理困难，非点源污染成为了地表水污染的一个重点研究内容。

1.4.1.3 公众参与

1986 年《安全饮用水法》修订后，意识到制定国家标准不是保障饮用水安全的唯一措施，信息的收集以及公众信息州解决基础设施需求和州饮用水循环基金拨款的优先权问题上提供了发表意见的机会；《安全饮用水法》第 1428 条（b）要求："各州应尽最大可能建立各种程序，包括但不限于建立技术咨询委员会及市民咨询委员会，以鼓励公众参与制订井源保护计划和第 1453 条中的水源评价计划。"这些举措公众监督并参与到饮用水安全计划，有助于实现为人民提供安全饮用水的目标。

1.4.2 德国

1.4.2.1 管理机制及相关法律

德国位于欧洲中部，饮用水水源主要来自于地下水、水库及河道，已建成 20 000 多个饮用水水源保护区，在水源保护方面有着丰富的经验 [50]。全国上下共 16 个州，行政体制自上而下一般分为 3 个级别，即联邦、州和地方（区县），重视部门间的相互协调合作。联邦政府环境、自然保护和核安全部有权管理水资源，负责水污染控制、水质监测、发布水质标准等方面的工作，有职责保护地下水、河流及湖泊等。各个州参照联邦政府提出的饮水条例制定出相应的监测法规，地方负责饮用水的监督但不负责监测，监测的部分由各企业自己选择，只要选择的监测单位获得国家或州部门的资质验证就可以进行监测，监督不收取任何费用而监测收费。

水环境管理原则是"谁污染，谁治理"，依据这个原则进行管理，各类水污染如生活污水、工业废水、垃圾填埋场的渗透污水、雨水等都要进行收集并处理，其费用由产生污水的单位（企业和居民）自行承担。

在水环境保护方面的基本法规是《水法》，目前执行的是 1986 年修正后开始实施。德国第一个通用的饮用水安全法规是 1976 年出台的《饮用水条例》，后又经 1986 年、1990 年和 2001 年 3 次修改逐步趋于完善。最近的一次修改参考了欧共体的饮用水准则和新版《传染病防治法》并于 2001 年 1 月 1 日正式生效。最新版的《饮用水条例》补充增加了一部分内容如对家庭供水设备卫生的要求。其主要内容包括对可能对水质造成污染的微生物、一般化学物质等标准的要求，供水企业或供水设施拥有者的权利和义务，发生灾害时临时允许使用的药物以及一些关于监测和违法处罚的规定等。

化肥和农药对地下水造成了污染，各地政府大力宣传生态农业。生态农业的最终目的是不用化肥和农药。少用农药化肥会引起歉收、减产，农民收入降低，在一些水源保护区，由于岩土结构的原因，必须减少化肥和农药的投入才能保住水源水质。政府的保护措施之一便是减少与限制化肥和农药的使用量。农民的损失要补偿。巴登 – 伍尔特姆堡州（Baden-Wuerttemberg）水源保护区条例规定，凡是按照政府规定使用化肥和农药的农民获补偿费每公顷 310 马克 [51]。

1.4.2.2 公众参与

德国公众可以参与环境影响评价，其参与的方式主要有听证程序、公共讨论等方式 [52]。

（1）听证程序

《联邦行政程序法》所定的听证程序，借此来协调异议人与开发主体的利益冲突，并由当事人间直接的讨论、交流，取得对开发活动的共识。听证会作为最正式的公众参与方式，可以最大限度地达到与公众交流意见、听取公众呼声。

（2）公共讨论

依《环境影响评估法》第6条，开发主体就预定的开发活动通知主管机关时，主管机关应视开发活动的情形，依照开发主体所提供的文件，与开发主体讨论有关环境影响评估的标的、范围、方法以及其他有关执行环境影响评价的重要问题，并将评估架构及应提出文件的种类与范围告知开发主体，以其所调查的环境资料作为后续环境影响评价程序的基础。

德国《环境信息法》要求信息公开，其中，第4条第一项规定，公开方式主要有3种：提供数据、阅览卷宗以及以其他方式的信息载体提供使用。从条款所排列的顺序来看，提供数据似应优先于阅览卷宗。根据合乎《欧盟法解释原则》，该条应解释为行政机关仅限于有特殊原因时，才能拒绝人民的阅览卷宗请求，以避免行政机关透过提供信息方式，作选择性甚至是修饰性或筛选性的信息提供，也就是说，行政机关的选择裁量，只有在不同公开方式所提供的信息内容均相同时，才有存在的空间。因此，如果人民明确请求特定的接近信息方式时，除非存有特殊重大事由，否则行政机关不得拒绝[53]，从而保证管理的透明度。

1.4.3 日本

日本曾一度注重工业发展而忽略了水环境问题，导致饮用水污染引起"水俣病"，为解决农村饮水安全问题，政府实施全国补助计划，大力发展小型供水设施，旨在为农村提供高质量的饮用水，重视工业点源污染的治理和农业面源污染的控制，在工程维护方面，充分考虑公众健康，由地方政府监督负责[54]。

1.4.3.1 管理机制

饮用水源实行集中协调与分部门行政的管理体制，中央政府和地方政府的职责有明确分工。中央政府主要负责制定和实施全国性的水资源政策、制定水资源开发和环境保护的总体规划，如水资源开发、供水系统管理、水质保护等方面的政策和规划。中央政府下设5个部门来对水资源进行管理，国土交通省、环境省、厚生劳动省（其职能相当于我国的卫生部和人社部）、经济产业省、农林水产省。各部门间分工明确，但在相关项目上又相互协作以制定与水资源相关的综合性政策。5个部门承担的相应具体职责分别是：国土交通省主要负责总体规划和水资源开发；环境省主要负责与水有关的环境管理；厚生劳动省主要负责与生活用水供给有关的事务；经济产业省主要负责与工业用水供给有关的事务，而且，与厚生省一样，还要对负责运营、维护和管理城市水务单位和设施的地方政府机构进行监管；农林水产省主要负责与农业用水供给有关的事务。

地方政府则在中央政府政策的框架下，负责供水系统、水处理设施、水务机构的运营、维护和管理，在地方政府的监管下，全国供水服务范围快速扩大，从"二战"前仅在城市中心区域存在到 2005 年全国供水服务覆盖的范围发展到 95%。此外，地方政府对供水企业还进行持续监管，保证其供水质量达标，确保农村饮水安全。

1.4.3.2 法律法规

国土厅统一协调水管理的法律基础是《河川法》，其规定河川为公共物，其保全、利用以及其他管理必须妥善进行以期达到立法目的。在水资源开发方面以《河川法》为中心，此外还有《国土综合开发法》、《爱知用水公团法》、《特定多目标水库法》、《水资源开发促进法》和《水资源开发公团法》；在水利用方面根据不同用途有《土地改良法》、《电源开发促进法》、《工业供水法》、《水道法》、《工业用水道事业法》等；在水源地整治方面有《琵琶湖综合开发特别措施法》和《水源区对策特别措施法》等；在水质与水环境保护方面有《下水道法》、《水质污染防止法》、《湖沼水质保全法》、《水道原水法》、《水道水源法》、《家畜排泄物管理及促进利用的法律（家畜排泄物法）》等法律，与饮用水最为相关的是《水道法》[55]，按照供水规模的大小，将自来水工程分为上水道、简易水道和专用水道 3 种。上水道的规模最大，供水人口在 5 000 人以上；简易水道次之，供水人口为 5 000 人以下；专用水道是指百人以上宿舍、疗养院等的自用自来水水道，其日最大供水量在 20m³ 以上。该法实施半个世纪以来，历经 14 次修订，2006 年 6 月最后一次修订。

1.4.3.3 公众参与

日本公民参与环境管理的机制已渗透到环境管理全过程[56]。

（1）预案参与

在各级政府召开的审议会和听证会上，市民和非政府组织的代表可以对政府即将发表的重大决议充分发表意见，政府对这些意见必须作出认真考虑和采纳。

（2）过程参与和末端参与

过程参与和末端参与都属于监督性质的参与，即可以对于政府制定的一些有可能污染地区环境和居民健康的工程项目计划作出反对，通过投票、媒体宣传、环境纠纷处理以及环境评价等方式对政府和企业施压。

（3）行为参与

随着日本公众环境意识的逐步提高，公众对环境的保护已成为一种自觉的行动。特别是 20 世纪 80 年代后期以来，城市生活型污染越来越严重，人们已经意识到如今污染的制造者已不单纯是企业，居民自身也成为始作俑者。因此市民开始从日常生活的点滴做起，自觉地培养起对环境友好的生活习惯，逐步改变以前那种大量生产、大量消费、大量废弃的生活方式，自发地开展一些环境保护活动。通过将公众的权益进一步的法律化、制度化，从而与政府之间形成一种力量制衡。即保证了公众的话语权，保障了利害关系人的权利，加强了政府的公信力，减少了社会矛盾。

1.4.4 英国

1.4.4.1 管理机制

英国水环境管理由政府的有关部门分别承担，起宏观控制和协调作用，负责制定和颁布有关水的法规政策及管理办法，监督法律的实施。

（1）流域水环境管理体制

在流域层面实施的是以流域为单元的综合性集中管理，较大河流上都设有流域委员会、水务局或水公司，统一流域水资源的规划和水利工程的建设与管理，直至供水到用户，进行污水回收与处理，形成一条龙的水管理服务体系。

（2）区域水环境管理体制

水资源管理体制发生了两次较大的变革：第一次是根据 1973 年水法，实际按流域分区管理，合并、整顿，成立了 10 个水务局，每个水务局对本流域与水有关的事务全面负责，统一管理，水务局不是政府机构，而是法律授权的具有很大自主权、自负盈亏的公用事业单位。第二次是在 1986 年，政府宣布通过立法使水务局转变为股份有限公司，其目的是使水务局可不受对公共部门的财政限制和政府的干预，全面负责提供整个英格兰和威尔士地区的供水及排污服务。在苏格兰地区，水管理由根据苏格兰地方法律建立的 9 个地区委员会和 3 个岛屿委员会负责；北爱尔兰地区则由北爱尔兰环境局负责。

纯政府行为管理区域水环境，区域政府部门具有独立的立法与管理职能，美国与澳大利亚及英国的苏格兰与北爱尔兰，加拿大阿尔伯塔省均采用这一模式[46]。

1.4.4.2 法律法规

区别于别的许多国家，保护水质主要就是指防治水污染，英国水法体系是综合性的水法，《水资源法 1963》就是英国规定对水资源的开发利用、保护如何进行全面管理的法律，这部法律在英国水法中占据重要地位[57]。现行饮用水保护的法律体系主要由以下法律文件构成：①欧盟颁布的法律与政策文件；②英国的议会立法，如《2000年饮用水》、《2003年水法》、《2007年供水（水质）法案》和《2010年供水法案》等；③政府或部门制度的附属法规和政策，如《2000年饮用水规定》、《2003年水资源附属法规》；④政府或者部门制定的指导性文件，规定供水公司法定义务。

1.4.4.3 公众参与

公众无论是在法律上还是在环境影响评价中都享有重要权利，公民有权享受到安全、健康、完好、体面的生态环境，并有责任和义务保护其周围环境。在英国，环境权既是一种实体性的权力，也是一种程序性的权力，其中程序性环境权的要义就是要求公民参与国家的环境决策，具体包括：环境知情权、参与环境事务决策权以及环境诉讼参与权[58]。饮用水保护政策与法律注重利益相关者和公众参与，鼓励公众参与管理，追求可持续性和可参与性的发展。例如，1991年《水资源法》第21条第2款规定，在起草任何此类关于任何特定内水水域的关于可接受最低流量的文件（草案）之前，国家河流局应当依法征询所有利益相关者的意见[57]。

1.4.5 法国

1.4.5.1 管理机制

法国水管理分5个等级：国家级、流域级、地区级、地方级和国际级。水务局是流域委员会的执行机构，其董事会主席和局长由环境部指派。各级水管理机构的职能详见表1-14。

表 1-14 法国的水管理机构及职能

管理层次	管理机构	管理职能
国家级	环境部	内设水务署，主管全国水利事务： （1）邻际协调；（2）提出开发规划和水保、环保目标； （3）监督协调流域机构工作；（4）授权服务机构执法； （5）参与有关科研、培训和国际合作管理
国家级	国家水理事会	由各类用水户、各级水理事会及政府代表组成的顾问性机构，协调控制水环境保护和供水工程规划
流域级	流域委员会	由水用户、供水部门、政府代表和专家组成的协会性质的机构，决定有关政策和重大事项，制订水开发和污染治理的五年计划，并分阶段指导实施
流域级	水务局	与用户协商水费和治污水费标准是各流域委员会的执行机构，属公共行政管理部门，具有独立的人事权和财权，它负责向用户征收水费和污染税费

管理层次	管理机构	管理职能
地方级 （几个省）	地区长官	参与管辖区的区域开发家户的制定和执行
	地区水技术委员会	进行协调研究、培训和国际合作等工作
	地区董事会	批准并监督项目的实施
地方级	地方水权管理局	确保供水用水双方的权利和义务
	用水户协会	
国际机构	莱茵河航运委员会	协调管理国际河流或水域的供、用水
	日内瓦湖泊水污染防治委员会	事务及环境保护工作

水管理政策的制定，要经过地方政府、各类用水户以及自然保护协会等的协商，以实现对水资源的全面综合管理，保证对各类用户提供满意优质的服务。水管理的民主化，形成了三级管理的对话制度：国家级水管理模式是设立了国家水资源委员会，负责对法国水政策及相关法律、法规的制定、执行和解释提供咨询；在流域设立了流域委员会，密切注视流域开发利用的发展趋势，与有关部门协商后，帮助其提出并实施流域水质和水量供需的水开发管理的全面规划，也为水务局提供有关取排水收费标准、水价结构及分析优先投资项目计划的咨询；地方水管理委员会负责实施水开发管理方案，其任何决议由成员投票表决通过，因此其成员的构成体现了水管理权限的分配。在水资源开发总体规划下，水开发管理方案为地区的水资源合理开发利用、环保及水生态平衡、湿地及荒地的开发利用制定了总目标，该方案目标经批准后便具有法定的严肃性[59]。

1.4.5.2 法律法规

以法制手段规范各种水事行为和水资源管理是法国水务管理的一个重要特点。目前采用是 1992 年 1 月颁布的《水法》，该法对国家、流域、地方政府、用户及水公司等所从事的所有水资源规划、水资源开发利用、污水处理及水资源保护等一切水事活动均有较为详细的法律条文《水法》明确规定，水资源管理必须进行综合管理，必须以流域为单位进行管理，流域水资源开发管理规划必须由流域委员会来制定，必须听取地方当局和用户代表的意见，开发管理规划一经批准，即成为规范各地方政府从事水资源开发利用保护的重要的水政策和纲领性文件[60]。

规定水资源（包括地表水和地下水）是国家的公共财产，用水者和排污者都必须交费，"以水养水"。收取水费（取水费）和排污费是 6 大流域机构的主要职能之一。收取的水费大部分用于兴建水源工程和污水处理工程。另外，国家农村供水基金，用于补贴人口稀少的地区和小城镇兴建供水、污水处理工程。用户应支付费用包括：地方税、向水务局缴纳的取水和排污费、农村供水基金、增值税和河道税等。

.目前法国已有99%的人都用上了安全卫生的自来水,这与法国水务管理改进是密不可分。法国水被视为国家资源,国家具有专营权,水厂永远是公有化,私人企业只有在各级政府特许条件下,采取招标方式,获得投资、经营和使用权力。政府对水厂的设备、施工、服务以及水价都作了详细规定,这样既引进了私营企业先进的商业化管理理念,又可以有效地保证水质,为民众提供优质服务。法国政府还非常注重水资源的整合性管理,一是统筹考虑农业、工业、运输、娱乐、家庭等方面的用水;二是注重环境保护,在水源选取、管道的铺设以及污水的排放等方面都必须有环境评价报告;三是注重废水的重新利用;四是注重风险的防范(包括水灾、旱灾和污染)。法国水费使用有两条重要规定:一是水的利润必须再用于水务发展;二是所有的使用者和污染者必须付费。所以在所收取的水费中,43%为制水成本;38%作为污水处理费用;13%作为社区水务署管理(其中50%用于新水厂和污水处理厂建设费用,50%为日常开支);5%为附加增值税;1%为国家水资源发展基金,用于边远农村地区水厂建设或补贴城乡差别。具体水价是在国家宏观指导下采取民主的对话方式及听证会制度,通过各流域委员会、供水公司和用户(代表)协商,确定水费和污染税费的标准,并由水管局负责向用户收取。

对水质安全的监管是水务管理的重要内容。超过2 000人口的市镇都须建立污水处理厂,城市的污水处理目前已经达到95%以上,还要求所有市镇都建立符合欧盟标准的污水处理系统,对污水处理不能达标的地区,政府将不断增加征收水源管理费,以促进这些地区尽快达标[59]。

1.4.5.3 公众参与

水资源管理其中一个特点就是民主化,协商对话是水资源管理实现其民主化的一个重要方针,《水法》中明确规定了水资源管理决策的原则是"水的政策实施成功要求各个层次的有关用户共同协商和积极参与"。根据这一原则,在各个层级的管理过程中都采取协商对话的方式进行。如在流域一级,流域委员会中的用户代表、专家代表、社团代表占全体委员总数的40%~45%,不同行政区的地方官员代表占36%~38%,中央政府部门代表占19%~23%。在地区一级,地方水委员会中50%为地区机构的代表和地方公有公司的代表,25%为国家代表和国家公有公司的代表,25%为不同用户、沿河土地所有者、专业协会和组织的代表[60]。

1.4.6 其他国家

1.4.6.1 荷兰

荷兰 66 个水委会负责地方与地区的防洪、水质与水量的水资源管理。水委会及市政部门负责具体的管理。市政部门的任务是污水收集与排放，水委会负责城市与农村整个排水过程，包括水质、水量、废水处理与防洪的权利机构。荷兰水管理是由公共事业部门负责，而不是由私人或机构来负责。这些公共事业部门必须使水体满足社会经济体系的需求，管理范围包括地下水、地表水、水量、水质与水环境如河床、湿地与河岸以及技术性的基础设施[46]。

荷兰早期饮用水主要取自河沟和池塘，这些水源常常受到污染，造成疾病流行，危害人们的身体健康，饮水管网覆盖到所有居民，每个公司目的是供水，而不是赢利，保证 24 小时提供安全、充足、可靠、高质量的饮用水。水源 60% 来自地下水，40% 来自地表水，按照饮用水《水质法》进行综合质量管理，要求饮用水的 62 种标准和 47 个欧盟参数达标。

荷兰修建大型供水工程时，形成了以社区和政府为股东的股份制公司。各社区都拥有相等的股份，个人通过社区参股。股东只获得一定的利息而不分红。供水工程实际上属于政府和社区所有。管理人员是工程技术人员而不是商人，经营不以营利为目的，供水效果很好，价格也不高[59]。

1.4.6.2 澳大利亚

澳大利亚水环境管理模式属于高级别的集成分散式管理模式，总理牵头，各相关部门负责人参加，组成国家水资源管理委员会全面负责水资源与水环境管理工作。在澳大利亚，国家水资源理事会是该国水资源方面的最高组织，由联邦（主席）、各州以及北部地方部长组成，负责制定全国水资源评价规划，研究全国性的关于水的重大课题计划，制定全国水资源管理办法、协议，制定全国饮用水标准，安排和组织有关水的各种会议和学术研究[46]。联邦政府成立了流域部长理事会和流域委员会：部长理事会是一个政府论坛，有权对流域内的水务作出决策；流域委员会是部长理事会的办事机构，负责流域内主要水利工程的运行管理。流域内 4 个州通过批准的协议共享流域水资源。按照澳大利亚的联邦体制，由各州负责自然资源的管理，州政府是水资源的拥有者，负责水资源的评价、规划、监管和开发利用。负责州内的供水、灌溉、防洪、河道整治等水利工程建设[61]。

1.4.6.3 印度

印度也是高级别的集成分散水环境管理模式，国家水资源委员会是以印度总理为首和各相关部和邦的负责官员组成。职责是制定和监督国家水政策，审查水资源开发计划，协调各邦间水资源利用的冲突等。水资源部负责灌溉工程建设与管理。农业部负责水土保持，中央水污染防治与控制局负责水污染控制。另外，还设有中央地下水管理局与联邦防洪局[46]。

印度中央政府启动全国农村饮用水供水计划，其目标为：为所有的农村提供安全的饮用水；帮助社区保持饮用水源的水质；特别关注世袭阶层和部落。为此采取了一系列的措施，加速安全供水系统没有覆盖或部分覆盖地区的建设；关注水质问题并使水质检测和监测制度化；保证可持续发展，包括水源和供水系统的运行。

1.4.6.4 韩国

韩国农村饮用水安全问题在"新农村运动"中得到重视和解决，进行大规模农村基础设施建设（包括改善和建设农村道路、住宅、自来水、煤气等基础设施），解决农村饮水安全问题的特点是政府主导、大量投资、借助外力、迅速完成农村饮水的基础设施建设[62]。从1994年韩国政府投入仅10亿美元改善农业和渔业区的供水设施，1997年投入8亿美元改善中小城市的供水设施，并实施了旨在消除自来水供应差别的中长期投资计划，使农村地区的自来水普及率达到了70%。

参考文献

[1] 李仰斌. 农村饮用水源保护及污染防控技术 [M]. 北京：中国水利水电出版社，2010：4-10，20.

[2] 卢慧恋. 农村饮用水源污染因素分析及对策 [J]. 中国环保产业，2009（2）：45-47.

[3] 白璐，李丽，许秋瑾，等. 我国农村饮用水源现状及防护对策 [J]. 安徽农业科学，2012（3）：1694-1695.

[4] 郝彭. 我国农村饮用水安全的立法研究 [D]. 西安建筑科技大学，2010.

[5] 中国环境保护部. 2010 年中国环境状况公报，2010，北京.

[6] 张利民，刘伟京，边博，等. 太湖入湖河流治理规划研究. 南京：江苏教育出版社，2008：10-15.

[7] 靳长亮. 新农村建设中农民饮水安全问题 [J]. 中国水运，2009（6）：170-171.

[8] 张显云. 农村饮用水源保护法律问题研究 [D]. 重庆大学法学院，2009.

[9] 万金保，蒋胜韬. 鄱阳湖水质分析及保护对策 [J]. 江西师范大学学报：自然科学版，2005（3）：260-263.

[10] 张敏，张伟军. 洞庭湖水质状况分析与水环境保护研究 [J]. 长江工程职业技术学院学报，2011（4）：16-23.

[11] 戴洪刚，包青年，杨志军. 洪泽湖水质现状及保护对策研究 [J]. 环境导报，2002（1）：27-28.

[12] 王松筠，徐春中. 水库水作为城市供水水源应注意的几个问题 [J]. 水利天地，2004（12）：26-27.

[13] 中国环境保护部. 2011 年中国环境状况公报，2011，北京.

[14] 江苏省水利厅，江苏省发改委，江苏省财政厅，等. 江苏省农村饮水安全工程"十一五"实施规划概要. 2007，南京.

[15] 宋秀杰，等. 农村面源污染控制及环境保护. 北京：化学工业出版社，2011：23-24.

[16] 张绪美，董元华，王辉，等. 江苏省畜禽粪便污染现状及其风险评价 [J]. 中国土壤与肥料，2007（4）：12-15.

[17] 李振华. 畜禽养殖污染的环境问题分析 [J]. 内蒙古农业科技，2009（1）：77-78.

[18] 栗章凤. 邯郸市畜禽养殖业污染防治对策研究 [J]. 环境科学与管理，2006（5）：108-112.

[19] Stone M，J Marsalek. Trace metal composition and speciation in street sediment: Sault Ste. Marie, Canada. Water Air Soil Pollution, 1996，87（1）：149-169.

［20］ Yunker M B，et al. PAHs in the Fraser River basin: a critical appraisal of PAH ratios as indicators of PAH source and composition. 33，2002，4：489-515.

［21］ Kim J Y，et al. Heavy metal speciation in dusts and stream sediments in the Taejon area. Journal of Geochemical Exploration，1998，64（1）：409-419.

［22］ Legret M，C Pagotto. Evaluation of pollutant Loadings in the runoff waters from a major rural highways. Science of the Total En Vironment，1999，235：143-150.

［23］ Sorme L，R Lagerk Vist. Sources of heavy metals in urban wastewater in Stockholm. Science of the Total Environment，2002，298（1-3）：131-145.

［24］ Hicks B B. "Atmospheric Deposition and Its Effects on Water Quality，" Workshop on Research Needs for Coastal Pollution in Urban Areas, E.R. Christensen and C.R.O Melia（Eds.），1997，Milwaukee-WI.

［25］ Klemm J F，Gray J M L. A Study of the Chemical Composition of Particulate Matter and Aerosols over Edmonton, Prep. for the Research Management Division by the Alberta Research Council，Report RMD 82/9，1982.

［26］ Zarriello P J，A S Donald. Effects of Stormwater Detention on the Chemical Quality of Runoff from a Small Residential Development, MonroeCounty，New York 1993，U.S. Geological Survey，Water-Resources Investigations Report92-4003：Ithaca，New York.

［27］ Makepeace D K，D W Smith，S J Stanley. "Urban Stormwater Quality： Summary of Contaminant Data". Critical Reviews in Environmental Science and Technology，1995，25（2）：93-139.

［28］ Garnaud S，et al. A street deposit sampling method for metal and hydrocarbon contamination assessment. Science of the Total Environment，1990，235：211-220.

［29］ Bachoc A. Solids transfer in combined sewer networks. 1992，Institute National Polytechnique de Toulouse：Toulouse.

［30］ Ahyerre M，G. Chebbo，Saad M. Nature and dynamic of water sediment interface in combined sewers. Journal of Environmental Engineering-ASCE，2001，127（3）：233-239.

［31］ Sutherland R A. Lead in grain size fractions of road-deposited sedimen. Environmental Pollution，2003，121：229-237.

［32］ Sutherland R A，C A Tolosa. Multi-element analysis of road-deposited sediment in an urban drainage basin，Honolulu，Hawaii. Environmental Pollution，2000，110：483-495.

［33］ Eills J B，D M Revitt. Incidence of heavy metals in street surface sediments：solubility and grain size studies. Water Air Soil Pollution，1982，17：87-100.

［34］Fergusson J E，D E Ryan. The elemental composition of street dust from large and small urban areas related to city type，source and particle size. Science of the Total Environment，1984，34：101-116.

［35］Li X，C. Poon，P S Liu. Heavy metal contamination of urban soils and street dusts in Hong Kong. Applied Geochemistry，2001，16：79-90.

［36］夏青. 城市径流污染系统分析 [J]. 环境科学学报，1982，4：271-278.

［37］施为光. 街道地表物的累积与污染特征——以成都市为例 [J]. 环境科学，1991，3：18-23.

［38］Biggins P D E，R M Harrison. Chemical speciation of lead compounds inStreet dusts. Environmental Science Technology，1980，14（3）：336-339.

［39］Latimer J S，et al. Sources of petroleum hydrocarbons in urban runoff Water Air Soil Pollution，1990，52（1-2）：1-21.

［40］蒯圣龙. 水污染与水质监测 [M]. 合肥：合肥工业大学出版社，2010：3.

［41］黄廷林，丛海兵，柴蓓蓓. 饮用水水源水质污染控制 [M]. 北京：中国建筑工业出版社，2009：46-47.

［42］王晓燕，尚伟. 水体有毒有机污染物的危害及优先控制污染物 [J]. 首都师范大学学报：自然科学版，2002（3）：73-78.

［43］崔骁勇，丁文军，柴团耀，等. 国内外化学污染物环境与健康风险排序比较研究 [M]. 北京：科学出版社，2010：35-37.

［44］周文敏，傅德黔，孙宗光. 中国水中优先控制污染物黑名单的确定 [J]. 环境科学研究，1991（6）：9-12.

［45］侯蓓丽. 论我国饮用水水源保护管理体制立法及其完善 [D]. 中国政法大学，2009.

［46］曾维华，张庆丰. 国内外水环境管理体制对比分析 [J]. 重庆环境科学，2003，25（1）：2-4，16.

［47］张戈跃. 我国农村饮用水源保护法律制度研究 [D]. 中国政法大学，2010.

［48］中国环境科学研究院，中国科学院生态环境研究中心. 农村饮用水水源地环境保护技术指南 [Z].2012，北京.

［49］马英杰，房艳. 美国环境保护管理体制及其对我国的启示 [J]. 全球科技经济瞭望，2007（8）：26-30.

［50］李建新. 德国饮用水水源保护区的建立与保护 [J]. 地理科学进展，1998，17（4）：88-97.

［51］Bergmann E，Werry S. Der Wasserpfennig：Konstruktion und Auswirkungen einer

Wasser entnahmeabgabe （= Berichte/Umweltbundesamt；5/89）. Berlin，1989.

［52］王国锋. 美国与德国环境影响评价制度中公众参与机制对比研究 [D]. 郑州大学，2010.

［53］李建良. 德国环境行政法上的信息公开制度 [J]. 月旦法学，2002（8）：45.

［54］龚云，陈琳. 农村饮水安全问题及解决措施 [J]. 安徽农业科学，2009（30）：14976.

［55］刘倩，邵天一. 日本饮水安全的实践与经验 [J]. 水利发展研究，2007，7（12）：56-61.

［56］余晓鸿. 日本环境管理中的公众参与机制 [J]. 现代日本经济，2002（6）：11-14.

［57］胡德胜. 英国的水资源法和生态环境的用水保护 [J]. 中国水利，2010（5）：51-54.

［58］侯小伏. 英国环境管理的公众参与及其对中国的启示 [J]. 中国人口. 资源与环境，2004，14（5）：125-129.

［59］胡端阳. 我国农村饮用水供给研究 [D]. 西南财经大学，2007.

［60］许伟. 法国的水资源管理和水价监管 [J]. 粤港澳市场与价格，2007（12）：29-31.

［61］蓝楠. 国外饮用水源保护管理体制对我国的启示 [J]. 中国环保产业，2007（9）：58-62.

［62］龚云，陈琳. 农村饮水安全问题及解决措施 [J]. 安徽农业科学，2009（30）：14976-14977.

2 农村饮用水水源地保护区划分

随着饮用水水源地污染的加重，饮用水水源保护的问题日益凸显并开始受到重视，水源保护区的科学划分成为环境保护工作的研究热点和重点[1]。如何正确地划分水源保护区，对应不同保护区制定管理体制和保护方法，对于水源地保护具有非常重要的意义。

2.1 划分原则

2.1.1 水源地划分要求

（1）确定饮用水水源保护区划分的技术指标，应考虑以下因素：当地的地理位置、水文、气象、地质特征、水动力特性、水域污染类型、污染特征、污染源分布、排水区分布、水源地规模、水量需求。其中：

地表水饮用水水源保护区范围应按照不同水域特点进行水质定量预测并考虑当地具体条件加以确定，保证在规划设计的水文条件和污染负荷下，供应规划水量时，保护区的水质能满足相应的标准。

地下水饮用水水源保护区应根据饮用水水源地所处的地理位置、水文地质条件、供水的数量、开采方式和污染源的分布划定。各级地下水源保护区的范围应根据当地的水文地质条件确定，并保证开采规划水量时能达到所要求的水质标准。

（2）划定的水源保护区范围，应防止水源地附近人类活动对水源的直接污染；应足以使所选定的主要污染物在向取水点（或开采井、井群）输移（或运移）过程中，衰减到所期望的浓度水平；在正常情况下保证取水水质达到规定要求；一旦出现污染水源的突发情况，有采取紧急补救措施的时间和缓冲地带。

2.1.2 饮用水水源地划分原则

（1）超前性原则：饮用水水源保护区的设置和划分应纳入当地经济、社会和环境保护规划，并贯彻预防为主的超前保护原则；

（2）优先保护原则：饮用水水源为水域诸多功能中最重要的功能。集中式饮用水水源保护区的设置和划分应体现优先和重点的原则；

（3）保护区最经济原则：在满足水源保护的前提下，在确保饮用水水源水质不受污染的前提下，集中式饮用水水源保护区应尽可能小。村镇集中饮用水水源保护区的设置和划分既要科学，又要合理，具有可操作性[2, 3]。

2.2 水源地保护区划分

2.2.1 湖库型水源地

2.2.1.1 划分方法

依据湖泊、水库型饮用水水源地所在湖泊、水库规模的大小，将湖泊、水库型饮用水水源地进行分类，分类结果见表 2-1。

表 2-1　湖库型饮用水水源分类表

水源地类型		水源地类型	
水库	小型，$V < 0.1$ 亿 m^3	湖泊	小型：$S < 100km^2$
	中型，0.1 亿 $m^3 \leqslant V < 1$ 亿 m^3		
	大型，$V \geqslant 1$ 亿 m^3		大中型：$S \geqslant 100km^2$

注：V 为水库总库容；S 为湖泊水面面积。

（1）一级保护区

水域范围：

①小型水库和单一供水功能的湖泊、水库应将正常水位线以下的全部水域面积划为一级保护区。具体见图 2-1。

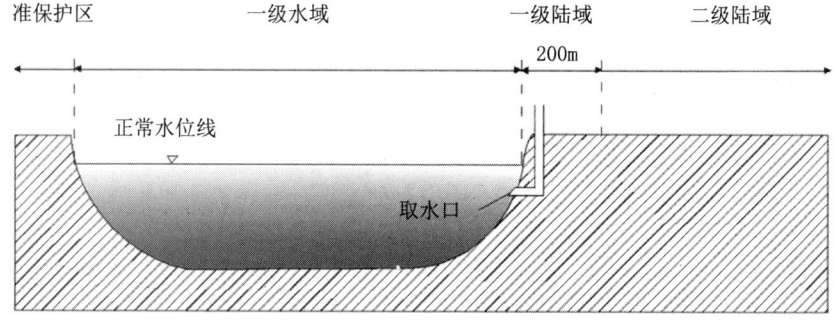

图 2-1　小型水库和单一功能湖泊水源保护区划分示意图

②大中型湖泊、水库采用模型分析计算方法确定一级保护区范围。

当大、中型水库和湖泊的部分水域面积划定为一级保护区时，应对水域进行水动力（流动、扩散）特性和水质状况的分析、二维水质模型模拟计算，确定水源保护区水域面积，即一级保护区范围内主要污染物浓度满足《地表水环境质量标准》（GB 3838—2002）Ⅱ类水质标准的要求，宜采用数值计算方法。

一级保护区范围不得小于卫生部门规定的饮用水源卫生防护范围。

③在技术条件有限的情况下，采用类比经验方法确定一级保护区水域范围，同时开展跟踪验证监测。若发现划分结果不合理，应及时予以调整。

小型湖泊、中型水库水域范围为取水口半径 300m 范围内的区域；

大型水库为取水口半径 500m 范围内的区域；

大中型湖泊为取水口半径 500m 范围内的区域 [2]。

陆域范围：

湖泊、水库沿岸陆域一级保护区范围，以确保水源保护区域水质为目标，采用以下分析比较确定：

①小型湖泊、中小型水库为取水口侧正常水位线以上 200m 范围内的陆域，或一定高程线以下的陆域，但不超过流域分水岭范围，具体见图 2-1；

②大型水库为取水口侧正常水位线以上 200m 范围内的陆域；

③大中型湖泊为取水口侧正常水位线以上 200m 范围内的陆域；

④一级保护区陆域沿岸纵深范围不得小于饮用水水源卫生防护范围 [2]。

（2）二级保护区

水域范围：

①通过模型分析计算方法，确定二级保护区范围。二级保护区边界至一级保护区的径向距离大于所选定的主要污染物或水质指标从《地表水环境质量标准》（GB 3838—2002）Ⅲ类水质标准浓度水平衰减到《地表水环境质量标准》（GB 3838—2002）Ⅱ类水质标准浓度所需的距离，宜采用数值计算方法。

②在技术条件有限的情况下，采用类比经验方法确定二级保护区水域范围，同时开展跟踪验证监测。若发现划分结果不合理，应及时予以调整。

小型湖泊、中小型水库一级保护区边界外的水域面积设定为二级保护区；

大型水库以一级保护区外径向距离不小于 2 000m 区域为二级保护区水域面积，但不超过水面范围；

大中型湖泊一级保护区外径向距离不小于 2 000m 区域为二级保护区水域面积，但不超过水面范围 [2]。

陆域范围：

二级保护区陆域范围确定，应根据流域内主要环境问题，结合地形条件确定。

①依据环境问题分析法。当面污染源为主要污染源时，二级保护区域沿岸纵深范围，主要依据自然地理、环境特征和环境管理的需要，通过分析地形、植被、土地利用、森林开发、地面径流的集水汇流特性及水域范围等确定。二级保护区域边界不超过相应的流域分水岭范围。

当水源地水质受保护区附近点污染源影响严重时，应将污染源集中分布的区域划入二级保护区管理范围，以利于对这些污染源的有效控制。

②依据地形条件分析法。小型水库可将上游整个流域（一级保护区域外区域）设定为二级保护区。

小型湖泊和平原型中型水库的二级保护区范围是正常水位线以上（一级保护区以外），水平距离 2 000m 区域，山区型中型水库二级保护区的范围为水库周边山脊线以内（一级保护区以外）及入库河流上溯 3 000m 的汇水区域；

大型水库可以划定一级保护区外不小于 3 000m 的区域为二级保护区范围；

大中型湖泊可以划定一级保护区外不小于 3 000m 的区域为二级保护区范围[2]。

（3）准保护区

按照湖库流域范围、污染源分布及对饮用水水源水质的影响程度，二级保护区以外的汇水区域可以设定为准保护区[2]。

中型水库、小型湖泊和大型水库，大中型湖泊保护区划分见图 2-2 和图 2-3。

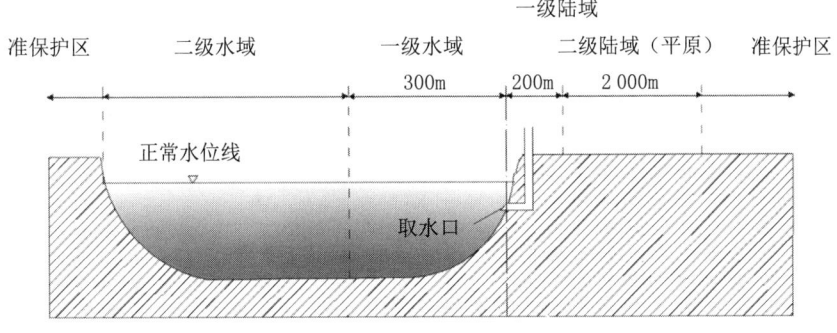

图 2-2 中型水库和小型湖泊水源保护区划分示意图

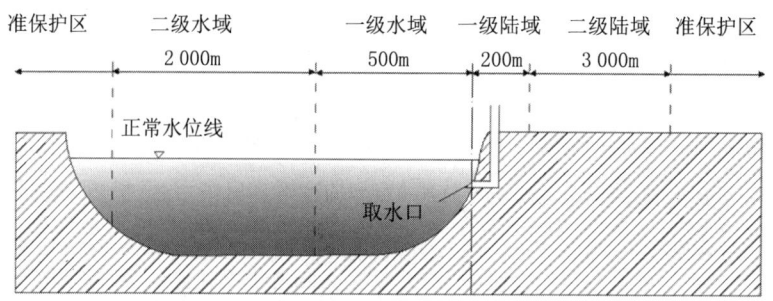

图 2-3 大型水库和大中型湖泊水源保护区划分示意图

2.2.1.2 湖库型水源地保护区划分

农村湖库水水源保护区一般设三级，即一级保护区、二级保护区和水源涵养区。特殊情况下可只设一级保护区。其划分方法一般采用类比经验法：

（1）一级保护区：一级保护区包括水域和陆域，水域一般为整个水面。河道型水库可以划出部分水面为一级区水域。凡只将部分水面划为一级保护区水域时，一级区上边界至取水点的距离不得小于 2 000m，一级区的陆域对应一级区水域向边岸延伸不少于 50m 的范围。

（2）二级保护区：二级保护区包括水域和陆域，对于整个水面为一级保护区的湖库，其水域为沿入库河流向上游延伸不小于 3 000m 的距离，宽度为整个水面。二级保护区的陆域包括库区向水坡和入库河流边岸两部分，湖库区的陆域为湖库区向水坡一级保护区以外的全部；入库河流边岸陆域为对应二级保护区水域向两岸各延伸不少于 10m 的范围。

（3）水源涵养区：取水点以上河流的全流域范围[3]。

综上所述，农村湖库型水源地保护区的划分细则及方法总结，如表 2-2 所示。

表 2-2 湖库型水源地保护区划分

水源类型	水域	一级保护区		二级保护区		准保护区	
		水域	陆域	水域	陆域	水域	陆域
湖泊	大中型	方法1：模型分析计算方法 方法2：取水口半径500m范围内的区域	取水口侧正常水位线以上200m范围内的陆域	方法1：二级边界至一级边界的径向距离大于从《地表水环境质量标准》（GB 3838—2002）Ⅲ类水质标准浓度水平衰减到Ⅱ类水质标准浓度水平所需距离，宜采用数值计算方法 方法2：一级保护区外径向距离不小于2 000m的区域，但不超过水面范围	方法1：环境问题分析法 方法2：一级保护区外不小于3 000m的区域	二级保护区外的汇水区域	
	小型	取水口半径300m范围内的区域	取水口侧正常水位线以上200m范围内的陆域，或一定高程线以下的陆域，但不超过流域分水岭范围	一级保护区边界外的水域面积	正常水位线以上（一级保护区外）水平距离2 000m的区域		
水库	大型	方法1：模型分析计算方法 方法2：取水口半径500m范围内的区域	取水口侧正常水位线以上200m范围内的陆域	方法1：二级边界至一级边界的径向距离大于从《地表水环境质量标准》（GB 3838—2002）Ⅲ类水质标准浓度水平衰减到Ⅱ类水质标准浓度水平所需距离，宜采用数值计算方法 方法2：一级保护区外径向距离不小于2 000m的区域，但不超过水面范围	方法1：环境问题分析法 方法2：一级保护区外不小于3 000m的区域	二级保护区外的汇水区域	
	中小型	小型：正常水位线以下的全部水域面积 中型：取水口半径300m范围内的区域	取水口侧正常水位线以上200m范围内的陆域，或一定高程线以下的陆域，但不超过流域分水岭范围	一级保护区边界外的水域面积	小型：上游整个流域（一级区以外）平原型中型：正常水位线以上（一级区以外）水平距离2 000m的区域 山区型中型：水库周边山脊线以内（一级区以外）及入库河流上溯3 000m的汇水区域		

2.2.1.3 江苏省典型湖库型水源地保护区划分

根据《中华人民共和国环境保护法》、《中华人民共和国水法》、《中华人民共和国水污染防治法》和《江苏省人民代表大会常务委员会关于加强饮用水水源地保护的决定》等法律法规的要求，依据湖库型水源地保护区划分的方法，结合各水源地的实际情况，确定江苏省具有代表性的湖库型水源地保护区划分方案，见表2-3，并报请江苏省人民政府批准实施，将饮用水安全保障纳入本地区国民经济和社会发展规划以及全面小康社会建设综合评价体系，依法加强饮用水水源地的管理，依法合理开发利用饮用水水源，确保人民饮用水安全。

表 2-3　江苏省典型湖库型水源地保护区划分

水源类型	水源地名称	水源所在地	一级保护区		二级保护区		准保护区	
			水域	陆域	水域	陆域	水域	陆域
湖库	固城湖水源地	南京高淳县固城湖	以取水口为中心，半径500m范围的水域和陆域		一级保护区外的整个水域范围	一级保护区以外，外延3 000m的陆域范围	二级保护以外，外延1 000m范围的水域和陆域	
	贡湖沙渚水源地	无锡太湖	以取水口为中心，半径500m范围内的区域范围		一级保护区外，外延2 500m范围的水域	东起新港入湖口、北到新港河埒沙桥，向西沿塘前路、长泰路延伸至湖边的陆域	二级保护区以外，外延1 000m的区域	
	横山水库水源地	宜兴市横山水库	以取水口为中心，半径500m范围内的区域范围		一级保护区以外的整个水域范围		二级保护区以外的集水区域	
	句容北山水库水源地	镇江句容市北山水库	以取水口为中心，半径500m范围的水域和陆域		一级保护区外的整个水域范围	周边山脊线以内、一级保护区以外的汇水区域	二级保护区以外，外延1 000m范围为准保护区	

2.2.2　河流型水源地

2.2.2.1　划分方法

（1）一级保护区

水域范围：

①通过分析计算方法，确定一级保护区水域长度。

一般河流型水源地，应用二维水质模型计算得到一级保护区范围，一级保护区水域长度范围内应满足《地表水环境质量标准》（GB 3838—2002）Ⅱ类水质标准的要求。二维水质模型及其解析解参见《饮用水水源保护区划分技术规范》（HJ/T 338—2007）附录 B，大型、边界条件复杂的水域采用数值解方法，对小型、边界条件简单的水域可采用解析解方法进行模拟计算。

潮汐河段水源地，运用非稳态水动力—水质模型模拟，计算可能影响水源地水质的最大范围，作为一级保护区水域范围。

一级保护区上、下游范围不得小于卫生部门规定的饮用水源卫生防护带范围。

②在技术条件有限的情况下，可采用类比经验方法确定一级保护区水域范围，同时开展跟踪监测。若发现划分结果不合理，应及时予以调整。

一般河流水源地，一级保护区水域长度为取水口上游不小于 1 000m，下游不小于100m 范围内的河道水域。

潮汐河段水源地，一级保护区上、下游两侧范围相当，范围可适当扩大。

③一级保护区水域宽度

为 5 年一遇洪水所能淹没的区域。通航河道：以河道中泓线为界，保留一定宽度的航道外，规定的航道边界线到取水口范围即为一级保护区范围；非通航河道：整个河道范围。

陆域范围：

一级保护区陆域范围的确定，以确保一级保护区水域水质为目标，采用以下分析比较确定陆域范围。

①陆域沿岸长度不小于相应的一级保护区水域长度。

②陆域沿岸纵深与河岸的水平距离不小于 50m；同时，一级保护区陆域沿岸纵深不得小于饮用水水源卫生防护规定的范围。

（2）二级保护区

水域范围：

①通过分析计算方法，确定二级保护区水域范围。

二级保护区水域范围应用二维水质模型计算得到。二级保护区上游侧边界到一级保护区上游边界的距离应大于污染物从《地表水环境质量标准》（GB 3838—2002）Ⅲ类水质标准浓度水平衰减到《地表水环境质量标准》（GB 3838—2002）Ⅱ类水质标准浓度所需的距离。二维水质模型及其解析解参见《饮用水水源保护区划分技术规范》（HJ/T 338—2007）附录 B，大型、边界条件复杂的水域采用数值解方法，对小型、边界条件简单的水域可采用解析解方法进行模拟计算。

潮汐河段水源地，二级保护区采用模型计算方法；按照下游的污水团对取水口影响的频率设计要求，计算确定二级保护区下游侧外边界位置。

②在技术条件有限情况下，可采用类比经验方法确定二级保护区水域范围，但是

应同时开展跟踪验证监测。若发现划分结果不合理，应及时予以调整。

一般河流水源地，二级保护区长度从一级保护区的上游边界向上游（包括汇入的上游支流）延伸不得小于 2 000m，下游侧外边界距一级保护区边界不得小于 200m。

潮汐河段水源地，二级保护区不宜采用类比经验方法确定。

③二级保护区水域宽度：一级保护区水域向外 10 年一遇洪水所能淹没的区域，有防洪堤的河段二级保护区的水域宽度为防洪堤内的水域。

陆域范围：

二级保护区陆域范围的确定，以确保水源保护区水域水质为目标，采用以下分析比较确定。

①二级保护区陆域沿岸长度不小于二级保护区水域河长。

②二级保护区沿岸纵深范围不小于 1 000m，具体可依据自然地理、环境特征和环境管理需要确定。对于流域面积小于 100km² 的小型流域，二级保护区可以是整个集水范围。

③当面污染源为主要水质影响因素时，二级保护区沿岸纵深范围，主要依据自然地理、环境特征和环境管理的需要，通过分析地形、植被、土地利用、地面径流的集水汇流特性、集水域范围等确定。

④当水源地水质受保护区附近点污染源影响严重时，应将污染源集中分布的区域划入二级保护区管理范围，以利于对这些污染源的有效控制。

准保护区：

根据流域范围、污染源分布及对饮用水水源水质影响程度，需要设置准保护区时，可参照二级保护区的划分方法确定准保护区的范围。

河流型水源保护区划分示意图如图 2-4 所示。

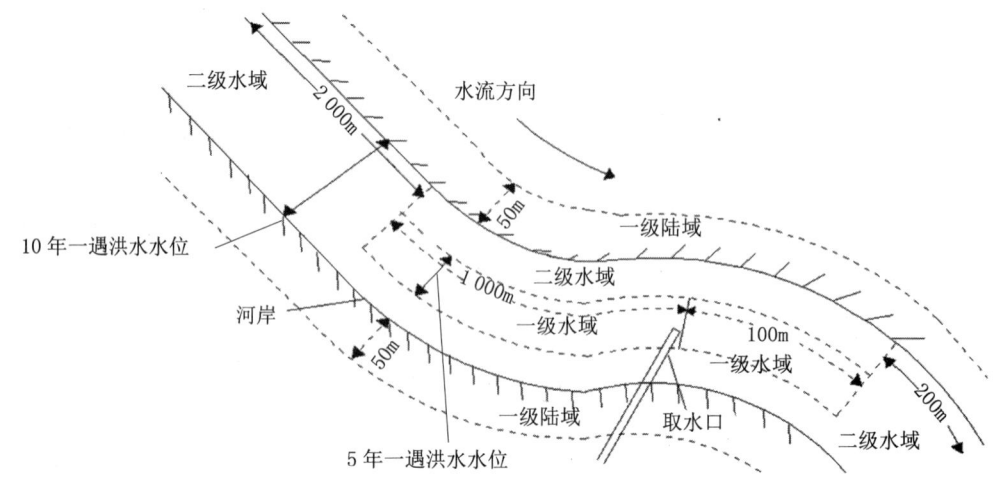

图 2-4　河流型水源保护区划分示意图

2.2.2.2 河流型水源地保护区划分

（1）一级保护区：一级保护区包括水域和陆域，水域长度150m，即从取水点向上游延伸100m，向下游延伸50m，宽度包括整个水面。一级保护区陆域对应一级区水域向两岸各延伸不少于50m的范围。

（2）二级保护区：二级保护区包括水域和陆域，水域长度不小于2 000m，即从一级区上边界向上游延伸2 000m，宽度包括整个水面。二级保护区的陆域对应二级区水域向两岸各延伸不少于50m的范围。

（3）水源涵养区：河流取水点以上的河流流域范围。

综上所述，农村河流型水源地保护区的划分细则及方法总结，如表2-4所示。

表 2-4　河流型水源地保护区划分

水源类型	一级保护区			二级保护区			准保护区
	水域	水域宽度	陆域	水域	水域宽度	陆域	
河流	一般河流	方法1：用二维水质模型计算得出一级保护区范围，应满足《地表水环境质量标准》（GB 3838—2002）Ⅱ类水质标准 方法2：取水口上游不小于1 000m，下游不小于100m范围内的河道水域	为5年一遇洪水所能淹没的区域、通航河道：以河道中泓线为界，保留一定宽度的航道外，规定的航道边界线到取水口范围即为一级保护区范围 非通航河道：整个河道范围	陆域沿岸长度不小于相应的一级保护区水域长度。 陆域沿岸纵深与河岸的水平距离不小于50m；同时，一级保护区陆域沿岸纵深不得小于饮用水水源卫生防护规定的范围	方法1：用二维水质模型计算得出，二级保护区上游侧边界到一级保护区上游边界的距离应大于污染物从《地表水环境质量标准》（GB 3838—2002）Ⅲ类水质标准浓度水平衰减到Ⅱ类水质标准浓度水平所需距离 方法2：采用类比经验方法，二级保护区长度从一级保护区的上游边界向上游延伸不小于2 000m，下游侧外边界距一级保护区边界不小于200m	为一级保护区向外10年一遇洪水所能淹没的区域；有防洪堤的河段为防洪堤内水域	沿岸长度不小于二级保护区水域河长。沿岸纵深范围不小于1 000m流域面积小于100km^{2}的小型流域，二级保护区是整个集水范围 当某保护区附近点污染源影响较重时，应将其划入二级保护区范围	参照二级保护区划分方法
	潮汐河段	方法1：采用非稳态水动力—水质模型模拟，计算可能影响水源地水质的最大范围 方法2：上、下游两侧范围相当，可适当扩大			采用模型计算方法；按照下游污水团对取水口影响频率设计要求推算下游侧外边界位置（不宜采用类比经验方法）			

2.2.2.3 江苏省典型河流型水源地保护区划分

根据《中华人民共和国环境保护法》、《中华人民共和国水法》、《中华人民共和国水污染防治法》和《江苏省人民代表大会常务委员会关于加强饮用水水源地保护的决定》等法律法规的要求，依据河流型水源地保护区划分的方法，结合各水源地的实际情况，确定江苏省具有代表性的河流型水源地保护区划分方案，见表2-5，并报请江苏省人民政府批准实施，将饮用水安全保障纳入本地区国民经济和社会发展规划以及全面小康社会建设综合评价体系，依法加强饮用水水源地的管理，依法合理开发利用饮用水水源，确保人民饮用水安全。

表 2-5　江苏省典型河流型水源地保护区划分

水源类型	水源地名称	水源地所在地	一级保护区		二级保护区		准保护区	
			水域	陆域	水域	陆域	水域	陆域
河流	夹江水源地	南京长江	江宁区自来水厂取水口上游500m至城南水厂取水口下游500m的全部水域范围；北河口水厂取水口上游500m至下游500m的全部水域范围	一级保护区水域与相对应的本岸背水坡堤脚外100m范围内的陆域	上夹江口至下夹江口范围内除一级保护区外的全部夹江水域范围	二级保护区水域与相对应的夹江两岸背水坡堤脚外100m范围内的陆域	二级保护区以外上溯2 000m、下延1 000m范围内的水域和陆域范围	
	一干河新港桥水源地	苏州张家港市一干河	取水口上游1 000m至下游500m，及其两岸背水坡之间的水域范围	一级保护区水域与相对应的两岸背水坡堤脚外100m之间的陆域范围	一级保护区以外上溯2 000米、下延500米的水域范围	二级保护区水域与相对应的两岸背水坡堤脚外100m之间的陆域范围	二级保护区以外上溯2 000m、下延1 000m的水域范围	准保护区水域与相对应的两岸背水坡堤脚外100m之间的陆域范围

2.2.3　地下水型水源地

地下水饮用水水源保护区的划分，应在收集相关的水文地质勘察、长期动态观测、水源地开采现状、规划及周边污染源等资料的基础上，用综合方法来确定[4]。

2.2.3.1　地下水饮用水水源地分类

地下水按含水层介质类型的不同分为孔隙水、基岩裂隙水和岩溶水 3 类；按地下水埋藏条件分为潜水和承压水两类。地下水饮用水水源地按开采规模分为中小型水源地（日开采量小于 5 万 m^3）和大型水源地（日开采量大于等于 5 万 m^3）。

2.2.3.2　孔隙水水源保护区划分方法

孔隙水的保护区是以地下水取水井为中心，溶质质点迁移 100d 的距离为半径所圈定的范围为一级保护区；一级保护区以外，溶质质点迁移 1 000d 的距离为半径所圈定的范围为二级保护区，补给区和径流区为准保护区，抽水井的水源开采影响区的概念模型如图 2-5 所示[2]。

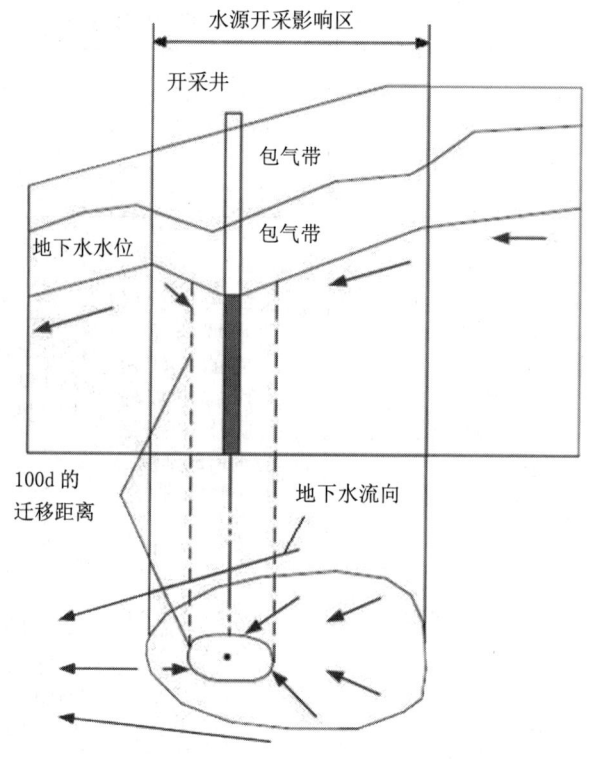

水源开采影响区

开采井

包气带

地下水水位

包气带

100d 的
迁移距离

地下水流向

图 2-5 抽水井的水源开采影响区的概念模型

（1）孔隙水潜水型水源保护区的划分方法

①中小型水源地保护区划分：

保护区半径计算经验公式：

$$R = \alpha \times K \times I \times T / n \qquad (2-1)$$

式中：R——一级保护区半径，m；

α——安全系数（为了稳妥起见，在理论计算的基础上加上一定量（经常取 150%）以防未来用水量的增加以及干旱期影响半径的扩大）；

K——含水层渗透系数，m/d；

I——水力坡度（为漏斗范围内的水力坡度）；

T——污染物水平运移时间，取 100d；

n——有效孔隙度。

孔隙水一级保护区的范围通常为二级保护区半径可以按公式 2-1 计算，但实际应用值不得小于表 2-6 中对应范围的上限值。

表 2-6　孔隙水潜水型水源地保护区范围经验值

介质类型	一级保护区半径 /m	二级保护区半径 /m	介质类型	一级保护区半径 /m	二级保护区半径 /m
细砂	30 ～ 50	300 ～ 500	砾石	200 ～ 500	2 000 ～ 5 000
中砂	50 ～ 100	500 ～ 1 000	卵石	500 ～ 1 000	5 000 ～ 10 000
粗砂	100 ～ 200	1 000 ～ 2 000			

②大型水源地保护区划分。

建议采用数值模型，模拟计算污染物的捕获区范围为保护区范围。划分范围见表 2-7[4]。

表 2-7　孔隙水潜水水源保护区划分方法

水源地类型		一级保护区	二级保护区	准保护区
中小型	单个开采井	方法 1：以开采井为中心，表 2-6 所列经验值是指 R 为半径的圆形区域 方法 2：以开采井为中心，按式 2-1 计算的结果为半径的圆形区域（T 取 100d）	方法 1：以开采井为中心，表 2-6 所列经验值是指 R 为半径的圆形区域 方法 2：以开采井为中心，按式 2-1 计算的结果为半径的圆形区域（T 取 1 000d）	补给区和径流区
	群井（集中式供水）	井群内井间距大于一级保护区半径的 2 倍时，可以分别对每口井进行一级保护区划分；井群内井间距不大于一级保护区半径的 2 倍时，则以外围井的外接多边形为边界，向外径向距离为一级保护区半径的多边形区域（示意图见图 2-6）	井群内井间距大于二级保护区半径的 2 倍时，可以分别对每口井进行二级保护区划分；井群内井间距不大于保护区半径的 2 倍时，则以外围井的外接多边形为边界，向外径向距离为二级保护区半径的多边形区域（示意图见图 2-6）	补给区和径流区
大型		以地下水取水井为中心，溶质质点迁移 100d 的距离为半径所圈定的范围	一级保护区以外，溶质质点迁移 1 000d 的距离为半径所圈定的范围	水源地补给区（必要时）

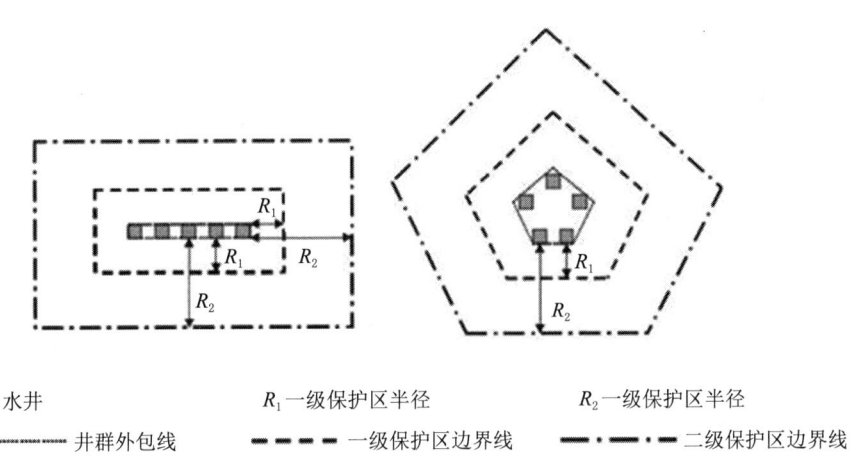

水井　　　　　R_1 一级保护区半径　　　　　R_2 一级保护区半径

井群外包线　　　一级保护区边界线　　　二级保护区边界线

图 2-6　群井的水源保护区范围示意图

（2）孔隙水承压水水源保护区的划分方法

孔隙水承压水水源保护区的划分方法见表 2-8[4]。

表 2-8　孔隙水承压水水源保护区划分方法

水源地类型	一级保护区	二级保护区	准保护区
中小型水源地	上部潜水的一级保护区范围 （方法同孔隙水潜水中小型水源地）	不设	水源补给区（必要时）
大型水源地	上部潜水的一级保护区范围 （方法同孔隙水潜水大型水源地）	不设	水源补给区（必要时）

2.2.3.3　裂隙水水源保护区划分方法

按成因类型不同分为风化裂隙水、成岩裂隙水和构造裂隙水，裂隙水需要考虑裂隙介质的各项异性，其保护区划分方法如表 2-9 所示[4]。

表 2-9　裂隙水水源保护区划分方法

水源地类型			一级保护区	二级保护区	准保护区
风化裂隙水	潜水	中小型	以开采井为中心，按式 2-1 计算的距离为半径的圆形区域（T 取 100d）	以开采井为中心，按式 2-1 计算的距离为半径的圆形区域（T 取 1 000d）	水源补给区和径流区
		大型	以地下水开采井为中心，溶质质点迁移 100d 的距离为半径所圈定的范围	一级保护区以外，溶质质点迁移 1 000d 的距离为半径所圈定的范围	水源补给区和径流区
	承压		不设		水源补给区（必要时）
构造裂隙水	潜水	中小型	以水源地为中心，利用式 2-1，n 分别取主径流方向和垂直于主径流方向上的有效裂隙率，计算保护区的长度和宽度（应充分考虑裂隙介质的各向异性，T 取 100d）	计算方法同一级保护区，T 取 1 000d	水源补给区和径流区（必要时）
		大型	以地下水取水井为中心，溶质质点迁移 100d 的距离为半径所圈定的范围	一级保护区以外，溶质质点迁移 1 000d 的距离为半径所圈定的范围	水源补给区和径流区（必要时）
	承压		同风化裂隙承压水型	不设	水源补给区（必要时）
成岩裂隙水	潜水		同风化裂隙潜水型	同风化裂隙潜水型	同风化裂隙潜水型
	承压		同风化裂隙承压水型	不设	水源补给区（必要时）

注：大型水源地保护的划分需要利用数值模型来确定污染物相应时间的捕获区，以此来作为保护区。

66

江苏省农村地表集中式水源地
面源污染防控技术与示范

2.2.3.4 岩溶水保护区划分方法

根据岩溶水的成因特点，岩溶水分为岩溶裂隙网络型、峰林平原强径流带型、溶丘山地网络型、峰丛洼地管道型和断陷盆地够造型 5 种类型。岩溶水饮用水水源保护区划分须考虑溶蚀裂隙中的管道流与落水洞的集水作用，其划分方法见表 2-10[4]。

表 2-10 岩溶水水源保护区划分方法

水源地类型	一级保护区	二级保护区	准保护区
岩溶裂隙网络型	同风化裂隙水	同风化裂隙水	水源补给区和径流区（必要时）
峰林平原强径流带型	同构造裂隙水	同构造裂隙水	水源补给区和径流区（必要时）
溶丘山地网络型、峰丛洼地管道型、断陷盆地够造型	长度：水源地上游不小于1 000m，下游不小于 100m（以岩溶管道为轴线） 两侧宽度：按式 2-1 计算（若有直流，则支流也要参加计算） 落水洞处也宜划分为一级保护区，划分方法是以落水洞为圆心，按式 2-1 计算的距离为半径（T 值为100d）的圆形区域，通过落水洞的地表河流按河流型水源地一级保护区划分方法划定	不设	水源补给区（必要时）

2.2.3.5 江苏省典型地下水水源地保护区划分

根据《中华人民共和国环境保护法》《中华人民共和国水法》《中华人民共和国水污染防治法》和《江苏省人民代表大会常务委员会关于加强饮用水水源地保护的决定》等法律法规的要求，依据地下水型水源地保护区划分的方法，结合各水源地的实际情况，确定江苏省具有代表性的地下水型水源地保护区划分方案如表 2-11 所示，并报请江苏省人民政府批准实施，将饮用水安全保障纳入本地区国民经济和社会发展规划以及全面小康社会建设综合评价体系，依法加强饮用水水源地的管理，依法合理开发利用饮用水水源，确保人民饮用水安全。

表 2-11 江苏省典型地下水水源地保护区划分

水源类型	水源地名称	水源所在地	一级保护区		二级保护区	
			水域	陆域	水域	陆域
地下水	丰县地下水水源地	徐州丰县凤城镇	以开采水井为中心，半径为 30m 的圆形区域		以开采水井为中心，半径为 30～50m 的圆形区域	
	地下水饮用水水源保护区	连云港灌南县新安镇	以各开采井为中心，半径 30m 的圆形区域		一级保护区外，以各开采井为中心，半径 300m 的外围井的外接多边形区域	
	盱眙县马坝镇地下水水源地	淮安市盱眙县马坝县城	以取水井为圆心，半径 300m 范围		以取水井为圆心，半径 1 000m 范围	

参考文献

［1］李宝赟，王平 . 兰州市红古区饮用水水源保护区规划研究 [J]. 知识经济，2012（7）：80-81.

［2］国家环境保护总局 . 饮用水水源保护区划分技术规范 [Z]. 2007，北京 .

［3］陕西省质量技术监督局 . 村镇集中饮用水水源保护区划分技术规范 [Z]. 2003，西安 .

［4］李仰斌 . 农村饮用水水源保护及污染防控技术 [M]. 北京：中国水利水电出版社，2010：70-73.

［5］王惠中，黄娟，刘晓磊，等 . 江苏省集中式饮用水水源地环境安全战略研究 [M]. 南京：河海大学出版社，2009：84-105.

69

2 农村饮用水水源地保护区划分

3 江苏省农村饮用水水源地综合调查

3.1 农村水源地水资源调查

3.1.1 水资源总量现状

根据江苏省水资源开发利用现状调查统计,江苏省多年平均水资源总量为302.2亿 m^3 ,其中淮河流域193.1亿 m^3 ,长江流域55.6亿 m^3 ,太湖流域71.5亿 m^3 ,见表3-1。

表3-1 江苏省多年平均水资源量统计表   单位:亿 m^3

流域	地表水	降水入渗补给量	重复水量	水资源总量
淮河流域	150.6	57.9	15.4	193.1
长江流域	49.7	15.8	9.82	55.6
太湖流域	64.6	17.6	10.7	71.5
全省	264.9	91.2	35.9	320.2

3.1.2 水资源开发利用现状

2010年江苏省总供水量517.7亿 m^3 ,其中地表水源供水量506.9亿 m^3 ,占总供水量的97.9%;地下水源供水量10.8亿 m^3 ,占总供水量的2.1%[1]。总用水量517.7亿 m^3 ,其中生活用水33.7亿 m^3 ,生产用水484.0亿 m^3 。生产用水中,第一产业用水267.3亿 m^3 ,第二产业用水209.6亿 m^3 ,第三产业用水7.11亿 m^3 ;其中农田灌溉用水239.6亿 m^3 ,电力工业用水148.2亿 m^3 ,一般工业用水59.7亿 m^3 ,总耗水量246.6亿 m^3 ,占总用水量的47.6%;生活用水耗水量为14.12亿 m^3 ,耗水率为41.9%;生产用水耗水量为229.5亿 m^3 ,耗水率为47.4%,见图3-1。目前已形成较完整的蓄、引、提、调供水网络,诸如江水北调和东引、引江济淮、引江济太,丘陵山区水库、塘坝工程、太湖、里下河水网地区结合沿江引排等工程。

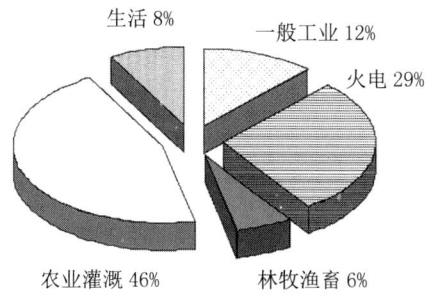

生活 8%　　一般工业 12%

火电 29%

农业灌溉 46%　　林牧渔畜 6%

图 3-1　江苏省 2010 年各类用水所占比例

3.1.3　供水设施现状 [1]

　　江苏省农村饮水安全工作经历了由点到面、由分散式供水不断向集中式供水再向区域供水发展的长期历程，1996 年省政府又连续 7 年在淮北 5 市组织实施了农村改水攻坚工程。7 年间，江苏省累计投入改水资金 9.62 亿元，新建农村水厂 2 047 座，延伸管网 1 768 处，新增受益人口 923.9 万人。2003—2005 年省政府将农村改水列为江苏省农村 5 件实事之一，组织实施了新一轮农村改水，加快了农村饮水安全工程的建设。由于 20 世纪八九十年代江苏省农村水厂建设投入不高，建设标准较低等原因，目前已有部分农村水厂不能正常供水或停止供水。2004 年，水利部、国家发展改革委和卫生部又启动实施了农村饮水安全应急工程，积极加快农村饮水安全工程建设，重点解决高氟水、苦咸水、血吸虫疫区的饮水安全问题，至 2007 年累计投入 1.47 亿元，解决了 44.2 万人的饮水安全受影响问题，显著增强了农村基础设施水平，有效改善了农村生活条件。

　　（1）集中供水

　　2010 年底建有农村供水工程 6 631 处，设计供水规模 751.6m³/d，现状实际供水量为 568.2 万 m³/d，现状用水受益人口为 3 994.6 万人（包括部分外来人口），详见图 3-2。

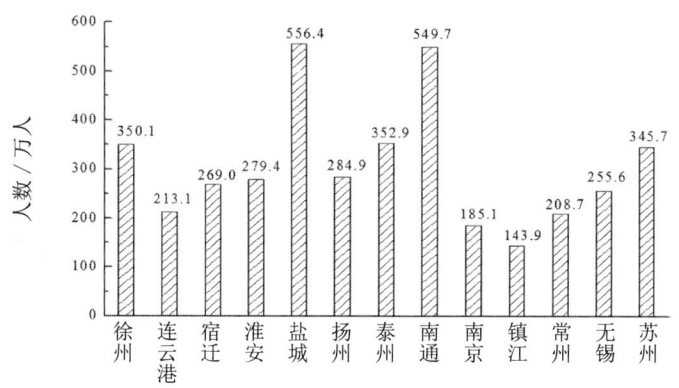

图 3-2　江苏省农村集中式供水人口

按供水规模分：现状供水规模大于 1 000m³/d 的水厂有 661 处，供水人口 2 037.0 万人；现状供水规模在 200～1 000m³/d 的水厂 1 704 处，供水人口 1 175.6 万人；现状供水规模 200m³/d 以下的水厂有 4 266 处，供水人口 782 万人，详见图 3-3、图 3-4。

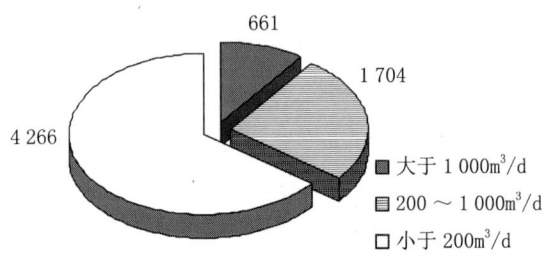

图 3-3　江苏省农村集中式供水工程规模（单位：处）

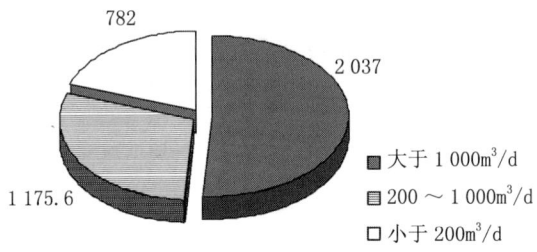

图 3-4　江苏省农村饮水不同规模集中式供水人口（单位：万人）

按水源类型分：共有地表水集中供水工程 966 处，占集中供水工程总数的 14.6%，供水农村人口 1 731.2 万人，占集中式供水总人口的 43.3%，占江苏省农村人口的 34.1%，苏南、苏中、苏北分别为 1 111.1 万人、465.1 万人、155 万人，分别占农村总人口的 87.5%、35.3%、6.2%。江苏省以地下水为水源的集中供水农村人口为 2 263.4 万人，占集中式供水总人口的 56.7%，占江苏省农村总人口的 44.6%，苏南、苏中、苏北分别为 27.9 万人、722.4 万人、1 513 万人，分别占各自农村总人口的 2.2%、54.8%、60.8%，详见图 3-5。

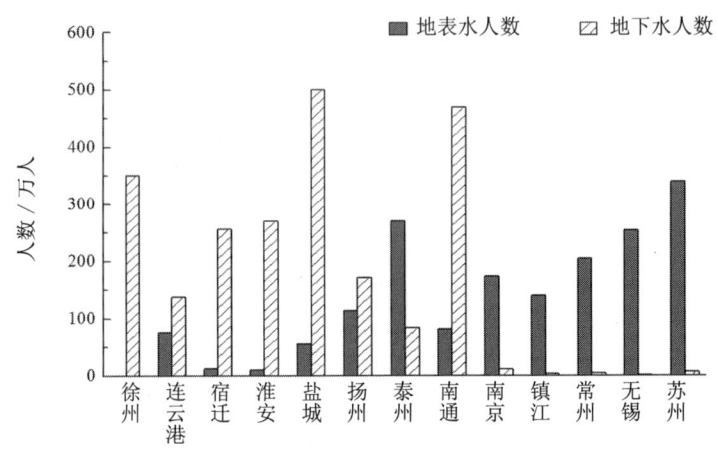

图 3-5　江苏省农村不同水源类型集中式供水人口

江苏省农村地表集中式水源地
面源污染防控技术与示范

按工程类型分：区域供水人口 1 321.3 万人，联镇或镇内联村供水人口 1 593.3 万人、单村供水工程 1 080 万人，分别占江苏省农村总人口的 26%、31.4%、23.2%。其中：苏南、苏中、苏北地区区域供水人口分别为 128.3 万人、675.5 万人、789.5 万人，单村供水工程人口分别为 25.3 万人、284.4 万人、869.3 万人，详图 3-6。

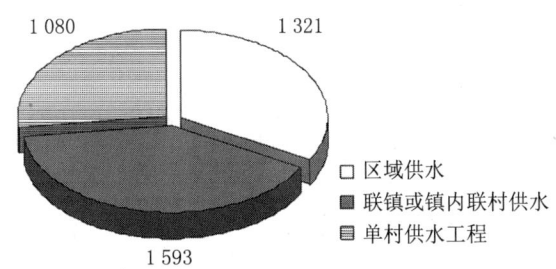

图 3-6　江苏省农村不同工程类型集中式供水人口（单位：万人）

（2）分散供水

截至 2010 年年底，江苏省农村分散式供水主要分布在徐州、连云港、宿迁、淮安等市，供水人口为 1 083.3 万人，见图 3-7。

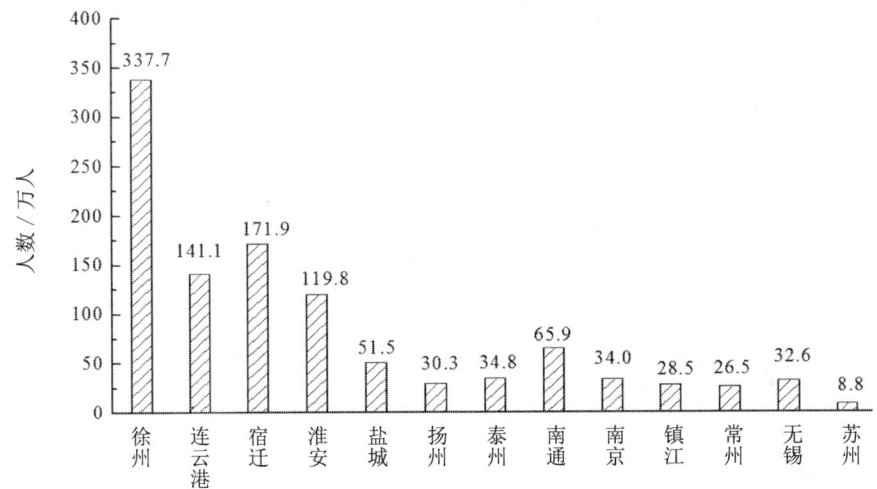

图 3-7　江苏省农村分散式供水人口

江苏省有设施分散式供水人口 989.5 万人，其中：饮用井水 981.9 万人、引泉 3.5 万人、集雨 4.1 万人，见图 3-8。通过直观调查和代表水样的监测，集雨饮水、大部分浅层地下水井水质较差，深井水水质大多达标。

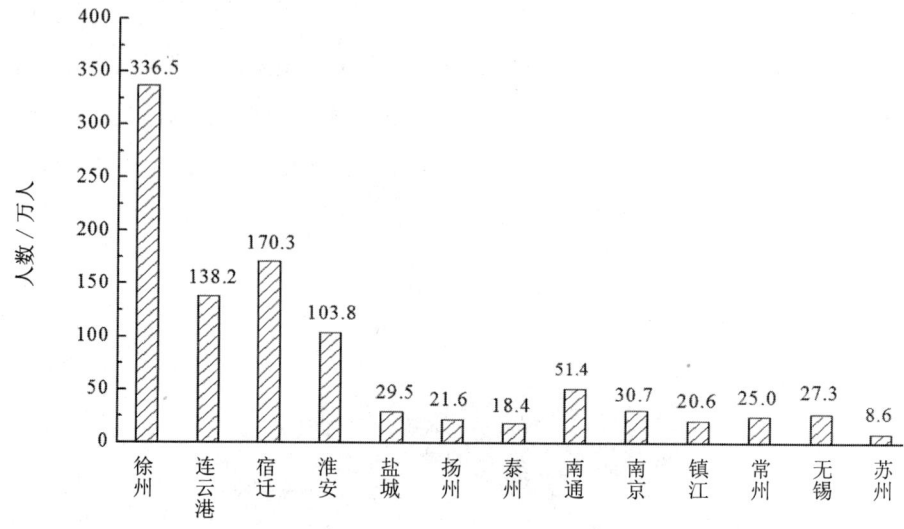

图 3-8 江苏省农村以井水为水源分散式供水人口

无设施的饮水人口主要分布在盐城、淮安、泰州、宿迁和扬州等市，多为直接取自水库、塘坝、河流等。人数为 93.8 万人，占江苏省农村总人的 1.8%，见图 3-9。

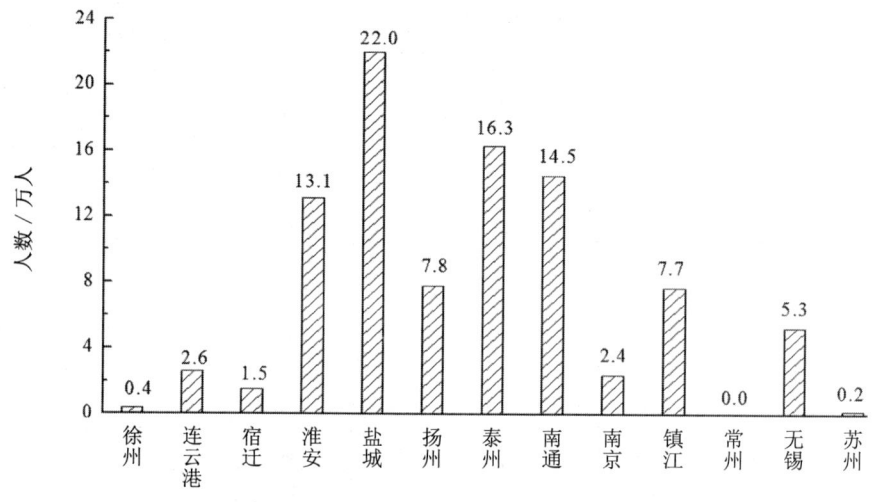

图 3-9 江苏省农村无设施分散式供水人口

区域供水覆盖率：2010 年底，南京、苏州、无锡、常州、镇江地区达到 95% 以上，扬州、泰州、南通地区达到 85% 以上，徐州、淮安、盐城、连云港、宿迁地区达到 60% 以上。2010 年，共建设形成区域供水集中式水源地 117 处，取水规模为 2 739.3 万 m³/d，形成区域水厂 156 座，总规模 2 571.5 万 m³/d。新增区域水厂 31 座，新增供水规模 356.5 万 m³/d。其中苏南地区新增区域水厂 12 座，新增供水规模 249.5 万 m³/d；苏中地区新增区域水厂 3 座，新增供水规模 30 万 m³/d；苏北地区新增区域水厂 16 座，新增供水规模 77.0 万 m³/d。建设区域供水管道 5 356.4km（包含城区通向乡镇的区域供水管道，不含乡镇通向农村的供水管道），其中苏锡常地区建设管道长 147.9km，宁镇扬泰通地区建设管道长 2 704km，徐淮盐连宿地区建设管道长 2 504.5km。目前苏南地区区域供水规划已基本实施完成，苏中地区区域供水达到乡镇的比例为 90%，苏北地区达到 65%，至 2012 年达到 90%。

3.1.4 供水水源现状

区域供水水源：已具备区域供水条件的地区要采用区域供水水源，区域供水水源主要取自长江、苏北大运河以及水质较好的大型湖泊和水库，水质、水量保证率较高。目前苏南和苏中地区除兴化、高邮、宝应部分乡镇以外地区，盐城大丰、东台以及淮北地区部分乡镇已具备条件，区域供水，区域供水水源的人口为 529 万人，占饮水安全受影响总人口的 39.7%。

保证率较高的地表水源：在苏中及苏北尚不具备区域供水条件的地区，优先选择水质、水量较为可靠的河流、水库为地表水源。本次规划苏中地区未实行区域供水的兴化市、姜堰市、高邮市、宝应市部分乡镇全面采用地表水源。兴化市计划采用通榆河、卤汀河、潼河、泰东河等地表水源，高邮、宝应采用三阳河、大运河等地表水源。淮北地区部分乡镇采用地表水解决饮水安全，盐城市采用射阳河、通榆河、中山河、翻身河、新洋港、黄沙港等地表水源，淮安市采用入江水道、仇集大涧以及洪泽湖龙王山水库、桂五水库、化农水库、河桥水库等地表水源，连云港市采用淮沭新河、蔷薇河、新沐河、青口河、叮当河、善后河以及小塔山水库、八条路水库、横沟水库、大石埠水库、王集水库等地表水源，宿迁市采用骆马湖水源。

深层地下水水源：从发展趋势看深层地下水不宜作为农村饮水安全的永久可靠水源，但考虑水源条件、工程投资、水价承受能力等方面因素，本规划苏北地区部分乡镇继续采用水量充足、水质较好的深层地下水作为供水水源过渡方案，待条件成熟后向区域供水水源转变，最终实现城乡一体化区域供水。本次规划徐州全面采用地下水方案，宿迁、淮安、连云港、盐城部分乡镇采用地下水方案。

备用及应急水源地：备用及应急水源地是提高饮用水安全保障能力的核心手段之一。考虑受工程投资、水资源条件等因素限制，本次规划对农村饮水安全工程备用及应急水源方案不作强制要求，但有条件的地区要充分考虑备用及应急水源。一是在实施联镇、联村供水方案中，考虑多水源之间通过管网互联互供，互为备用；二是在区域供水地区水源调整的基础上，加强对关停的地表水水源地的保护、管理和维护，结合流域和区域水污染治理，逐步恢复水源地的饮用水供水功能，利用原有的取水工程和供水管网，把关停水源地作为备用水源地；三是对未列入本次规划的水源，现有水质达标的深层地下井，加强配套、管理，作为备用水源地使用。

（1）区域供水：已具备区域供水条件的地区实行区域供水方案，苏南地区全面采用区域供水方案；苏中地区除兴化、姜堰、高邮、宝应的部分乡镇外，基本采用区域供水方案；苏北地区的盐城大丰、东台、响水、盐都、亭湖等市（县、区）全面采用区域供水方案，其余部分具备条件的乡镇采用区域供水方案。

（2）联镇及联村供水：通过统筹规划，新建或改建现有乡镇水厂和管网，加大镇、村级水厂的联网，采用一个供水系统同时向多镇或多处村庄供水。本次规划苏北和苏中未实现区域供水的地区绝大部分采用联镇及联村供水方案，规划发展联镇及联村供水工程796处。

（3）单村供水：部分分布偏远、地形复杂，联网供水成本过高地区采用单村供水。本次规划发展单村供水工程72处，主要分布在宿迁、淮安、徐州、连云港的丘陵山区偏远村。

地表水在江苏省城乡供水水源中占首要地位，是江苏省农村供水水源的发展方向。江苏省以地表水为水源的农村集中式供水共有966处，占集中式供水工程的15%，供水农村人口1 731.1万人，占集中式供水总人口的43.3%，其中苏南地区、苏中地区和苏北地区集中供水人口占各自农村人口的比例分别为88%、35%和6%。

3.1.5 供水水质现状

江苏省省域范围内，江、河、湖、库俱全，长江横穿东西，京杭大运河纵贯南北，太湖、洪泽湖分列长江南北，大小湖泊、水库星罗棋布，为城乡居民生活生产提供了良好的水源。已建成江水北调、江水东引、引江济淮、引江济太等水利工程和水源调度系统，使集中式水源更加可靠。

集中式饮用水源地总体水质状况较好，多数水源地符合Ⅲ类水标准，达标率为61%。其中，河流型水源地水质较好，达标率为72%；湖库型水源地水质较差，达标率为34%。若不考虑总磷、总氮两项富营养化指标，江苏省集中式引用水源地水质达标率为92%。

长江水量大、稀释自净能力强，分布于长江的水源地水质最优，其中扬州、南通、江阴的长江水源地水质基本达到Ⅱ类水标准。汛期受降雨径流和排涝影响明显，某些河段水源地 COD_{Mn}、氨氮短时超标。

淮河流域及里下河地区水源地地处水系尾闾，汛期易受上游下泄客水水质影响，徐州、淮安、盐城、连云港、宿迁、兴化、海安等部分水源地原水 COD_{Mn}、氨氮、溶解氧等超标。

太湖大部分时间水质情况较好，东部水质总体优于西部，夏季某些时段由于总磷、总氮超标，导致季节性蓝藻暴发，水质状况较差，影响原水和出厂水质不达标。

由于水库多处于山区，受开发建设影响较小，水质较好且相对稳定，仅汛期受上游河流、水库影响，COD$_{Mn}$有时超标。部分水库受富营养化影响，总磷、总氮有时超标。

地下水集中供水工程5 665处，主要集中在苏北地区及苏中部分地区，现状用水人口2 263.4万人，占集中供水总人口的56.7%。主要开采第Ⅱ、第Ⅲ承压孔隙水和熔岩裂隙水。地下水水源水质状况良好，基本均能达到Ⅲ类标准，但由于地下水超采和地表污染水渗透，目前地下水水质有一定程度下降。

总体上看，农村供水水质情况基本良好，也存在诸多问题。一是部分地表水源季节性不达标，因受汛期下泄洪水、农田排水等水污染影响，部分集中式饮用水水源地氨氮或耗氧量指标超过地表水环境质量Ⅲ类标准，导致出厂水水质不达标；二是苏中、苏北地区大多数乡镇、村级水厂无检测设备、无消毒设施，监督不到位，难以保证水质；三是由于管网老化失修破损，加之部分小规模水厂限时供水，引起二次污染，存在水质不达标。

现有农村集中式供水工程管理形式较为复杂，6 631处集中供水工程中，国有集体经营的为1 488处，股份制公司化管理的为677处，承包经营的为3 014处，私营的为1 452处。有净化设施的为1 169处，占总数的17.6%，主要为规模较大的镇级以上供水工程。水质定期检验的为3 172处，占总数的47.8%，大部分日供水规模在200m³以下的村级小水厂难以做到定期检验。江苏省农村集中供水工程平均供水回收率在65%左右，其中苏南地区平均70%，苏中地区平均62%，苏北地区平均60%。平均水价约为1.8元／m³，其中苏南地区平均2.3元／m³，苏中地区平均1.7元／m³，苏北地区平均1.5元／m³，还有少量小型供水工程按人收费，收费标准在1～3.7元／（人·月）。

3.2 农村饮用水水源地保护区划调查

3.2.1 典型乡镇饮用水水源地保护区划分

饮用水保护区分河流型、湖库型和地下水3种类型划分。划分依据为《江苏省人民代表大会常务委员会关于加强饮用水源地保护的决定》（自2008年3月22日起施行）及中华人民共和国环境保护行业标准《饮用水水源保护区划分技术规范》（HJ/T 338—2007）。

3.2.1.1 河流型水源地

按照江苏省第十届人民代表大会常务委员会第35次会议通过的《江苏省人民代表大会常务委员会关于加强饮用水源地保护的决定》划分，饮用水水源一级保护区、二级保护区和准保护区不得小于下列范围：

（1）长江干流：取水口上游 500m 至下游 500m、向对岸 500m 至本岸背水坡堤脚外 100m 范围内的水域和陆域为一级保护区；一级保护区以外上溯 1 500m、下延 500m 范围内的水域和陆域为二级保护区；二级保护区以外上溯 2 000m、下延 1 000m 范围内的水域和陆域为准保护区。

（2）其他河道：取水口上游 1 000m 至下游 500m，及其两岸背水坡堤脚外 100m 范围内的水域和陆域为一级保护区；一级保护区以外上溯 2 000m、下延 500m 范围内的水域和陆域为二级保护区；二级保护区以外上溯 2 000m、下延 1 000m 范围内的水域和陆域为准保护区。

3.2.1.2 湖库型水源地

（1）水源地分类

依据湖泊、水库型饮用水水源地所在湖泊、水库规模的大小，将湖泊、水库型饮用水水源地进行分类，分类结果见表 3-2。

表 3-2 湖库型饮用水水源地分类表

水源地类型		水源地类型	
水库	小型，$V < 0.1$ 亿 m^3	湖泊	小型，$S < 100km^2$
	中型，0.1 亿 $m^3 \leqslant V < 1$ 亿 m^3		大中型，$S \geqslant 100km^2$
	大型，$V \geqslant 1$ 亿 m^3		

注：V 为水库总库容；S 为湖泊水面面积。

（2）保护区划分

湖库型水源地保护区的划分，江苏省人大决定中涉及了部分，即：

①省管湖泊、大中型水库：以取水口为中心，半径 500m 范围为一级保护区；一级保护区以外，外延 1 000m 范围为二级保护区；二级保护区以外，外延 1 000m 范围为准保护区。

②小型水库：整个水域为一级保护区，集水区域为二级保护区。

另补充：

江苏省管湖泊以外的大中型湖泊划分标准同省管湖泊；

小型湖泊一级保护区为取水口半径 300m 范围内的区域，一级保护区边界外的水域面积设定为二级保护区。

3.2.1.3　地下水水源地

地下水按含水层介质类型的不同分为孔隙水、基岩裂隙水和岩溶水 3 类；按地下水埋藏条件分为潜水和承压水 2 类。保护区划分有经验方法和模型计算法，为简单起见，建议采用经验方法。

（1）一级保护区划分

一级保护区范围应不小于卫生防护区的范围，边界与水源地间水质点迁移 100d 的距离外包线范围为一级保护区。不考虑水文地质条件，以固定的半径圈定面积，对于多井的水源地按外包线作为一级保护区范围。

以取水口为圆心，半径通常为 300m 的区域。

岩溶区半径相应适当加大，细粒含水层和出水量小的水源地半径可以适当减小。

（2）二级保护区划分

地下水水源地集水区扣除一级保护区后的剩余部分为二级保护区，即水源地开采漏斗影响范围区。

二级保护区范围推荐半径为 1 000m 区域，岩溶地区、泉水和出水量较小的水井可根据实际情况作相应的改变。

孔隙水（傍河型水源地）

二级保护区包括陆域和水域两部分，陆域范围确定方法与孔隙水（浅层非傍河型）水源地相同。

地表水域范围按河流型或湖泊型水源地划分。

裂隙水（承压水）

裂隙水多为承压水，承压水不设二级保护区。

（3）准保护区划分

准保护区按水文地质条件的补给、径流区来划分边界范围。

①岩溶水可不划定准保护区；

②孔隙水根据地下水的补给区范围和径流区范围，确定准保护区；

③裂隙水一般多为承压水，其准保护区范围只划定补给区作为准保护区范围。

3.2.2　江苏省典型乡镇饮用水水源地的划分

1 117 个乡镇集中式饮用水源地中，各地区的乡镇饮用水水源地数量分布见表 3-3。可以看出，南通、盐城、徐州和淮安 4 市乡镇饮用水水源地分布较多，均超过 100 个。

表 3-3 各地区乡镇饮用水水源地数量分布

序号	地区	水源地数量
1	南京	26
2	徐州	204
3	常州	19
4	苏州	1
5	南通	319
6	连云港	51
7	淮安	104
8	盐城	110
9	扬州	72
10	镇江	30
11	泰州	99
12	宿迁	82
合 计		1 117

1 117 个乡镇集中式饮用水水源地中,划分已批复的水源地有 288 个,占 26%;划分待批复的水源地有 405 个,占 36%;未划分的水源地有 424 个,占 38%。江苏省乡镇集中式饮用水水源保护区划情况见表 3-4。

表 3-4 江苏省乡镇集中式饮用水水源保护区划表

地市名称	水源地类型	划分已批复个数	划分待批复个数	未划分个数
南京市	河流型	0	5	0
	湖库型	12	4	0
	地下水	5	0	0
	小计	17	9	0
徐州市	地下水	2	146	56
	小计	2	146	56
常州市	湖库型	5	14	0
	小计	5	14	0
苏州市	湖库型	1	0	0
	小计	1	0	0
南通市	河流型	22	0	0
	地下水	91	117	89
	小计	113	117	89
连云港市	河流型	7	2	6
	湖库型	1	0	7
	地下水	0	0	28
	小计	8	2	41

地市名称	水源地类型	划分已批复个数	划分待批复个数	未划分个数
淮安市	河流型	1	0	3
	湖库型	0	2	0
	地下水	0	9	89
	小计	1	11	92
盐城市	河流型	3	2	11
	地下水	0	20	74
	小计	3	22	85
扬州市	河流型	12	6	14
	地下水	6	10	24
	小计	18	16	38
镇江市	河流型	21	4	1
	湖库型	3	1	0
	小计	24	5	1
泰州市	河流型	51	0	0
	地下水	44	0	4
	小计	95	0	4
宿迁市	河流型	0	5	0
	地下水	1	58	18
	小计	1	63	18
全省合计	河流型	117	24	35
	湖库型	22	21	7
	地下水	149	360	382
	小计	288	405	424

分省辖市考虑，南京市 26 个水源地中划分已批复的 17 个，划分待批复的 9 个，无未划分水源地。徐州市 204 个水源地中划分已批复的 2 个，划分待批复的 146 个，未划分的 56 个。常州市 19 个水源地中划分已批复的 5 个，划分待批复的 14 个，无未划分水源地。苏州市 1 个水源地，已划分批复。南通市 319 个水源地中划分已批复的 113 个，划分待批复的 117 个，未划分的 89 个。连云港市 51 个水源地中划分已批复的 8 个，划分待批复的 2 个，未划分的 41 个。淮安市 104 个水源地中划分已批复的 1 个，划分待批复的 11 个，未划分的 92 个。盐城市 110 个水源地中划分已批复的 3 个，划分待批复的 22 个，未划分的 85 个。扬州市 72 个水源地中划分已批复的 18 个，划分待批复的 16 个，未划分的 34 个。镇江市 30 个水源地中划分已批复的 24 个，划分待批复的 5 个，未划分的 1 个。泰州市 99 个水源地中划分已批复的 95 个，无划分待批复的水源地，未划分的 4 个。宿迁市 82 个水源地中划分已批复的 1 个，划分待批复的 63 个，未划分的 18 个。

3.3 农村水源地水环境质量调查

3.3.1 基本要求

调查以收集和利用现有资料为主，合理选用水资源综合规划、统计年鉴、饮用水水源地安全保障规划、农村饮水安全规划或建设总体规划、土地详查成果、水资源公报、水源地监测数据、城市总体规划等相关成果。缺乏有关资料的水源地应进行相应的补充调查和监测。对水源地、供水工程的水质各类的评价指标及评价标准进行安全状况评价并综合评估。

3.3.2 调查方式

饮用水水源地基础情况调查方式分为资料收集、实地调研、现场监测3类。其中，以资料收集、调研为主，尽可能地利用现有资料；以现场监测为辅，充分利用现有监测条件，进行调查数据补充完善。

3.3.3 水源地调查及评价

1. 调查范围

包括县级城镇、建制镇、集镇的水库水源地，调查按农村分别统计。

2. 调查主要内容

水源水质及污染源和生态状况、重要湖库型水源地水土流失、水源地保护和管理等方面进行全面调查。

（1）经济社会基本情况

收集统计分析饮用水安全密切相关的经济社会发展指标，为分析现状城乡饮用水安全及其预测未来需水提供基础资料。

（2）农村（含建制镇）用水情况

用水结构分为生活用水、第三产业用水、第二产业用水和生态用水4类。生活用水水平以综合生活人均用水量等指标表示。

（3）水源地水量、水质、污染源、水土流失、管理等基本情况调查

调查统计分析饮用水水源地基本信息：水源地地理信息，包括水源地名称、水源地所在水系或河流湖库等；水源地运行状况。

水源地管理状况调查分析，包括水源地的管理体制和保护状况两个部分。水源地管理情况调查分为水源地保护地方法规、应急预案、运行状况等。水源地保护情况调查，包括饮用水水源保护区划分、法制建设、水质水量监测及信息发布、已实施的保障饮用水安全的措施等。

通过调查掌握饮用水水源地设计和现状条件下水源地来水量、供水量、供水保证率、供水结构的变化和差异，分析变化的过程和原因，从而分析可能存在的水量不安全的原因，为水量安全评价提供基础资料。

水源地水质情况：

地表水饮用水水源地水质监测项目和评价标准采用《地表水环境质量标准》。评价方法采用单项标准指数法确定水源地水质类别。地表水水源地水质中总氮、总磷指标暂不参加水质评价。对湖库型饮用水水源地应进行营养状况评价。

（4）饮用水水源地排污口和污染源调查

污染源调查包括污染源类型、污染来源及其时空分布。污染源分为点污染源、面污染源和内源3类，其中面污染源、内污染源调查主要针对湖库型水源地。

水源地周边面源污染调查范围为湖库汇流区中影响取水口所在功能区水质状况的区域。调查内容包括城镇地表径流、化肥农药使用、农村生活污水及固体废弃物、水土流失和集中式禽畜养殖等。

饮用水水源地排污口和污染源调查内容包括排污口名称、污染源类型、所在位置、排入水源地的废污水量、污染物量等。废污水排放量、主要污染物排放量调查。

调查以2012年为基准年，水质数据使用2012以来的监测数据，调查分必测项目和选择，重点调查饮用水水源地必须完成必测项目调查，有条件对选择项目进行监测调查，具体见表3-5。

表3-5 监测项目

湖库	必测项目（16项）	pH值、高锰酸盐指数、氨氮、溶解氧、六价铬、砷、汞、硒、镉、铅、氰化物、粪大肠菌群、总氮、总磷、叶绿素a、透明度
	选测项目（15项）	水温、氟化物、挥发酚、石油类、化学需氧量、硫酸盐、五日生化需氧量、氯化物、铁、锰、硝酸盐氮、铜、锌、阴离子表面活性剂和硫化物

3.3.4 水源地水质及安全评价方法

饮用水水源地安全评价指标分为目标层和指标层两个层次。目标层反映水量是否满足水源设计水量要求、水质是否符合饮用水水源水质要求，指标层反映水源地水量、水质安全的具体因子。

（1）针对水源地水质状况和变化趋势进行水质安全状况评价。

（2）针对水源地的来水状况进行水量安全状况评价。

（3）对于因工程老化失修、河床淤积和河道变迁、水库淤积等非水资源性原因直接影响水源地饮用水供水量的状况进行工程安全状况评价。

（4）水源地安全状况综合评价：在水源地水量、水质和工程等方面评价基础上，各分区要对区域内的城乡水源地进行安全状况的综合评价，分析问题类型、成因、严重程度，提出水源地保护、保障、治理措施的规划要求。

水量安全评判以两个具体指标安全评价指数最大的作为评判结果，水质安全以水质状况指数作为评判结果。

水源地安全评价指标具体见表3-6、表3-7。

表3-6 地表水饮用水水源地安全评价指标

目标层	指标层
水量安全	工程供水能力：现状综合生活年供水量/设计综合生活年供水量×100%。反映取水工程的运行状况
	枯水年来水量保证率：水源设计枯水年来水量/水源现状年取水量×100%
水质安全	水质状况指数（1、2、3、4、5）（针对一般污染物、有毒物、富营养化分别评价）

注：1. 设计供水量指最近一次水源地水量设计成果中的供水量，设计综合生活年供水量＝水源设计年供水量－设计工业年供水量－设计农业年供水量；

2. 设计枯水年来水量的频率采用水源地供水中城乡供水的保证率，水量是年水量。

表3-7 地表水饮用水水源地安全评价指标、指数及标准

目标	评价指标	评价指数及标准				
		1	2	3	4	5
水量	工程供水能力/%	≥95	≥90	≥80	≥70	<70
	枯水年来水量保证率/%	≥97	≥95	≥90	≥85	<85
水质	水质状况指数	1	2	3	4	5

3.3.4.1 水源地水质评价方法

水源地水质评价采用单项指数评价法，按标准所列分类指标，划分为5类，不同类别标准值相同时，从优不从劣。其中湖库型水源地增加富营养化程度评价，地下水型增加综合评价[2]，具体如下。

（1）单项指数法

单项水质指数评价法数学模式如下：

一般污染物：

$$S_{ij} = \frac{C_{ij}}{C_{sj}} \tag{3-1}$$

式中：S_{ij}——i污染物在监测点j的标准指数；

C_{ij}——i污染物在监测点j的地表水浓度值，mg/L；

C_{sj}——i污染物的地表水环境质量标准值，mg/L。

溶解氧:

$$S_{\mathrm{DO},j} = \frac{|\mathrm{DO}_f - \mathrm{DO}_j|}{\mathrm{DO}_f - \mathrm{DO}_s} \quad \mathrm{DO}_j \geqslant \mathrm{DO}_s \qquad (3\text{-}2)$$

$$S_{\mathrm{DO},j} = 10 - 9\frac{\mathrm{DO}_j}{\mathrm{DO}_s} \quad \mathrm{DO}_j < \mathrm{DO}_s \qquad (3\text{-}3)$$

$$\mathrm{DO}_f = \frac{468}{31.6 + T} \qquad (3\text{-}4)$$

式中: DO_f——某水温、气压下水体中的溶解氧饱和值, mg/L;

DO_j——监测点 j 的溶解氧浓度, mg/L;

DO_s——溶解氧的水质标准, mg/L;

T——水温, ℃。

pH:

$$S_{\mathrm{pH},j} = \frac{7.0 - \mathrm{pH}_j}{7.0 - \mathrm{pH}_{sd}} \quad \mathrm{pH}_j \leqslant 7.0 \qquad (3\text{-}5)$$

$$S_{\mathrm{pH},j} = \frac{\mathrm{pH}_j - 7.0}{\mathrm{pH}_{su} - 7.0} \quad \mathrm{pH}_j > 7.0 \qquad (3\text{-}6)$$

式中: pH_j——监测点 j 的 pH 值;

pH_{sd}——水质标准中规定的 pH 下限值;

pH_{su}——水质标准中规定的 pH 上限值。

（2）地下水质量综合评价

按照《地下水环境质量标准》（GB/T 14848—93）对地下水源地进行水质评价,具体如下:

①首先进行各单项组分评价（不包括细菌性指标）, 划分组分所属质量类别。

②对各类别按表 3-8 规定分别确定单项组分评价分值 F_i, 见表 3-8。

表 3-8 单组分评分值

类别	I	II	III	IV	V
F_i	0	1	3	6	10

③按下式计算综合评价分值 F。

$$F = \sqrt{\frac{\overline{F}^2 + F^2_{\max}}{2}} \qquad (3\text{-}7)$$

$$\overline{F} = \frac{1}{n} \sum_{i=1}^{n} F_i \qquad (3\text{-}8)$$

式中：$\bar{F}$ ——各单项组分评分值 F_i 的平均值；

F_{max}——单项组分评价分值 F_i 中的最大值；

n ——项数。

（3）湖泊（水库）富营养化评价

湖泊（水库）富营养化评价采用卡尔森指数综合营养状态方法，计算公式如下：

$$TLI(\textstyle\sum) = \sum_{j=1}^{m} W_j \cdot TLI(j) \tag{3-9}$$

式中：$TLI(\sum)$——综合营养状态指数；

W_j——第 j 种参数的营养状态指数的相关权重；

$TLI(j)$——第 j 种参数的营养状态指数。

以 chla 作为基准参数，则第 j 种参数的归一化的相关权重计算公式为：

$$W_j = \frac{r_{ij}{}^2}{\sum_{j=1}^{m} r_{ij}{}^2} \tag{3-10}$$

式中：r_{ij}——第 j 种参数与基准参数 chla 的相关系数；

m ——评价参数的个数。

中国湖泊（水库）的 chla 与其他参数之间的相关关系 r_{ij} 及 $r_{ij}{}^2$ 见表 3-9。

表 3-9 中国湖泊（水库）部分参数与 chla 的相关关系 r_{ij} 及 $r_{ij}{}^2$ 值

参数	chla	TP	TN	SD	COD_{Mn}
r_{ij}	1	0.84	0.82	−0.83	0.83
$r_{ij}{}^2$	1	0.705 6	0.672 4	0.688 9	0.688 9

单个项目营养状态指数计算公式：

$TLI(chla) = 10(2.5 + 1.086 \ln chla)$

$TLI(TP) = 10(9.436 + 1.624 \ln TP)$

$TLI(TN) = 10(5.453 + 1.694 \ln TN)$

$TLI(SD) = 10(5.118 - 1.94 \ln SD)$

$TLI(COD_{Mn}) = 10(0.109 + 2.661 \ln COD_{Mn})$

式中：chla 单位为 mg/m³，SD 单位为 m；其他项目单位均为 mg/L。

（1）单项指数法

河流型和湖库型水源地按《地表水环境质量标准》（GB 3838—2002）进行评价，

超过Ⅱ类水质指标即为超标；地下水型水源地按《地下水质量标准》（GB/T 14848—93）进行评价，超过Ⅲ类即为超标。其中湖库型和河流型总氮、总磷、粪大肠菌群作为参考指标，不参与评价。

（2）湖库富营养化评价

采用综合营养状态指数法的分级规定进行评价，具体见表3-10。

表3-10　水质类别与评分值对应表

营养状态分级	评分值 TLI（∑）	定性评价
贫营养	0 < TLI（∑）≤ 30	优
中营养	30 < TLI（∑）≤ 50	良好
（轻度）富营养	50 < TLI（∑）≤ 60	轻度污染
（中度）富营养	60 < TLI（∑）≤ 70	中度污染
（重度）富营养	70 < TLI（∑）≤ 100	重度污染

3.3.4.2　水源地安全状况评价方法

1. 一般污染物项目指数计算

一般污染物项目指数计算的具体步骤如下：

（1）计算单项指标指数。当评价项目 i 的监测值 C_i 处于评价标准分级值 C_{iok} 和 C_{iok+1} 之间时，该评价指标的指数：

$$I_i = \left(\frac{C_i - C_{iok}}{C_{iok+1} - C_{iok}}\right) + I_{iok} \qquad (3\text{-}11)$$

式中：C_i——i 指标的实测浓度；

　　　C_{iok}——i 指标的 k 级标准浓度；

　　　C_{iok+1}——i 指标的 $k+1$ 级标准浓度；

　　　I_{iok}——i 指标的 k 级标准指数值。

（2）计算综合指数（WQI），其值是各单项指数的算术平均值。即：

$$\overline{\widehat{\text{WQI}}} = \frac{1}{n}\sum_{i=1}^{n} I_i \quad (i = 1,\ 2,\ \cdots,\ n) \qquad (3\text{-}12)$$

式中：n——参与评价的指标数。

（3）确定评价类别

①当 0 < WQI ≤ 1 时，水质指数为 1；

②当 1 < WQI ≤ 2 时，水质指数为 2；

③当 2 < WQI ≤ 3 时，水质指数为 3；

④当 3 < WQI ≤ 4 时，水质指数为 4；

⑤当 4 < WQI ≤ 5 时，水质指数为 5。

（4）某些细节处理

①关于溶解氧指标的指数计算

溶解氧与一般指标（项目）不同，一般来说，溶解氧越大，水质越好，所以溶解氧的计算公式与其他指标的指数计算公式相反。如有类似情况，同等处理。

②两级或多级标准值相等的处理

当标准中两级分级值或多级分级值相同时，单项指标指数按下列公式计算。即：

$$I_i = \left(\frac{C_i - C_{iok}}{C_{iok+1} - C_{iok}} \right) \times m + I_{iok} \qquad (3\text{-}13)$$

式中：m——相同标准的个数。如：地表水锌的含量为 0.81mg/L 时，其单项指数：

$$I_i = \frac{0.81 - 0.05}{1.0 - 0.05} \times 2 + 1 = 2.60 \qquad (3\text{-}14)$$

当只有一个区域时，如果该项目未检测出来，则评价指数 $I_i = 1$；如监测值小于所给标准，则评价指数 $I_i = 2$；如监测值大于所给标准，则评价指数 $I_i = 5$。

③ $C_i > C_{io5}$ 的处理

当 $C_i > C_{io5}$ 时，为劣 V 类水，其单项指标指数一律计为 $I_i = 5$。

2．有毒物项目指数计算

有毒物项目指数计算的具体步骤如下：

①单项指标指数的计算与一般污染物项目指数计算相同；

②综合指数，取其各单项指数最大值为有毒物项目综合指数，即采用水质项目评价最差的作为有毒物项目的评判结果（最差项目赋全权）。

3．湖库营养状况指数

湖库型水源地需进行富营养化评价，其评价方法和标准与全国水资源综合规划有关技术细则一致。营养程度按富营养指数 1、2、3、4、5 评价。有多测点分层取样的湖泊（水库），评价年度代表值采用各垂线平均后的多点平均值。

评价方法采用评分法，具体做法为：①查表将单项参数浓度值转为评分，监测值处于表列值两者中间者可采用相邻点内插，或就高不就低处理；②几个参评项目评分值求取均值；③用求得的均值再查表得富营养化指数。

4．水质状况综合指数

河流型水质状况指数 = 0.3× 一般污染物指数 + 0.7× 有毒污染物指数；

湖库型水源地水质状况指数 = 0.2× 一般污染物指数 + 0.5× 有毒污染物指数 + 0.3× 富营养化指数（得到的指数要四舍五入）。

3.3.5 典型乡镇集中式饮用水水源地

调查 13 个省辖市，现有乡镇集中式饮用水水源地 1 117 个，现状供水量为 4.7 亿 m^3/a，现状用水受益人口为 1 600 多万人。乡镇集中式饮用水水源地呈现以地下水型为主，河流型、湖泊型综合利用的特点。江苏省乡镇集中式饮用水水源地共计 1 117 个，其中河流型 176 个，湖库型 50 个，地下水型 891 个。服务人口为 1 616.67 万人，其中河流型水源地服务 530.88 万人，湖库型水源地服务 146.94 万人，地下水型水源地服务 938.85 万人。实际取水量为 47 412.79 万 m^3/a，其中河流型 17 677.53 万 m^3/a，湖库型 5 382.47 万 m^3/a，地下水型 24 352.79 万 m^3/a。地下水型数量、服务人口、实际取水量均比河流型、湖泊型高。

1 117 个乡镇集中式饮用水水源地中，根据典型乡镇集中式饮用水水源地的覆盖每个县级行政区原则、与城镇饮用水水源地不重复原则、服务人口多原则、突出区域污染特征原则 4 个筛选原则，共确定了 71 个典型饮用水水源地。典型乡镇集中式饮用水水源地数量虽以地下水型居多，但取水量和服务人口均以河流型为主。典型乡镇集中式饮用水水源地共计 71 个，其中河流型 20 个，湖库型 10 个，地下水型 41 个，共计服务 189.38 万人，其中河流型水源地服务 87.97 万人，湖库型水源地服务 32.55 万人，地下水型水源地服务 68.86 万人。实际取水量为 4 944.18 万 m^3/a，其中河流型 2 525.78 万 m^3/a，湖库型 933.51 万 m^3/a，地下水型 1 484.89 万 m^3/a，江苏省乡镇集中式饮用水水源地信息汇总见表 3-11。

表 3-11　江苏省乡镇集中式饮用水水源地信息汇总

省辖市名称	全部乡镇集中式饮用水水源地			典型乡镇集中式饮用水水源地			
	水源地/个	服务人口/万人	实际取水量/（万 m^3/a）	水源地/个	服务人口/万人	实际取水量/（万 m^3/a）	事故次数
南京市	16	33.77	1 340.75	4	11.6	3 36.95	0
常州市	19	56.08	2 386.85	2	10.2	4 02.02	0
连云港市	8	40.11	1 232.28	1	2.31	28.8	0
淮安市	2	5.3	258	1	2.8	150	0
镇江市	4	6.44	163.85	1	0.4	15	0
总计	49	141.7	5 381.73	9	27.31	932.77	0

南京市典型乡镇集中式饮用水水源地 4 个，全部为湖库型，实际取水量 336.95 万 m^3/a，服务人口 11.6 万。

徐州市典型乡镇集中式饮用水水源地 10 个，全部为地下水型，实际取水量 360.31 万 m^3/a，服务人口 17.50 万。

常州市典型乡镇集中式饮用水水源地 2 个，全部为湖库型，实际取水量 402.02

万 m³/a，服务人口 10.2 万。

苏州市典型乡镇集中式饮用水水源地 1 个，为湖库型，实际取水量 0.74 万 m³/a，服务人口 5.24 万。

南通市典型乡镇集中式饮用水水源地 10 个，3 个河流型、7 个地下水型；实际取水量 1 000.35 万 m³/a，其中河流型 809.75 万 m³/a、地下水型 190.6 万 m³/a；服务人口 48.30 万，其中河流型服务 38 万、地下水型服务 10.30 万。

连云港市典型乡镇集中式饮用水水源地 4 个，2 个河流型、1 个湖库型、1 个地下水型；实际取水量 368.88 万 m³/a，其中河流型 309.6 万 m³/a、湖库型 28.8 万 m³/a、地下水型 30.48 万 m³/a；服务人口 10.21 万，其中河流型服务 5.36 万、湖库型服务 2.31 万，地下水型服务 2.54 万。

淮安市典型乡镇集中式饮用水水源地 6 个，1 个湖库型、5 个地下水型；实际取水量 209.88 万 m³/a，其中湖库型 150 万 m³/a、地下水型 59.88 万 m³/a；服务人口 8.88 万，其中湖库型服务 2.8 万、地下水型服务 6.08 万。

盐城市典型乡镇集中式饮用水水源地 9 个，3 个河流型、6 个地下水型；实际取水量 720.88 万 m³/a，其中河流型 266.8 万 m³/a、地下水型 454.08 万 m³/a；服务人口 29.22 万，其中河流型服务 10.58 万、地下水型服务 18.64 万。

扬州市典型乡镇集中式饮用水水源地 6 个，5 个河流型、1 个地下水型；实际取水量 481.95 万 m³/a，其中河流型 453.95 万 m³/a、地下水型 28 万 m³/a；服务人口 12.02 万，其中河流型服务 10.82 万、地下水型服务 1.2 万。

镇江市典型乡镇集中式饮用水水源地 4 个，3 个河流型、1 个湖库型；实际取水量 224.20 万 m³/a，其中河流型 209.20 万 m³/a、湖库型 15 万 m³/a；服务人口 5.46 万，其中河流型服务 5.06 万、湖库型服务 0.4 万。

泰州市典型乡镇集中式饮用水水源地 4 个，2 个河流型、2 个地下水型；实际取水量 340.27 万 m³/a，其中河流型 195.27 万 m³/a、地下水型 145 万 m³/a；服务人口 17.0 万，其中河流型服务 10.5 万、地下水型服务 6.5 万。

宿迁市典型乡镇集中式饮用水水源地 11 个，2 个河流型、9 个地下水型；实际取水量 497.75 万 m³/a，其中河流型 281.21 万 m³/a、地下水型 216.54 万 m³/a；服务人口 13.75 万，其中河流型服务 7.65 万、地下水型服务 6.1 万。

3.3.6 典型乡镇集中式饮用水水源地水环境质量

考虑水源地的数量分布，南通、徐州和盐城 3 市乡镇集中式饮用水水源地数量较多，宿迁、徐州和南通 3 市典型乡镇集中式饮用水水源地调查的较多。南京、常州、苏州 3 市乡镇集中式饮用水水源地以湖库型为主；徐州、南通、淮安、盐城、宿迁 5 市以地下水型为主；连云港和扬州 2 市虽然地下水型水源地数量较多，但取水量、供给人口均以河流型为主；镇江和泰州 2 市以河流型为主。

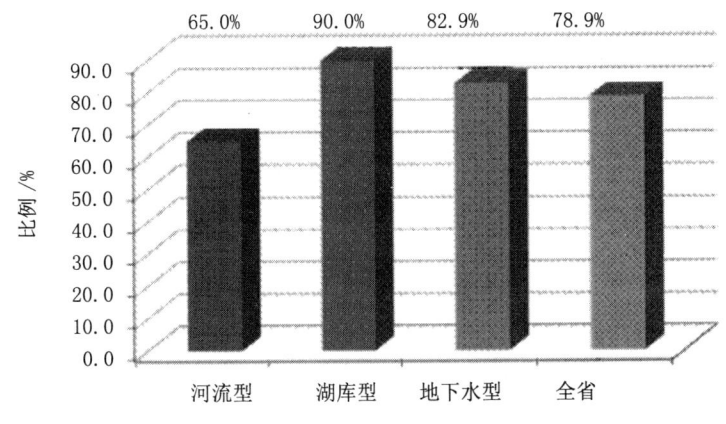

图 3-10　各水源类型水质达标比例

江苏省 71 个水源地有 56 个达标，占总数的 78.9%。其中河流型 20 个，有 13 个达标，达标率为 65.0%；湖库型 10 个，有 9 个达标，达标率为 90.0%（图 3-10）。可以看出，江苏省典型乡镇集中式饮用水源地中，湖库型达标率最高，地下水型次之，河流型最低。典型乡镇集中式饮用水源地主要为物理和一般化学指标超标，其次为毒理学指标，生物学指标超标的现象也有出现。从水源地类型分析，河流型和湖库型主要为毒理学指标 [3, 4]，见表 3-12。

表 3-12　江苏省典型乡镇集中式饮用水水源地水环境质量汇总

地区	水源地类型	水源地个数	达标水源地个数	达标水源地服务人口/万人	指标超标水源地个数			指标超标水源地服务人口/万人		
					毒理学指标	物理和一般化学指标	生物指标	毒理学指标	物理和一般化学指标	生物指标
南京市	湖库型	4	4	11.60	0	1	0	0.00	2.50	0.00
常州市	湖库型	2	1	8.00	0	1	0	0.00	2.20	0.00
苏州市	湖库型	1	1	5.24	0	0	0	0.00	0.00	0.00
连云港市	湖库型	1	1	2.31	0	0	0	0.00	0.00	0.00
淮安市	湖库型	1	1	2.80	0	0	0	0.00	0.00	0.00
镇江市	湖库型	1	1	0.40	0	0	0	0.00	0.00	0.00
总计	湖库型	10	9	30.35	0	2	0	0.00	4.70	0.00

调查可知，地表型水源地中为 II 类水水质的水源地有 6 个；水质为 III 类水的水源地有 16 个；水质为 IV 类的水源地有 5 个；水质为 V 类的水源地有 2 个；水质为劣 V

类的水源地有 1 个。轻度富营养化湖库型水源地 5 个；中营养化湖库型水源地 4 个；重度富营养化湖库型水源地 1 个。

地下型水源地中为Ⅱ类水水质的水源地有 1 个，水质为Ⅲ类水水质的水源地有 33 个；水质为Ⅳ类水水质的水源地有 7 个。

9 个地表型水源地水质超标，超标率 30%。超标原因主要是生活污染、农业面源污染、网箱养殖以及上游来水影响。由于受生活、农牧业、水产养殖业等影响，大部分地区出现总磷、总氮、氨氮、粪大肠菌群、生化需氧量等指标超标；部分河流具有内河航运的功能，导致石油类等指标超标。

3.3.7 饮水安全受影响人口

根据调查评估江苏省农村饮水安全受影响人口为 1 367.6 万人，占农村总人口的 26.9%，见图 3-11。其中苏南、苏中、苏北地区分别为 150.4 万人、320.8 万人、896.4 万人，分别占农村人口数的 11.8%、23.5%、65.5%。市级饮水安全受影响人口最多为徐州市，共 271.5 万人，占本市农村人口的 39.5%；其次为宿迁市，饮水安全受影响人口 183.6 万人，占本市农村人口的 41.7%。见图 3-11。

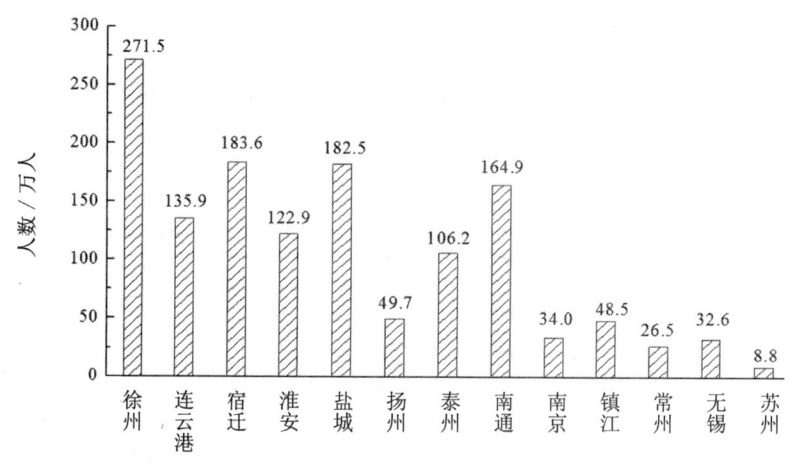

图 3-11 江苏省农村饮水安全受影响人口

江苏省农村饮水安全受影响的类型主要为氟超标、砷超标、苦咸水、污染地表水、污染地下水、其他饮水水质不达标（含血吸虫人口）、水量不足保证率低取水不便 7 种类型，江苏省 1 367.6 万人饮水安全受影响总人口中，对应安全受影响类型的人口分别为 240.6 万人、0.6 万人、267.2 万人、204.2 万人、175.2 万人、293.0 万人、186.8 万人，见图 3-12。

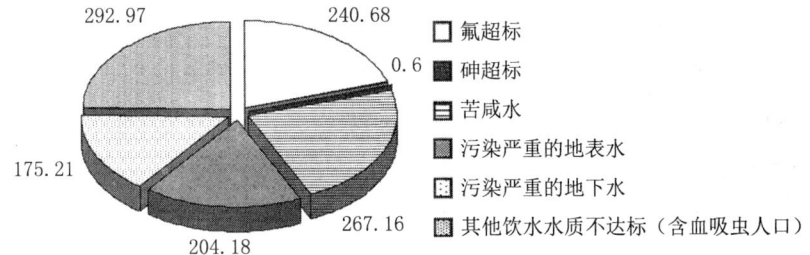

图 3-12 江苏省农村饮水安全受影响人口类型（单位：万人）

（1）饮用氟超标水：江苏省饮水水源中氟化物大于 1.2mg/L 的共 240.7 万人，占饮水安全受影响总人数的 17.6%。主要分布在徐州、宿迁、连云港 3 市，分别为 144.5 万人、72.5 万人、23.5 万人。见图 3-13。

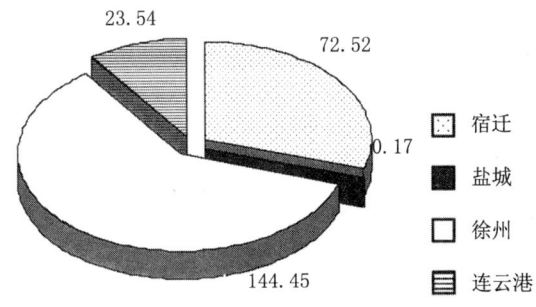

图 3-13 江苏省农村饮用高氟水人口（单位：万人）

（2）饮用苦咸水：主要为饮用溶解性总固体大于 1 500mg/L 或氯化物大于 300mg/L 水的人口为 264.8 万人，占饮水安全受影响总人数的 19.4%。主要分布在南通、盐城、连云港、宿迁、徐州，依次为 91.2 万人、79.6 万人、46.0 万人、32.2 万人、17.3 万人。见图 3-14。

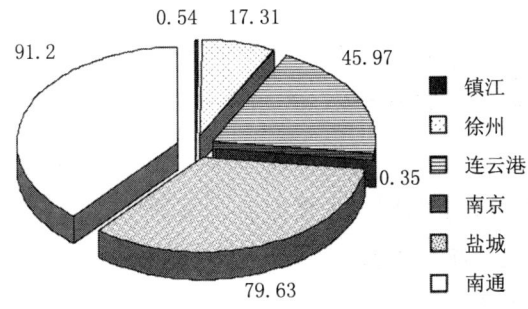

图 3-14 江苏省农村饮用苦咸水人口（单位：万人）

（3）饮用污染严重地表水：饮用未经处理的污染地表水、由于地表水厂水质不达标以及输配水系统两次污染造成饮水水质不达标的人口，共有204.2万人，占饮水安全受影响总人数的14.9%。主要分布在泰州、淮安、盐城、镇江、连云港、常州等市。见图3-15。

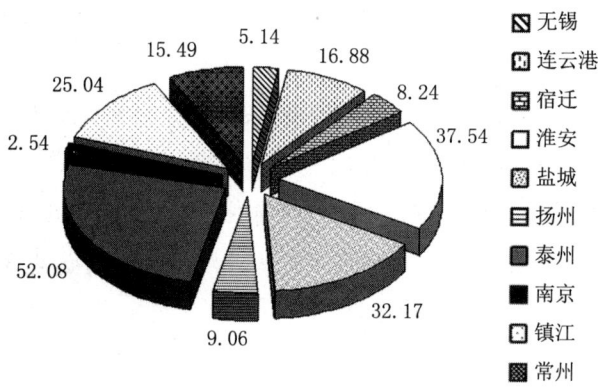

图3-15 江苏省农村饮用污染严重地表水人口（单位：万人）

（4）饮用污染严重的地下水：饮用未经处理的浅层地下水以及地下水厂水质不达标的人口，有175.2万人，占饮水安全受影响总人数的12.8%。主要分布在苏北和苏中地区。见图3-16。

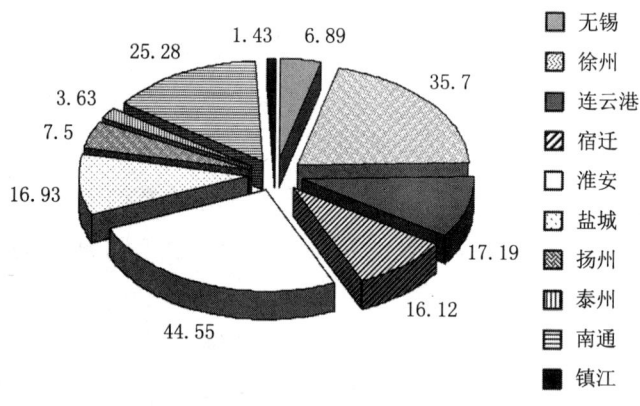

图3-16 江苏省农村饮用污染严重地下水人口（单位：万人）

（5）其他饮水水质不达标：主要为铁、锰等超标以及血吸虫人口等，计293.0万人，占饮水安全受影响总人数的21.4%。主要分布在泰州、徐州、淮安，人口分别为47.1万人、42.6万人、40.8万人。见图3-17。

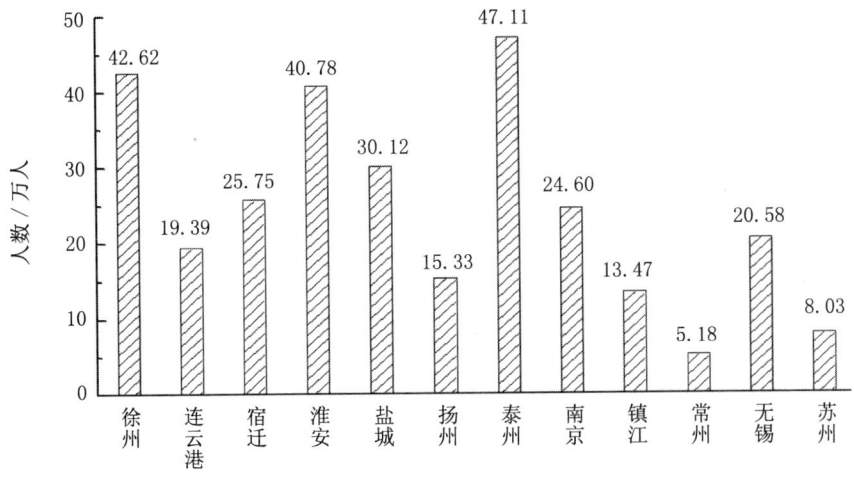

图 3-17 江苏省农村饮水其他水质不达标人口

（6）水量不足、保证率低、取水不便：水量不足、保证率低、取水不便人口总计 186.8 万人，占饮水安全受影响人口总数的 13.7%。水量不足（苏北人均生活用水量小于 30L/d，苏北以外地区人均生活用水量小于 40L/d）主要分布在宿迁、徐州、扬州等市的丘陵山区和南通、盐城等市沿海地区。供水水源保证率小于 90% 的人口主要集中在盐城、南通沿海和徐州、宿迁、扬州山丘区。

3.4 农村饮用水水源地管理调查

3.4.1 农村饮用水水源地管理职责

集中式饮用水水质应符合《地表水环境质量标准》第 3 条有关水域功能和标准分类要求，符合《生活饮用水水源水质标准》；水源原水水质不符合标准的应采用相应的净水工艺进行处理，处理后的出水水质，应符合《生活饮用水卫生标准》的要求。选择地下水作为水源的，水质应符合《地下水质量标准》的要求。水源水量保证率，一般农村地区应不低于 95%，严重缺水地区不低于 90%。根据各地的社会经济条件、水源条件（水资源量情况、饮用水水源地水质状况、水源工程情况）、交通运输条件，针对农村饮用水的饮水安全问题进行水源工程规划。进行水源工程规划时，应采用集中供水与分散供水相结合的供水方式，有条件的地区应尽可能地采用集中供水或分片集中供水方式。

水源水质保护委员会的职责：组织实施保护区控制性规划，制订水源水质保护年度计划；研究、决定保护工作中的重大事项；检查考核水源水质保护工作；听取、审议保委办工作报告；定期向当地人民政府报告保护工作情况。

水源水质保护委员会和保护委员办公室的职责：组织实施年度计划；建立、健全相关工作制度和水源水质达标等责任制度，明确水质控制目标，并负责检查考核；指导、督促水源水质保护工作，监督保护区内建设项目、渔业养殖、围垦水面等行政许可及其他行政执法活动，组织联合执法检查；开展水源水质保护与科学、合理利用的研究，协调、督办保护中的有关事项；组织、指导、监督保护区内的生态修复；定期向保委会报告保护工作情况，并向社会公布水质状况。

相关政府部门的职责：组织实施保护区控制性规划和年度计划，并纳入任期责任目标；采取有效措施，优化产业结构，发展循环经济，促进清洁生产，实施农村环境综合整治，组织开展植树造林、保护湿地等工作；实现水质控制目标，参与、配合调查处理跨行政区域水污染事件；向公民普及保护水源水质的科学知识；定期向当地人民政府报告保护情况。

环境保护行政主管部门的职责：划定保护区环境功能区划；对保护区内的污染源实施污染物排放总量控制；审批建设项目环境影响评价文件，负责建设项目环境保护设施竣工验收；制定保护区内行政区界断面、主要入湖河道断面水质自动监控系统和重点污染源自动监控系统的建设计划，并组织实施；制定水污染突发性事件应急预案，组织环保执法检查，调查处理水污染纠纷和事件；组织研究水体富营养化等污染防治对策；定期向保委会报告保护区内污染物排放总量控制、建设项目环境管理、自动监控系统监测和水源水质情况，并将水源水质有关情况抄告市水行政主管部门。

水行政主管部门的职责：负责保护区内取水许可和排污口设置许可，参与建设项目环境影响评价文件的水环境影响论证；督促、指导乡镇生活污水处理厂及污水管网建设；制定水量分配调度方案和区域调水方案；依法查处擅自圈围水域、改变堤坝功能、利用滩地等水事违法行为；在集中式供水水源处，以取水口为中心、半径500m和1 500m范围设置标志，并负责日常维护和巡查；制定供水水源突发性污染事件应急预案；定期向保委会报告饮用水取水水质情况，提供保护区水域水量、水质等水文资料，并抄告当地环境保护行政主管部门。

农林行政主管部门的职责：负责拆除一级保护区水域外1 000m范围内的网围、网栏、网箱和鱼簖；制定前项规定范围以外的保护区水域渔业养殖控制规划和年度实施计划，报保委会备案；查处保护区范围内非法捕捞和养殖行为；控制保护区内畜禽养殖总量，督促、指导畜禽养殖污染防治，监督二级保护区内规模化畜禽养殖场的关闭或者搬迁；负责保护区内种植业污染防治工作；组织、指导保护区内湿地的保护和管理。

建设行政主管部门负责监督、指导、管理保护区内城市建设、村镇建设和房地产开发等建设活动。

国土资源行政主管部门按照保护区内土地利用总体规划，对保护区内土地利用进行监督管理。

交通行政主管部门负责制定和实施保护区内船舶装载危险品的控制办法和航道清淤计划，组织地方海事机构查处船舶污染违法行为。

发展和改革行政主管部门负责指导制定保护区内经济和社会协调发展规划，推进生产力布局、产业结构的调整和优化，在项目审批时控制新建、改建、扩建各类影响水源水质安全的区域开发和建设项目，合理开发和利用资源，促进生态环境保护和修复。

经济贸易行政主管部门负责推进产业结构调整，贯彻落实淘汰落后工艺、产品、装备的政策；负责资源节约与利用和节能监督管理工作，实施资源综合利用和节约能源、节约原材料的技术改造项目；牵头编制保护区循环经济发展规划，指导、监督企业开展清洁生产。

卫生行政主管部门负责饮用水水源取水口水质卫生监测，监督保护区内医疗机构污染物的处理。

工商行政管理部门负责查处保护区内违法经营行为。

当地人民政府应当加强保护区内行政执法部门的协调配合，加大执法力度。在条件成熟的时候，依法实施委托执法或者实行相对集中行政处罚权制度。

3.4.2 饮用水水源地水量水质监控

实时监测、控制水源地的水质、水量安全状况，提高预警预报能力，适应饮用水水源地保护的管理需求，开展饮用水水源地预警监控系统建设[5]。

（1）水质监测站网完善

提出现有站网完善方案、监测能力建设方案。在水源地已有监测系统以及国土部门现有地下水监测网基础上，进行监测站网及监测能力建设，尽量与水文站网相结合，监控水源地的水量、水质，合理确定监测点、监测频率、监测项目，定期公布水库水质状况在重点饮用水水源保护区建立水量和水质自动监测网。

（2）饮用水水源保护区污染源监控网络建设

筛选保护区内重要污染源、直接进入水体的排污口，建立水量水质实时监测系统。

（3）地下水饮用水水源地水质动态监测网

建立城市饮用水水源地地下水情及开采利用的动态监测网。及时发现和防止地下水过量开采问题，如海水入侵、地面沉降，及时监控地下水动力场带来的水质影响，指导地下水的合理开发利用和污染有效预防。

供水任务较重的水库应当建立分析实验机构，具备相应的水质分析能力；特别重要的供水水库应当建设水质自动监测设施，实现实时监测、控制水源地的水量、水质安全状况，提高风险预警预报能力。

供水单位应按规定定期进行原水水质检测，原水水质不符合《生活饮用水水质标准》时，应及时采取相应措施，并报告当地市、县人民政府城市供水、水利、环保和卫生主管部门。卫生防护地带的设置应符合《生活饮用水卫生标准》（GB 5749—2006）的有关规定。

卫生行政部门根据需要确定饮用水水质卫生监测方案，饮用水的出厂水、管网水、用户点水质，由供水单位按规定进行自检，卫生监督管理部门负责监测。建立严格的监测数据内部审核制度，建立责任制；省疾病预防控制中心将不定期组织开展现场督导和检查。所有测定资料应按规定分析汇总后上报有关主管部门。

建立水源地地理信息系统（GIS），能够处理以供水管网为核心内容的空间信息和各种相关信息的一个综合信息系统。建立 GIS 系统，将水源地及供水系统管网的图纸及全部信息资料全部储存在计算机中，为管网规划设计、建设施工、各种运行状态下的优化调度、事故检修以及图籍资料的档案管理提供科学决策依据，提高供水管网科学管理和决策水平[6]。

3.4.3 饮用水安全管理体系建设

3.4.3.1 饮用水源地安全保障应急机制

目前饮用水的应急能力建设应急机制，在于加强环境事故风险防范能力，避免或防止饮用水水源污染，保障居民生活的用水安全。根据当地水资源条件，制定饮用水安全保障的应急预案，注意对特殊干旱年水资源供需状况的分析，提出特殊干旱发生时城乡饮用水的应急措施与方案。以江河和湖（库）饮用水水源地的，存在上游企业事故排污和水运、陆运事故污染水源地水质，有针对性地提出特殊水事故应急预案。建立有效的预警和应急救援机制。当原水、供水水质发生重大变化或供水水量严重不足时，启动应急预案。应急预案应加强水源突发污染事故处置的组织领导系统建设，预案内容包括组织机构、组织机构的职责、预警及措施、应急启动、应急措施、应急保障体系、应急演习等。通过水源地污染应急演练，提高了监察人员应急处置事故的能力，进一步完善了饮用水源地保护的应急方案，明确了职责，提高了应急快速反应能力。遇有突发事件，各职能部门能立即对饮用水水源水质进行全天候保护性监测，确保人民饮用水安全。

3.4.3.2 法律法规体系建设

饮用水水源地保护相关法律有《中华人民共和国水法》、《中华人民共和国水污染防治法》；江苏省也相继制定了《江苏省长江水污染防治条例》、《江苏省太湖水污染防治条例》、《江苏省人大常委会关于加强通榆河水污染防治的决定》等涉及饮用水水源地管理的政策法规，颁布了《江苏省地表水（环境）功能区划》；各地也相继出台一些饮用水水源地的管理政策和规定，如《盐城市市区饮用水源保护区污染防治管理规定》和《苏州市阳澄湖水源水质保护条例》等。目前还没有针对饮用水水源地管理专门制定的法律法规。

3.4.3.3 监督管理能力建设

目前有关水源地的管理一是部门各不相同，有水利部门、建设部门、环境保护部门或是地方、流域的工程管理部门；二是工程和基础设施管理部门与水源地的水质管理分离，水量调度与水质管理分离，原水管理与城市供水系统管理分离；三是实行区域供水后供水风险更大，二次供水问题没有能够得到足够的关注。如果出现突发性事件，牵涉部门多，应急反应将大打折扣，统一行动难。每一个主管部门的信息都很不完整：一是因为部门分割造成的信息不完整；二是因为对水源地和供水系统本身认识导致对此类信息为进行采集而造成的信息缺乏。因此，本可以在更丰富信息基础上的决策也只能依靠有限资源。水源地的保护与公众参与缺乏联系，水资源的使用者和供应者之间似乎只有买卖关系。无论是通常意义下的水资源保护，应急情况下的决策以及公众参与都还没有建立必要的联系。

3.4.3.4 水源地保护宣传教育

乡镇饮用水水源地环境保护较弱、民众保护意识较差，建议加强饮用水水源地保护宣传教育，研究促进乡镇饮用水水源地保护的公众监督的对策，推动饮用水水源地保护工作转变成社会参与、人人有责的全民行动。建立宣传机制，提高全民水环境保护意识，搞好普法教育，进一步强化全社会的水忧患意识和水法制意识。建立完善的公众参与机制，群众是主体，社会参与是补充。建立环境保护社会监督管理制度，定期通过电视、广播、网络、报纸等媒体，发布饮用水水源地水质监测信息，公布监督电话、监督信箱、监督网址，让人民群众及时了解和掌握自己饮水状况，监督饮用水水源环境保护工作。

3.5　江苏省农村饮用水水源地综合调查结论

3.5.1　饮用水水质超标

江苏省 310 余条河流、628 个地表水河流水质断面进行了水质综合评价，9 091km 的控制河长中，超标河长达 5 972km，占 65.7%，大中型水库水质也不容乐观，地表水污染除造成部分集中式供水水厂水质不达标外，江苏省还有 90 余万人饮用未经处理的地表水，水质普遍劣于Ⅳ类；浅层地下水水质超标严重，江苏省有近 1 000 万人饮用浅层地下水，由于地表水的污染，浅层地下水水质普遍不达标，据平原区浅层地下水的 94 个水质观测井的观测数据，超Ⅲ类的有 69 个，尤其是徐州、连云港、宿迁市部分地区浅层地下水含氟量超标，沿海地区浅层地下水水质苦咸、氯化物超标，存在严重的水质问题。

分析典型乡镇集中式饮用水水源地超标原因，部分地表水水源地主要受上游来水水质影响，如南通通州市的水源地。同时，水期也会影响来水水质，枯水期上游来水水质较差，应引起重视。分析地表水水源地的超标项目，以氮、磷、化学需氧量等为主，主要来自农业面源污染[3]。

（1）上游来水对水质影响较大

典型乡镇集中式饮用水水源地数量虽以地下水型居多，但取水量和服务人口均以河流型为主。10% 的地表型水源地上游来水超标，环境禀赋较差，原因主要是区域内的社会经济活动比较频繁，水源保护区内人口密集，水产养殖活动较多，农业面源污染存在的可能性较大，而且大多处于流域的下游，容易受上游来水的影响。

（2）超标指标主要为物理和一般化学指标

乡镇集中式饮用水水源地中湖库型达标率最高，地下水型次之，河流型最低，主要为物理和一般化学指标超标，其次为毒理学指标，生物学指标超标的现象也有出现，河流型和湖库型主要为毒理学指标，地下水型主要为毒理学指标超标。

3.5.2　水源保证率下降，饮水工程与区域供水衔接困难

江苏省农村饮水水源资源性缺水、水质型缺水和工程型缺水并存，部分地区水源保证率达不到要求。南通市部分地区地表水从吕运河取水，河道淤积严重，遇特殊干旱年，水源保证率低于 80%，平水年和丰水年才能达到 90% 以上。部分乡镇地下水资源严重缺乏；部分地区由于超采严重，形成了大面积地下水位降落漏斗，导致部分以地下水为水源的自来水厂供水不足，甚至无法取水[1]。解决农村饮用水水源问题，需推进城乡供水一体化建设，完成江苏省区域供水规划编制工作，采用优质地表水源，全面实现区域联网供水。苏南地区区域供水工程进入了全面实施阶段，苏中地区已经

逐步开始实施，苏北地区处于启动阶段。投资、供水成本、管理体制等诸多原因，区域实施进展差异较大，使得农村安全饮水工程与区域供水衔接存在困难。

3.5.3 农村现状供水工程规模不足

江苏省1 083.3万农村人口依然采用分散供水方式。同时，小水厂建设年代较早，数量较多，建设标准不高，工程设施老化失修、水质不达标、运行成本过高等矛盾突出，随着小水厂停运，部分原为饮水安全和基本安全人口转变为饮水安全受影响人口。6 631座农村供水工程中，日供水规模大于1 000m³的水厂661座，仅占约10%，日供水规模在200m³以下的水厂有4 266座，占65.8%。小水厂普遍存在水源保证率不高、经营规模小、净水设施不齐全、设备简陋，管理技术落后，缺乏必要水质监测措施，日供水量低，水质难以达标、供水保证率低等突出问题。

3.5.4 水源地保护区划分不清楚，安全隐患突出

乡镇饮用水水源地保护区划分相对滞后，部分乡镇水源地保护区未明确划分，标识不清楚规范，取水口周围无保护设施。已经划分保护区中，一、二级水源保护区内大部分无排污口，但二级、三级河流上存在部分企业、养殖业，它们排放废水影响水源水质，枯水季节影响较为明显。农业面源大，化肥大量使用，对水质中TP、TN有明显影响，水源地保护区划分不清楚，农业和生活污染源等非点源问题使得水源地水质存在安全隐患。

3.6 农村饮用水水源地保护环境管理机制和政策建议

3.6.1 农村水源地环境管理机制完善建议

做好饮用水水源地环境保护的组织实施，建议在各乡镇成立饮用水水源地保护领导小组，负责组织各地根据要求编制保护方案，监督和检查方案完成情况，协调和解决保护方案实施中的相关问题。

（1）政府部门综合考核机制

把饮用水水源地保护区的管理纳入各级政府的考核体系，以饮用水质量群众是否满意作为对领导政绩考核的一项重要内容，强化各级政府对饮用水安全的关注力度，促进饮用水水源地保护区管理，不断提高饮用水的安全水平，保护人民群众的身体健康。

（2）污染责任追究和经济补偿制度

依照法律、法规，对造成保护区水质污染的企业进行经济处罚，造成严重影响的责令停产、停业；对企业负责人同时追究法律责任；对因监管不力造成的保护区水质污染

的责任人，依照管理制度追究其行政责任。对因水质污染受影响的人群给予经济补偿。

（3）饮用水水源管理多部门协调制度

水源地保护区应成立由政府主管部门组成的联系机构，建立统筹城乡与区域的饮用水水源环境保护管理机制和体系，明确牵头部门和各职能部门的职责，加强合作，彻底杜绝管理盲区；负责协调解决用水纠纷等问题。与保护区内有关部门或者是与其他饮用水安全管理相关部门（诸如城建、卫生防疫）等建立联系配合制度，及时沟通情况，共同做好饮用水水源地保护区的工作，主要应包括：保护区附近主要的工程项目的通报、可能与水质量状况有关的疾病的通报等。

（4）环境保护部门肩负重任、责无旁贷

做好饮用水水源地保护工作，关系到人民群众身体健康，关系到社会和谐稳定，切实加强饮用水水源地环境保护工作，环境保护部门必须清楚自己的责任，群策群力，确保以饮用水安全为目标的集中开展专项整治行动顺利进行，严厉打击饮用水水源保护区内各类环境违法行为。具体措施为：

按照水源地一、二类保护区规定的要求，严格项目审批与环境管理，从源头上杜绝新、扩建项目对水源地的污染。

对水源地保护区范围内现存的环境问题，要制订计划与时间表，通过搬迁、转产等举措，切实整改到位。严格履行国家以及省、市各级法律、规章制度的具体要求。

敦促市政府以及各级建设、规划、土地等部门加快建立完善的城市污水集中处理系统，强调管网建设与处理设施建设并重，建设与运行管理并重，提高城市污水的处理率与处理等级。

加强对乡镇水源地环境的整体保护，对重点工业污染源加大监控力度，调整与合并工业污水排口，严格控制新增排污口，从源头从严控制农业面源等污染物的排放，实现工业与生活污水全部实现达标排放，严格落实国家的总量控制指标。

建立健全饮用水水源地的应急预案体系。做好对饮用水水源地水源应急防范措施，建立应急预警机制。饮用水水源地所在地人民政府要尽快制定并落实应急预案体系，确保在饮用水水源地水源受到各种因素在内的"灾害"发生时，能够及时采取有效措施，保障人民群众的用水安全与社会生产生活的正常秩序。

3.6.2 农村水源地环境管理政策完善建议

建议尽快建立和完善地方水环境保护法律法规，通过立法强化饮用水水源环境保护管理，利用法律约束机制调节各方利益冲突，加强乡镇饮用水水源地环境保护。

加强畜禽养殖污染防治。在支持畜牧业发展、保障城乡副食品供应、促进农民增收的同时，加强畜禽养殖污染防治，遏制畜禽养殖污染加剧的势头。科学划分禁养、控养、适养区域，并分别提出污染防治要求和措施。严格执行《畜禽养殖污染防治管理办法》（国家环境保护总局9号令），规模化畜禽养殖场必须实行环评、排污许可和排污申报制度。

加强农村环境监测工作。建立完善农村环境监测体系，继续开展农村地表水监测，切实加强农村饮用水水源地、自然保护区和基本农田等重点区域的环境监测工作，定期公布农村环境状况。

推广农村环保实用技术。引导和组织各类科研机构大力研发农村生活污水和垃圾处理、农业面源污染防治、农业废弃物综合利用等实用技术，加快科研成果的推广和转化，建立和完善农村环保科技支撑体系，加快示范工程建设，并逐步创造条件在全省推广。

建立水源地保护行政责任机制。切实加强对水资源保护工作的领导，把水污染防治和水资源保护工作纳入各县、市、区政府主要领导干部政绩考核指标体系，加大监管检查力度。设立专门机构，配备专门工作人员，强化执法检查，采取明察暗访、突击检查等多种形式，按照国家法律法规，依法查处各类破坏水源地的违法行为，进一步加强对工业企业和各种畜禽养殖场所的执法和监督力度，加强对农村饮用水水源地的保护与管理。

参考文献

[1] 江苏省水利厅，等.江苏省农村饮用水安全工程"十一五"实施规划[Z].南京，2008：15-28.

[2] 浙江省水利水电勘测设计院.浙江省城乡饮用水安全保障规划技术细则[Z].杭州，2006：29-43.

[3] 江苏省环境保护厅.江苏省典型乡镇饮用水水源地基础环境调查与评估报告[R].南京，2010：15-36.

[4] 王惠中，黄娟，刘晓磊，等.江苏省集中式饮用水水源地环境安全战略研究[M].南京：河海大学出版社，2009：84-105.

[5] 苏州市环境保护局.苏州市饮用水水源地环境保护规划.苏州，2011：36-50.

[6] 美国环境保护局.美国饮用水环境管理[M].王东，文宇立，刘伟江，等译.北京：中国环境科学出版社，2010：18-35.

江苏省农村地表集中式水源地面源污染防控技术与示范

4 江苏省农村饮用水水源地面源污染防控技术

4.1 种植业污染

随着工业等点源污染逐步得到有效控制，农业面源污染逐渐成为各水源地、湖泊等的主要污染源。如何有效地控制和减少农业带来的面源污染成为当今的研究热点。农业面源是分布最为广泛的面源污染，尤其种植业所需化肥中的氮素和磷素等营养物质，通过农田地表径流和农田渗漏，产生的水环境污染[1]。

我国化肥年使用量达 4 124 万 t，按播种面积计算，化肥使用量达 400kg/hm²，超过发达国家为防止化肥对水体造成污染而设置的 225kg/hm² 安全上限[2, 3]。农药年使用量达 30 多万 t，除30% ～ 40% 被作物吸收外，大部分进入了水体、土壤及农产品中，933 万 hm² 耕地遭受了不同程度的污染[4]。部分地区生产的蔬菜、水果中的硝酸盐、农药和重金属等有害物质残留量超标，威胁人类健康。

农业面源污染物来自于土壤中的农用化学物质，产生、迁移与转化过程实质上是污染物从土壤圈向其他圈层特别是水圈扩散的过程[5]，其发生的条件有营养物质、杀虫剂大量使用、水动力作用、土壤侵蚀、水和沉积物运输等。目前我国认识到非点源污染问题的重要性，也相继开展了相关研究工作，但缺乏独立的面源污染控制系统集成技术。我国种植业面源污染控制包括源头防治法和径流过程治理法两类，源头防治法主要是通过生态农业、水土保持、种植业废水生态处理等技术控制氮磷排放，减少非点源污染；径流过程治理法侧重于对径流工程携带的污染物去除和削减，主要有生态滞留水塘、生态缓冲带、人工湿地处理等技术。目前我国面源污染日趋严重，与国外发达国家相比，污染控制技术总体还处于起步阶段，迫切需要实施水土保持综合治理、科学合理施用化肥与农药，调整农业产业结构及综合系统有效的削减技术。

4.1.1 农田径流流失系数

太湖流域化肥施用量的不断加剧，水体富营养化日渐突出，种植业径流流失规律的研究较多。在污染源层次，主要根据污染源类型与特征的不同，以调查监测结果为基础，采用物产污 / 排污系数及相关数据对比以及经验模型等方法核算或校核单个污染源的排污总量，为使污染源调查具有代表性、典型性和准确性，排污系数法的精确性非常关键，2007年国务院决定开展第一次全国污染源普查。其中农业污染源普查肥料流失系数手册中对南方湿润平原区的水田稻麦轮作污染物流失系数进行了核定[6]。

表4-1 地表径流—南方湿润平原区—平地—水田—稻麦轮作

流失参数			参数值
流失量 / （kg/ 亩）	总氮 （TN）	常规施肥区	1.106
		不施肥区	0.899
	硝氮 （NO₃-N）	常规施肥区	0.420
		不施肥区	0.273
	氨氮 （NH⁺₄-N）	常规施肥区	0.114
		不施肥区	0.063
	总磷（TP）	常规施肥区	0.024
		不施肥区	0.019
	可溶性总磷（DTP）	常规施肥区	0.010
		不施肥区	0.008
肥料流失系数	总氮 /%		0.875
	总磷 /%		0.182
	硝氮 /%		0.606
	氨氮 /%		0.190
	可溶性总磷 /%		0.027

环境保护部南京环境科学研究所对太湖地区农业面源化肥、农药施用以及水稻田、果园等不同土地利用类型径流流失的研究做了很多相关研究。王海[7]等调查了太湖周边种植结构及变化，肥料、农药过量施用情况，结果显示，蔬菜、水蜜桃、葡萄等种植模式存在肥料过量施用现象。此外，南京环科所对太湖地区水田、旱地、果园以及其他作物主要污染物流失规律作了大量实验研究[8, 9]，主要土地类型流失系数见表4-2。

表4-2 种植业主要污染物排污系数

土地利用类型	主要作物	输出系数 / ［kg /（hm² · a）］		
		COD	总氮	总磷
水田	稻麦轮作	87	34.1	1.75
旱地	蔬菜	35	7.59	0.64
果园	果园	76	19.91	1.51
其他	其他作物	65	20.53	1.3

席运官等[10]在太湖流域坡地茶园进行小区试验，研究自然降雨条件下坡地茶园径流流失的基本规律，结果表明，在常规种植条件下，茶园的氮、磷流失系数分别为

1.008% 和 -0.087%，氮、磷肥流失率分别为 5.686% 和 0.190%。

表 4-3　坡地茶园径流流失总量

	污染物	对照	常规
N 素流失	NO_3-N / (kg / hm^2)	7.664 ± 1.745	8.918 ± 1.715
	NH_4^+-N / (kg / hm^2)	0.156 ± 0.008	0.185 ± 0.050
	TN / (kg / hm^2)	9.612 ± 2.717	11.685 ± 2.902
	泥沙携带氮 / (kg / hm^2)	0.274	0.272
	NO_3-N 占 TN 的比例 /%	80.705	77.158
	NH_4^+-N 占 TN 的比例 /%	1.733	1.645
	N 流失系数 /%	—	1.008 ± 0.155
P 素流失	HPO_4^- / (kg / hm^2)	0.146 ± 0.025	0.104 ± 0.021
	TDP / (kg / hm^2)	0.172 ± 0.023	0.128 ± 0.030
	泥沙携带磷 / (kg / hm^2)	0.045	0.030
	HPO_4^- 占磷总流失的比例 /%	67.281	65.823
	P 流失系数 /%	—	-0.087 ± 0.021

　　李国栋等[11] 设置野外径流小区，观测了春夏季蔬菜地土壤氮磷径流输出，并探讨了生态拦截草带对径流中不同形态氮磷拦截效果。结果表明，菜地土壤氮磷径流输出总量分别为 3 010.9g / hm^2 和 695.0g / hm^2；其中以颗粒态为主，分别占 64% 和 75%。可溶态氮中，NH_4^+-N 为主，占 50%，可溶态磷中 $H_2PO_4^-$ 为主，占 87%。

表 4-4　蔬菜地土壤氮磷向水体径流输出通量　　　　单位：kg / hm^2

日期	种植类型	总氮	总磷
2004-10-25 ～ 2005-05-01	大蒜	1.85	0.396
2005-05-01 ～ 2005-06-30	茄子	0.227	0.061
2005-06-30 ～ 2005-07-07	茄子	0.148	0.044
2005-07-07 ～ 2005-07-13	茄子	0.219	0.060
2005-07-13 ～ 2005-08-02	茄子	0.097	0.021
2005-08-02 ～ 2005-08-09	茄子	0.276	0.039
2005-08-09 ～ 2005-08-17	茄子	0.196	0.028
合　计		3.01	0.695
2005-04-13 ～ 2005-05-01	黑麦草	0.211	0.040
2005-05-01 ～ 2005-06-30	苏丹草	0.128	0.028
2005-06-30 ～ 2005-07-07	苏丹草	0.176	0.004
2005-07-07 ～ 2005-07-13	苏丹草	0.095	0.015
2005-07-13 ～ 2005-08-02	苏丹草	0.086	0.012
2005-08-02 ～ 2005-08-09	苏丹草	0.175	0.032
2005-08-09 ～ 2005-08-17	苏丹草	0.103	0.016
合　计		0.815	0.147

杨丽霞等[12]采用人工模拟降雨的方法，通过野外径流小区试验，研究不同施磷水平条件下，典型蔬菜地磷素径流流失的特征、流失形态及流失量。结果显示，不同形态磷素随降雨径流过程的变化趋势基本一致，颗粒态磷（PP）占总磷（TP）72%～87%，是土壤磷素径流流失的主要形态。随着施磷量的增加，径流中溶解态总磷（DTP）、溶解态无机磷（DIP）、PP 和 TP 的流失量增加，而且增加的趋势与施磷量呈显著线性相关关系。

表 4-5　不同施磷水平下不同形态磷素的流失量　　　　单位：kg / hm²

施磷量	磷流失量			
	TP	DTP	DIP	PP
0	0.0884	0.0112	0.0080	0.0773
30	0.114	0.0191	0.0127	0.0952
75	0.149	0.0410	0.0256	0.108
150	0.326	0.0850	0.0567	0.241

朱普平等[13]选择太湖地区稻田 5 种主要种植方式全年 N 的地表径流损失为 12.81～43.79 kg/hm²，N、P₂O₅ 径流损失均以"油菜—水稻"种植方式损失最大，N、P₂O₅ 径流损失均以冬季旱作为主，分别占全年径流损失总量的 84.97% 和 93.69%。

表 4-6　稻田不同种植方式地表径流 N、P 流失量　　　　单位：kg / hm²

种植方式	冬季径流损失		稻季径流损失		全年径流损失	
	N	P₂O₅	N	P₂O₅	N	P₂O₅
小麦—水稻	22.56	0.24	4.30	0.11	28.49	1.36
油菜—水稻	37.00	0.75	4.08	0.10	43.79	1.68
黑麦草—水稻	14.43	0.51	4.33	0.10	19.64	1.21
紫云英—水稻	12.93	0.32	1.96	0.10	15.91	0.71
冬闲—水稻	8.69	0.49	3.44	0.12	12.81	0.95

郭红岩等[14]采用田间实验与实地调查相结合的方法，发现太湖一级保护区水稻季节农业非点源污染中，农田磷排放总量为 1 313kg，占排放总量的 56.2%；同时对样田磷的排污系数进行了实验，详见表 4-7。

表 4-7　稻田磷排放量

样田编号	面积 /hm²	TP /g	DTP /g	PP /g
1	0.080	114	48	66
2	0.091	109	52	57
3	0.092	108	57	52
平均值	0.088	110	52	58

常闻捷等[15]为了识别太湖流域重污染区麦季污染物流失规律,以田间单元为研究对象,研究了麦季不同施肥处理条件下营养元素的输入和流失与降雨的关系。结果表明,大气湿沉降和施肥输入氮素 190.23 kg/hm²,磷素 19.12 kg/hm²,优化施肥—秸秆还田处理条件下 COD、总氮和总磷平均流失量均小于常规施肥处理,小麦产量也有一定增加,说明采用深施化肥可以降低营养元素的流失,秸秆还田措施对小麦产量增加有一定作用。

表 4-8 不同施肥条件下污染物流失系数   单位: kg / hm²

施肥方式	COD	NO_3-N	NH_4^+-N	TN	TP
不施肥	66.8	18.79	1.46	22.6	0.519
常规施肥	91.28	41.81	1.63	49.53	0.269
优化施肥—秸秆还田	79.48	40.34	1.61	44.05	0.259
优化施肥	74.84	41.65	2.68	47.28	0.238

4.1.2 种植业污染物入河定量化计算

污染负荷模型是估算流域污染负荷尤其是非点源污染负荷的重要手段。流域非点源污染物负荷计算方法多是开发基于污染物在流域中迁移的物理基础的模型,充分考虑污染物迁移每个环节和过程,从而实现对流域非点源污染物的产出、输移过程以及输出水平的全面掌握和预测[16, 17]。但是由于非点源污染机制过程的复杂性,物理模型建模和模拟对输入资料有很高要求,从而导致建模费用昂贵且模型率定困难,使得这类模型大多只能在小流域尺度和建模的本流域应用。用于估算营养盐输出负荷的输出系数模型避开了物理模型的不足,通过输出系数以及相对容易获得的土地利用状况直接建立土地利用与受纳水体非点源污染物负荷的关系,避开了复杂的非点源污染形成过程而降低了对流域内污染迁移转化过程监测数据的要求,为大中尺度流域非点源污染负荷计算提供有效方法[18-21]。

研究土地利用—营养盐负荷—湖泊富营养化关系的过程应用了输出系数法,非点源污染研究提供了一种新的途径,其优点充分利用易得到土地利用状况等资料,建立土地利用与受纳水体非点源污染负荷的关系。随着输出系数模型的广泛应用,许多学者对其进行改进,与输出系数分类密切相关的污染物来源全面考虑[22],增加了对污染物在流域传输过程中损失及降雨年际变化对污染物输出影响考虑[23]。输出系数模型研究应用中仍有不少不足之处,一方面,目前模型应用的输出系数都是来自于其他参考文献的研究结果,使得系数的适用性较差;另外,经验模型结构的限制也使其无法考虑降雨等因素的空间差异影响。

针对输出模型系数法的不足，基于典型小流域野外试验，结合 GIS、RS 技术，构建了考虑流域损失与降雨的空间差异的各类营养盐输出负荷模型，对非点源污染负荷源头发生进行入河定量化计算。对不同土地类型、降雨规律以及污染物迁移特点等因素，结合输出模型方法，采用野外试验、室内分析和模型研究等多种手段，对非点源污染的产生、迁移和转化规律进行系统研究，推算获得流域主要土地利用类型营养盐输出系数，同时考虑流域损失与降雨的空间差异，对模型结构进行改进，并与 GIS 技术实现融合，构建半分布式的输出系数模型，利用该模型对太湖流域重污染区各类营养盐输出负荷进行估算。改进的输出模型具有良好的时空尺度适宜性和推广性，为太湖流域非点源污染的治理提供参考。营养盐输出系数模型如下：

$$L_j = \sum_{i=1}^{n} K_j \times Q_i \qquad (4-1)$$

其中：

$$K_j = \lambda \left\{ \alpha \sum_{i=1}^{n} E_{i,j} \left[A_i(I_i) \right] \right\} + P$$

式中：L_j——第 j 种营养物流失量；

Q_i——第 i 类土地利用类型上产生的径流量；

$E_{i,j}$——第 i 种土地利用类型第 j 种营养源输出系数；

A_i——第 i 类土地利用类型面积；

I_i——第 i 种营养源营养物输入量；

P——降雨输入的营养物数量；

α——降雨影响系数；

λ——流域入河系数。

输出系数模型经改进后可以分别计算流域产生的非点源污染总负荷和进入水体的污染负荷。

Q_i 地表径流量采用美国水土保持局提出的 SCS 降雨径流模型，这种方法是分析各种土壤和植被条件下的大量降雨而得出的，适用于中小流域。SCS 模型降雨—径流基本关系表达式为：

$$\frac{F}{S} = \frac{Q}{P - I_a} \qquad (4-2)$$

式中：P——降雨量；

Q——径流量；

I_a——初损；

F——后损；

S——径流开始后最大可能滞留量，或称储留指数，它是后损的上限。

按水量平衡原理有：

$$P = I_a + F + Q \tag{4-3}$$

贺宝根等对 SCS 法在上海郊区农田降雨径流关系的应用作出了修正，使 $I_a = 0.05S$，于是得到：

$$\begin{cases} Q = \dfrac{(P-0.05S)^2}{(P+0.95S)^2} & P \geqslant 0.0.05S \\ Q = \upsilon & P < 0.05S \end{cases} \tag{4-4}$$

选用修正后的 SCS 法模型来估算径流量。

降雨影响系数 α 的计算可按下式计算：

$$\alpha = M_i / \bar{M} \tag{4-5}$$

$$M_i = f(P_i)$$

$$\bar{M} = f(\bar{P})$$

式中：M_i——流域的第 i 年降雨径流非点源污染负荷；

$\quad P_i$——第 i 年非研究区域的年度总降雨量；

$\quad \bar{M}$——流域多年平均降雨径流非点源污染负荷；

$\quad \bar{P}$——流域多年平均年降雨量；

函数 f 即为推求的降雨径流非点源污染负荷计算公式。

开展太湖流域典型农田 2008—2010 年降雨量和干湿沉降试验，结果显示大气湿沉降会引入一定量的营养物质，对农作物的生长进行了养分补充，同时作为污染物对径流流失也有一定贡献。虽然平均降雨中养分输入量与施肥量相比较小，但相对于太湖流域面积广大的耕地而言，其输入量不可忽视。降雨中氮的形态主要以铵态氮为主，其平均浓度占 TN 的 45%，NH_4^+-N / NO_3-N 比值约为 1.22。通常 NH_3 的排放量受施肥和气候的影响而发生较大的波动，且 NH_3 在大气中的滞留时间短，不可能与大气层充分混合而远离排放源，易于以大气沉降的形式重返排放源及周边地区。降雨中引入的污染物含量与雨水浓度和降雨量有关，实验数据表明，累计降雨量超过 40mm，污染物含量一般较大。降雨量主要与该地区季节、气候类型等因素相关；此外，每次降雨中污染物浓度并不相同，雨水浓度与地区经济发展水平、工农业比重存在一定关系，对于经济发展较快，工业企业众多，污染物排放量较大的地区，其降雨中污染物浓度相对偏大；集中施肥、秸秆的焚烧等农事活动对降雨中污染物浓度也具有一定影响。

大气湿沉降除了自身会引入一部分污染物外，也是导致农田径流流失的主要驱动力。影响径流量大小的因素较多，其与降雨量大小有直接的关系。根据长期试验监测，平均降雨径流量为 3 538.05 m³/hm²，日降雨量通常超过 15mm 就会产生径流，如图 4-1～图 4-3 所示，每次采样时径流量与采样前 5 日降雨量基本成对应关系，降雨量越大，产生的径流量越大，污染物流失也会相应增大；但在一段时间的连续晴天条件下，即使降雨量较大产生径流量却不一定大，这主要是由于土壤在长期晴天条件下水分蒸发速度快，蒸发量大，降水主要被土壤吸收所致。

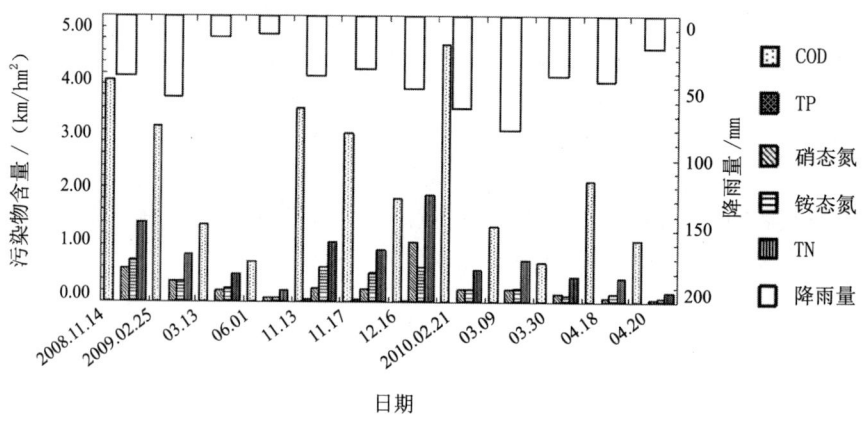

图 4-1　降雨中各类污染物含量

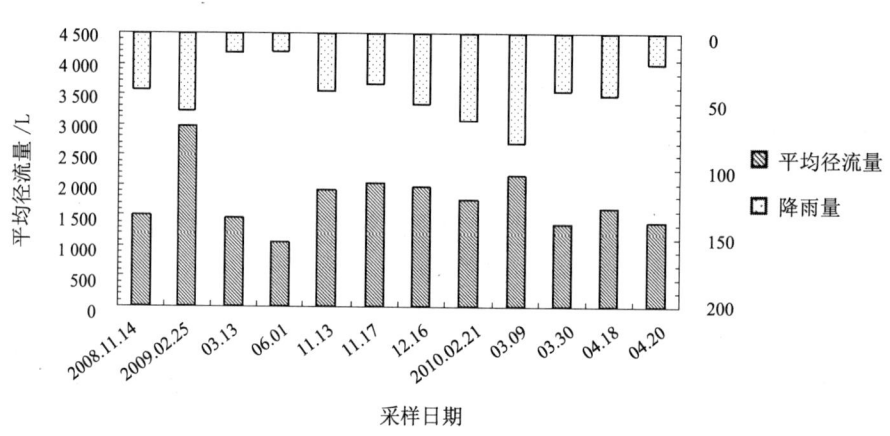

图 4-2　降雨量与径流量对应关系

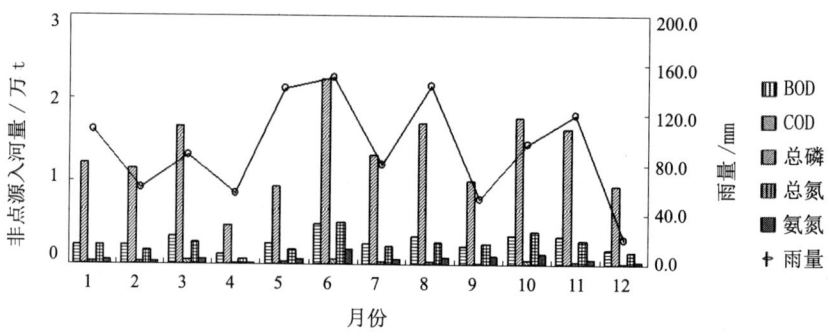

图 4-3　主要污染物入河量月度变化

利用修正输出系数模型以太湖流域重污染区为例估算了营养盐输出强度（单位面积输出负荷）。太湖流域重污染区是指太湖西北侧竺山湾和梅梁湾的上游汇水区域，总面积 5 272km²，占太湖流域的 14%，基本涵盖了太湖流域上游主要入湖河流，河网区水质达标率仅为 17%，入湖污染物通量占太湖流域的 80%，是影响太湖湖体特别是梅梁湾、竺山湾水质的主要区域，太湖流域的重污染区域，涉及无锡市的南长区、崇安区、北塘区、惠山区、滨湖区、无锡新区 6 个市辖区、宜兴市，以及常州市的钟楼区、天宁区、戚墅堰区、新北区和武进区 5 个市辖区，共 41 个镇，56 条街道。其中，主要入湖河流区是重污染区中对太湖水质影响最直接的区域，涉及无锡市的南长区、滨湖区、惠山区和宜兴市 3 区 1 市的 25 个街道（镇），常州市武进的 8 个街道（镇）。

2007 年 COD、NH$_4^+$-N、TN、TP 入河污染强度分别为 0.95 t/hm²、0.18 t/hm²、0.43 t/hm²、0.025 t/hm²；2009 年 COD、NH$_4^+$-N、TN、TP 入河污染强度分别为 1.14 t/hm²、0.15 t/hm²、0.44 t/hm²、0.017 t/hm²。根据结果分析，2009 年 COD 污染指标的入河污染强度较 2007 年有所增加，虽然 2009 年种植面积有所增加，但由于降雨量较多，产生的径流量较大，污染负荷涨幅大于种植面积增加幅度，加上治理措施的效果对 COD 的削减效果不是非常明显，从而导致 COD 入河强度增大；而 NH$_4^+$-N、TN 和 TP 3 个污染指标的污染强度均有不同程度的下降，虽然降雨次数增加导致地表径流量加大，但过多降雨却降低了污染物输出系数。而最重要的因素是由于 2007 年后大量工程措施的有效实施，化肥减施、有机农业等措施从源头上降低了 N、P 等污染物的输入，而生态拦截等措施则有效降低了 N、P 污染物入河的迁移损失。由此可以看出，改进模型计算结果准确地核算了太湖流域 2007 年与 2009 年种植业入河污染负荷，2007 年后种植业采取治理措施后的效果，通过模型计算结果与实际效果具有较好的一致性。

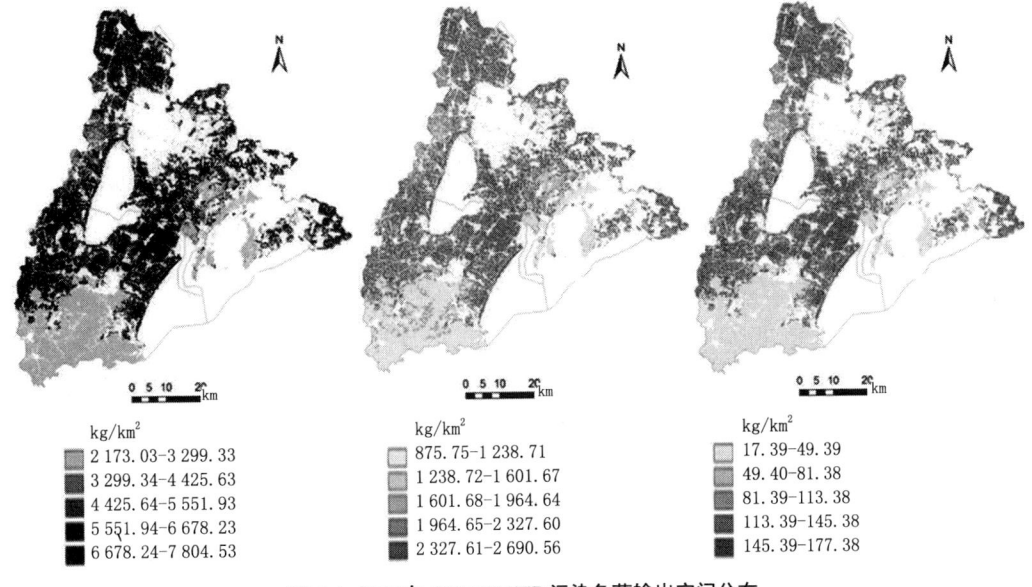

kg/km²
■ 2 173.03–3 299.33
■ 3 299.34–4 425.63
■ 4 425.64–5 551.93
■ 5 551.94–6 678.23
■ 6 678.24–7 804.53

kg/km²
□ 875.75–1 238.71
■ 1 238.72–1 601.67
■ 1 601.68–1 964.64
■ 1 964.65–2 327.60
■ 2 327.61–2 690.56

kg/km²
□ 17.39–49.39
■ 49.40–81.38
■ 81.39–113.38
■ 113.39–145.38
■ 145.39–177.38

图 4-4 2007 年 COD/TN/TP 污染负荷输出空间分布

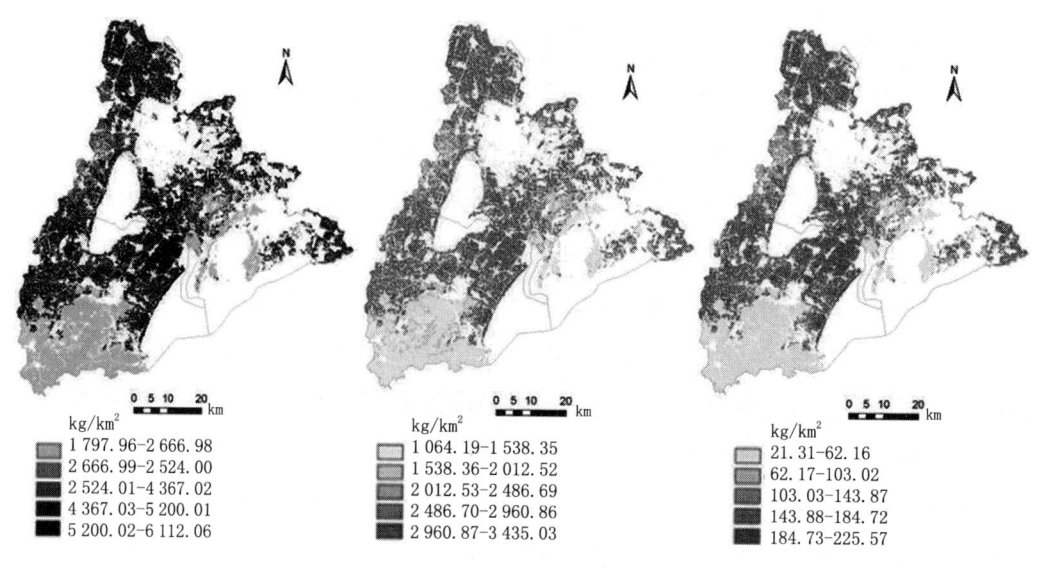

kg/km²	kg/km²	kg/km²
1 797.96–2 666.98	1 064.19–1 538.35	21.31–62.16
2 666.99–2 524.00	1 538.36–2 012.52	62.17–103.02
2 524.01–4 367.02	2 012.53–2 486.69	103.03–143.87
4 367.03–5 200.01	2 486.70–2 960.86	143.88–184.72
5 200.02–6 112.06	2 960.87–3 435.03	184.73–225.57

图 4-5 2009 年 COD/TN/TP 污染负荷输出空间分布

4.1.3 种植业面源污染控制技术

从源头控制污染物的产生和进入环境是控制面源污染问题最佳处理对策。解决措施主要是从两大方面入手：一是减少源头污染量，即减少化肥、农药的施用量，合理科学处理与有效控制其他有机或无机污染物质。二是减少湖泊流域污水流入量，即减少地表径流和地下渗漏量，有效措施如减少农田排水、进行流域水土保持和其他生态治理。由美国环保局（USEPA）提出的"最佳管理措施"（BMPS）[24] 即通过采用"清洁生产"、建立水污染防治工程和其他任何能够减少水污染的方法和管理程序来达到水环境保护的目的。最佳管理措施包括工程措施和管理措施，管理措施分为养分管理、耕作管理和景观管理 3 个层次；工程措施既包括修建沉砂池、渗滤池和集水设施等传统的工程措施，也包括湿地、植被缓冲区和水陆交错带等新兴的生态工程措施。工程措施和管理措施的界限不是泾渭分明的，存在着交叉，如植被缓冲区、植物篱等既可以看作工程措施，又可以看作景观管理措施。面源污染的不确定特点和控制难度，国内外已提出多种方法用于控制农田养分的流失，包括平衡施肥、精确施肥、土壤耕作管理、水肥灌溉、缓冲带及人工湿地等技术 [25]。近年来，利用湿地、稻田来减少养分流失已被认为是控制面源污染的有效措施 [26-30]，也有研究者提出根据生态学原理来控制面源污染 [31, 32]。主要面源污染控制技术如下：

（1）植被缓冲带技术

植被缓冲区也叫植被过滤带、生物缓冲带，是设立在潜在污染源区与受纳水体之间，利用永久性植被拦截污染物或有害物质的条带状、受保护的土地 [33]。植被缓冲带不仅仅是一个植物措施的概念，而是水土保持和面源污染控制的生态治理措施的

·

总称[34]，其作用是利用植被对农田地表径流、废水排放、地下径流及深层地下水流中携带的营养物质、沉积物、有机质等污染物质具有良好的吸收、沉淀功能，可以在其进入水体之前起到一个净化、过滤的缓冲作用[35, 36]，从而保护水系免于面源污染，阻止土壤侵蚀。

美国植被缓冲区被认为是防治非点源污染有效的BMPS，主要体现为减少农田土壤的流失，增加地表径流的入渗，净化了农田径流中的污染物，稳定了堤岸，促进了生物多样性，使农产品多样化，而且对改善生物栖息地和种群具有很好的效果。Geert等[37]通过对农业用地与水体间设置缓冲带的研究发现，缓冲带能有效减少在施药过程中杀虫剂向沟渠的漂流情况，及其对水生生物的影响。其中不同种类物质的去除效果差异较大，甚至于在不同实验中，同种农药的去除率也相差较大。这也表明了缓冲带效果不稳定的特性。Haycock等总结了不同水质保护目的所要求的缓冲区宽度。5m宽的缓冲区即可拦截大部分粗颗粒泥沙，当带宽大于10m时，其对泥沙的总体拦截率可达80%以上，对总磷的拦截率达到50%。总之，植被缓冲区的去污效果随着带宽的增加而提高[38]。

（2）前置库技术

前置库是指利用水库存在的从上游到下游的水质浓度变化梯度特点，根据水库形态，将水库分为一个或者若干个子库与主库相连，通过延长水力停留时间，促进水中泥沙及营养盐的沉降，同时利用子库中大型水生植物、藻类等进一步吸收、吸附、拦截营养盐，从而降低进入下一级子库或者主库水中的营养盐含量，抑制主库中藻类过度繁殖，减缓富营养化进程，改善水质[39]。

叶建锋等利用水库的蓄水功能，将因表层土壤中的污染物（营养物质）淋溶而产生的径流污水截留在水库中，经物理、生物作用强化净化后，排入所要保护水体[40]。前置库这种因地制宜的水污染治理措施，对控制面源污染，减少湖泊外源有机污染负荷，特别是去除入湖地表径流中的N、P安全有效[41]。对于控制面源污染具有广泛的应用前景。在面源污染治理中发挥了巨大的作用，也取得了很大的效益。丹麦的Nyholm和前捷克Fiala等先后开展了利用前置库治理水体富营养化的工作[42, 43]。在于桥水库富营养化的研究中[44]曾在入库河流入口段设置前置库，采取一定工程措施，调节来水在前置库区的滞留时间，使泥沙和吸附在泥沙上的污染物质在前置库沉降，取得了较好的效果，在滇池面源控制中前置库技术也得到应用[45, 46]。前置库技术存在着植被二次污染防治、不同季节水生植被交替和前置库淤积等问题。

（3）人工湿地技术

人工湿地利用自然生态系统中的物理、化学和生物的三重协同作用，来实现污水净化的一种新型污水生态处理工艺[47]。常为由土壤或人工填料（如碎石等）和生长在其上的水生植物所组成的独特的土壤—植物—微生物—动物生态系统。人工湿地按水流方式的不同主要分为地表流湿地、潜流湿地、垂直流湿地和潮汐流湿地4种类型，目前较多采用的是潜流人工湿地。污染物的净化能力主要取决于污染物负荷和特性、湿地的滞水时间（湿地容量与其汇水区内总径流量之比）。适当的面积和容量是湿地净化能力的重要保证，不同水质保护目的所要求的湿地面积是不同的。Mitsch 等总结了一些地区不同水质保护目的所要求的湿地面积比例。Hey 等根据多个小流域的实验结果得出结论认为，占流域面积 1% ～ 5% 的湿地已足以完成大部分过境养分的去除工作[48]。

太湖、巢湖、滇池、洱海等许多湖泊面源污染控制中已广泛采用人工湿地工程技术来处理农田径流废水，取得了较好的社会和环境效益。国内学者也对人工湿地的氮磷净化作用和有机物去除模型进行了研究[49, 50]。人工湿地和传统的二级生化处理相比，人工湿地具有氮、磷去除能力强，处理效果好，操作简单，维护和运行费用低等优点[51]，不同植物对湿地内污染物的去除效率是不同的，季节性和挺水植物比一年生植物和沉水植物具有更高的去除营养物的能力。去除效率还与废水的性质、当地的气候、土壤等性质有关，流经湿地的污水必须有一定的水力停留时间，水力停留时间受湿地长度、宽度、植物、基底材料空隙率、水深、床体坡度等因素的影响[52-54]。

（4）氮磷生态拦截技术

人工湿地、缓冲带等生态工程被认为是控制农业面源污染的有效措施[55]。但生态工程技术具有一定的局限性，构建人工湿地、缓冲带、生态交错带等生态工程需要占用大量土地，从而会进一步加剧人多地少的矛盾。面源氮磷流失生态拦截系统是以生态工程措施为基本手段，采用生态田埂、生态沟渠、旱地系统生态隔离带、生态型湿地处理以及农区自然塘、池缓冲与截留等技术，阻隔、沉淀、吸附和降解氮磷营养物质，从而有效控制面源氮磷养分流失，大幅削减面源污染物对水体直接排放。生态拦截系统包括生态沟渠技术、拦截坝技术、ET 造流生化技术以及生态型人工湿地处理技术等，适用于不同地形、地貌的面源氮磷流失生态拦截。尹澄清等[56]研究发现，4m 交错带芦苇群落根区土壤对总磷的截留率可达 90%，总氮的截留率可达 64%；多水塘系统能截留来自村庄、农田的氮磷污染负荷的 94% 以上。刘文祥[57]在滇池流域 0.18km^2 范围内构建的 1 257m^2 人工湿地对农田径流具有较好的净化作用，去除效果为总氮 60%，总磷 50%，可溶性总氮 40%，可溶性总磷 20%。

太湖流域由于区域面积小，地势低平，农田区沟渠众多且较为统一，多将农田沟渠建成具有拦截功能的生态沟渠。生态拦截沟渠主要由工程部分和植物部分组成，利用高等水生植物，减缓水速，促进流水携带颗粒物质的沉淀，有利于构建植物对沟壁、水体和沟底中逸出养分的立体式吸收和拦截，从而实现对农田排出养分的控制。沟渠植物具有一定的经济价值，且景观效果良好。胡宏祥等[58]研究沟渠拦截氮磷的效果，相对河水自然净化而言，水生植物拦截净化能力明显更强，几种形态养分含量的降低幅度在 5.7% ～ 32.9%，明显高于降低幅度在 0.30% ～ 6.6% 的河水自然净化。徐红灯等[59]通过动态模拟实验研究发现沟渠中的水生植物茭白和菖蒲对氮、磷的截留和转化有明显的促进作用；同时通过静态模拟实验水生植物的存在可以加速氮、磷界面交换和传递，沉积物间隙水中氮、磷含量的变化受界面交换、沉积物吸附、微生物转化及植物吸收等各方面因素影响，植物的存在使得间隙水中氨氮及磷酸盐含量降低并呈现规律变化。

（5）稳定塘技术

稳定塘旧称氧化塘或生物塘，是一种利用天然净化能力对污水进行处理的构筑物，其净化过程与自然水体的自净过程过程相似。通常是将土地进行适当的人工修整，建成池塘，并设置围堤和防渗层，依靠塘内生长的微生物来处理污水。

①好氧塘

好氧塘是一种主要靠塘内藻类的光合作用供氧的氧化塘。它的水深较浅，一般在 0.3 ～ 0.5m，阳光能直接射透到池底，藻类生长旺盛，加上塘面风力搅动进行大气复氧，全部塘水都呈好氧状态。按照有机负荷的高低，好氧塘可分为高速率好氧塘、低速率好氧塘和深度处理塘。高速率好氧塘用于气候温暖、光照充足的地区 BOD 去除率高、占地面积少的效果。低速率好氧塘是通过控制塘深来减小负荷，常用于处理溶解性污水。

②兼性塘

兼性塘的水深一般在 1.5 ～ 2m，塘内好氧和厌氧生化反应兼而有之。在上部水层中，白天藻类光合作用旺盛，塘水维持好氧状态，其净化机理和各项运行指标与好氧塘相同；在夜晚，藻类光合作用停止，大气复氧低于塘内耗氧，溶解氧急剧下降至接近于零。在塘底，由可沉固体和藻、菌类残体形成了污泥层，由于缺氧而进行厌氧发酵，称为厌氧层。在好氧层和厌氧层之间，存在着一个兼性层。

③曝气塘

为了强化塘面大气复氧作用，可在氧化塘上设置机械曝气，使塘水得到不同程度的混合而保持好氧或兼性状态。曝气塘有机负荷和去除率都比较高，占地面积小，但运行费用高，且出水悬浮物浓度较高，使用时可在后面连接兼性塘来改善最终出水水质。

④厌氧塘

厌氧塘的水深一般在 2.5m 以上，最深可达 4 ～ 5m。当塘中耗氧超过藻类和大气复氧时，就使全塘处于厌氧分解状态。因而，厌氧塘是一类高有机负荷的以厌氧分解为主的生物塘。其表面积较小而深度较大，水在塘中停留 20 ～ 50d。它能以高有机负荷处理高浓度污水，但净化速率慢、停留时间长，并产生臭气，出水不能达到排放要求，因而多作为好氧塘的预处理塘使用。

　　⑤各种塘型组合

　　多级串联塘。串联稳定塘与单塘相比，出水 BOD、COD、N 和 P 等指标低，同时水力停留时间较短。在单塘结构的氧化塘中断流现象严重，存在很多死水区，而多级串联塘流态更接近于推流反应器的形式，从而有效地减少了上述现象。此外，多级串联有助于污染浓度的逐渐减少，有利于降解过程的稳定进行。串联稳定塘各级水质在递变过程中，各自的优势菌种会出现，从而具有更好的处理效果。

　　高级综合塘系统。该系统是由高级兼性塘、二级兼性塘或藻类高负荷藻塘、藻类沉淀塘和熟化塘组成。深兼性塘和后面的二级塘可对污水进行二级处理，塘间的优化组合可完成营养物的去除及生物回收。高级综合塘系统优点：水力负荷率和有机负荷率较大，而水力停留时间较短；基建和运行成本较低；能实现水的回收和再用。

　　⑥生态综合系统塘。该塘主要是通过在稳定塘系统中人为地建立稳定的食物链，利用其上面的生物种群的共同作用处理污水。同时在生态塘中，还能养殖水生作物和水产，具有较好的经济效益。

　　在原来稳定塘污水处理技术的基础上，经过改进出现了新型稳定塘技术以及塘与传统生物法组合、各类塘型组合工艺。今后的稳定塘将朝着强化机理、提高效率、完善设施、塘型优化组合方向发展。

4.1.4　种植业面源控制效果

　　太湖地区农业生产水平高，各类农用化学投入品施用强度大，过量施用氮素化肥、偏施普通复混肥、撒施、表施肥料的现象较为突出。化肥亩耕地施用量达到 34.26 kg/ 亩，氮肥当季利用率长期徘徊在 30% 左右，与发达国家相比差距较大。此外，太湖地区单位面积耕地农药使用量达 1.92 kg/ 亩，是全国平均水平的 2 倍，而利用率仅为 30% 左右，化肥、农药的过量施用严重危害了土壤、地下水。

　　2008 年，江苏省农委制定《面源氮磷流失生态拦截系统工程建设专项规划暨实施方案》，重点强调了面源污染治理，并突出了氮磷流失生态拦截系统工程的建设方案，各市区积极响应、筹划部署，通过清除垃圾、清除淤泥、清除杂草，沟渠塘岸边种植垂柳、草被植物，侧面和底部搭配种植各类氮、磷吸附能力强的半旱生植物和水生植物，减缓水速，增加滞留时间，促进流水携带颗粒物质的沉淀，有利于构建植物对沟壁、水体和沟底中逸出养分的立体式吸收和拦截，从而实现对农业面源污染排出养分的控制，也提高了水体的自净能力。

　　根据对常州市区、无锡市区及宜兴市等地的调查发现，现已建设氮磷生态拦截沟渠塘面积约 61.4 万 m²，总处理废水总量 0.21 亿 t；太湖一级保护区建有 46.12 万 m²，处理废水量 0.15 亿 t。削减总氮污染物 73.7t，氨氮、总磷削减量分别为 5.9t 和 2.5t。

经过对已建成的氮磷流失生态拦截工程进行跟踪检测，发现该技术净化效果良好，其中生态沟渠可使悬浮物降低 74.2%，氨氮和总磷分别降低近 40%，同时可有效改善该地区农田田埂、沟渠、河道的植被种群结构，优化农田，沟渠、河道的生态系统及景观组成，改善农田生境乃至该地区的总体环境都起到了积极的作用。整个系统不仅可以净化水质、绿化村庄、美化环境，而且为农民生产生活创造一个良性循环的生态环境。

4.1.5 种植业面源控制技术推荐

氮磷生态拦截工程在太湖地区的应用非常广泛，主要有工程和植物两部分。工程部分主要是对淤积严重，连通度差或杂草丛生的区段，先进行生态清淤，拓宽沟渠容量。为保证水生植物正常生长，清理时要保留部分原有水生植物和一定的淤泥。改造后的渠体断面为等腰梯形，两侧具有一定坡度，沟壁和沟底均为土质，配置多种植物。沟体内相隔一定距离构建透水坝、拦截坝等辅助性工程设施，减缓水流速度，延长水力停留时间，使流水携带的悬浮物质和养分得以沉淀和去除。生态沟渠建设可以考虑适度增加沟渠的蜿蜒性，延长排水时间。建设密度应能满足排水和生态拦截的需要，分布在农田四周与农田区外的沟渠连接起来，并利用地形地貌将低洼地或者废弃池塘和鱼塘改造成生态池塘，种植富集氮、磷的水生蔬菜，增加二次或三次净化，进一步提高系统的氮磷拦截能力。

此外，水生植物是沟渠塘系统的重要组成部分，可由人工种植和自然演替形成。选择合适的植物对提高湿地拦截净化能力至关重要，要考虑多个方面因素，如要适合当地环境，耐污能力强，去污效果好，并有一定经济价值。以下介绍几类效果较好的水生植物：

①漂浮植物。主要有大漂、浮萍、萍蓬草、凤眼莲等。这些植物生命力强，对环境适应性好，根系发达，生物量大，生长迅速。但生命周期短，主要集中在每年的 3—10 月或 9 月至次年 5 月，并且以营养生长为主，对氮的需求量高。因此，在进行植物配置时应重视其对氮的吸收利用效果，在污染物氮含量比重较大时可作为优势植物加以利用，提高沟渠塘对氮的吸收效果。

②根茎、球茎和种子植物。这类植物主要包括睡莲、荷花、慈姑、菱角、芡实、水芹菜、水蕹菜、马蹄莲等，它们或具有发达的地下根茎或块根，或能产生大量的种子果实，耐淤能力较好，适宜生长在淤土层深厚肥沃的地方，对于磷的需求较多，可作为沟渠塘系统磷去除的优势植物应用。

③挺水草本植物。包括芦苇、茭草、香蒲、旱闪竹、水葱等，一般为本土优势品种，适应能力强，根系发达，生长量大，对氮、磷和钾吸附能力强大，可作为大范围推广

植物应用。

　　单一植物的净化能力总是有限的，不同植物对于不同污染物的去除效果各异，应选择各物种的合理搭配，发挥各类植物的协调作用。如芦苇通气组织较发达，具有较强的输氧能力，而茭白生长量大，具有较强的吸收氮磷能力，芦苇、茭白两种植物混种对污水处理的效果好于种植单一植物。水生植物群落为野生动物、水鸟和昆虫提供栖居地，正是由于这些水生动植物的不断繁衍和相互作用，使水体成为具有生命活力的水生生态环境。植物生长茂盛后还能起到减少水土流失、固土护坡的作用。由于水生植物又是良好的绿肥，施用后能提高土壤肥力，改善土壤结构与性能，从而获得环境效益和经济效益双丰收。

　　经工程化生态改造后的氮磷拦截沟渠塘，成本大幅度降低，兼具排水和湿地系统的双重功效，不仅可以吸附农田、漫溢水中氮、磷营养物质，而且能拦截蔬菜园地径流表层肥沃土壤进入河道，还可作为部分乡村生活污水、畜禽养殖场尾水导流截污的排放通道之一。氮磷生态拦截工程不占用耕地，符合太湖流域平原水网地区农田沟渠的实际，尤其适用于太湖、长荡湖、滆湖入湖河道两侧等周边水功能区域，具有巨大的推广应用潜力。

4.2　畜禽养殖污染

4.2.1　畜禽养殖污染现状

　　随着人口的增长和社会经济的发展，城市人口不断增多，收入不断提高，对畜禽产品的需求也急剧增加。全世界有 26% 的土地用于畜牧业，21% 的可耕地面积生产的谷物被用作畜禽饲料。我国畜禽养殖业始终保持高速发展的势头，肉、蛋、奶产量以每年 10% 以上的速率增长，成为世界畜牧业养殖大国之一。畜牧业繁荣发展不可避免地产生大量畜禽废弃物，逐渐成为面源污染的主要因素之一。

　　（1）国外畜禽养殖污染状况

　　畜禽养殖废弃物中所含的氮、磷等成分是造成水体富营养化的主要来源之一，早已成为发达国家和发展中国家共同关心的问题。英国每年有 8 000 万 t 畜禽粪便需要处理，其中可回收利用 11.9 万 t 磷[60]；法国的布列塔尼省集中了全国集约化畜牧业的 40%，该地区从 20 世纪 80 年代初只有 1 个地区公用水硝酸盐含量超过饮用水标准，逐步发展到目前 6 个地区饮用水超标，21 个地区接近超标[61]；荷兰南部地区畜牧业密集度最高，结果造成畜禽粪便量大大超过农田生产施用量，从而引起粪便硝酸盐污染[62]；在美国，畜禽养殖场产生的废弃物高达 12 亿 t，是人类生活废弃物的 130 多倍，严重危及人类的生态环境[63, 64]。此外，畜禽养殖废弃物中的养分进入水体还会引起藻类的大量繁殖，使得水体中的氧耗竭，成为死水地带，1999 年夏天墨西哥港湾就因此而导致没有足够的氧来供水生生物利用，形成了 2 0000km² 的死水地带[65]。废弃物中释放的氨可以在空中漂移 500km 左右再沉降到陆地或水体，引起藻类疯长和鱼类死亡。

（2）国内畜禽养殖污染状况

我国畜禽养殖业始终保持高速发展的势头，畜、禽存栏量每 10 年增加 1～2 倍。1995 年我国畜禽粪便发生量为 25 亿 t，约为当年工业固体废弃物量的 3.9 倍；2000 年达 36.4 亿 t，相当于同期工业固体废弃物发生量的 3.8 倍。对滇池、五大湖泊、三峡库区分析结果显示[66]，这些流域猪存栏量平均年递增 2%，禽存栏量平均年递增 7.5%。太湖流域猪存栏略有下降，禽存栏量仍在继续增加，平均年递增约 2%。全国范围内 90% 禽养殖场建厂时没有完全考虑对环境影响，60% 缺乏防治污染的设施。同时，有 80% 大、中型畜禽场建在我国东部人口密集地区，给生态环境造成了巨大的压力。目前我国养殖场平均规模是猪场 650 头，鸡场 22 000 只，其中，中小型畜禽养殖场的养殖数占养殖总量的 70% 以上，所造成的污染是全国养殖业污染的主要部分。为有效控制养殖业的污染，不仅要严格控制养殖场的排污，也应将为数众多的中小养殖场列为控制对象。

太湖流域畜禽规模化集中养殖得到快速发展，带来畜禽粪尿过度集中和冲洗污水大量增加，对流域水环境构成了巨大威胁。流域内大部分畜禽养殖场粪便污水处理基本有 3 种类型：①自身消化，粪水还田种菜种粮。这一类养殖场与种植业相结合，周边都是农田、菜田或者果园，但有相当一部分粪污过剩，难以消纳；②季节性自身消化。大部分干粪也由当地农户运出或自己堆放作堆肥，粪水存放在畜粪池内，但每到雨季或遇到大雨，则外泄到附近的河流中，造成污染；③直接排入河道造成污染，这类养殖场因规模较大，无法自我消化。因此，弄清太湖流域重点区域畜禽养殖污染的类型、数量及其污染物排放量，有的放矢地采取相应治理措施，才能为太湖流域畜禽养殖业发展与污染控制决策提供依据。

（3）主要污染类型

①对大气的影响

粪便及其分解产物进入空气中，引起空气原有正常组分和性状发生改变，超过空气的自净能力，对人体和动物的健康产生不良影响和危害。养殖场臭气的产生，主要有两类物质，即碳水化合物和含氮有机物，在有氧的条件下两类物质分别分解为二氧化碳、水和无机盐类，不会有臭气产生；当这些物质在厌氧的环境条件下，通过厌氧发酵从而产生 NH_3、H_2S、甲硫醇等恶臭气体[67, 68]，造成空气含氧量相对下降，污浊度升高，降低空气质量。

②对水体的影响

当排入水体的粪便总量超过水体自净能力时，就会改变水体的物理、化学和生物性质，使得水体原有功能受到影响，给人体和动物的健康带来威胁。畜禽粪便污染水体的类型比较复杂，归结起来主要有：富营养化、有机物污染与生物病原污染 3 类[69]。

富营养化是由于氮、磷等植物营养物质含量过多所引起的水质污染现象。水体富营养化导致水中藻类物质大量繁殖生长，破坏了水体的生态平衡，酿成一系列综合性的危害。饲料中的氮、磷分别有 65% 和 70% 以粪便形式排出体外，导致粪便中氮、磷含量很高，过量施用粪肥，也会导致土壤中硝酸根的积累及淋失，从而污染地下水。畜禽粪便中有机物的含量非常高，如此高浓度的有机物进入水体，大量消耗水中的溶解氧，使得水体变黑发臭，严重威胁水生生物的生存。畜禽粪便携带的细菌寄生虫等病原微生物严重威胁到地表水与地下水体质量。

③对土壤的影响

进入土壤的粪便及其分解产物或携带的污染物质，超过土壤本身的自净能力时，便会引起土壤的组成和性状发生改变，并破坏其原有的基本功能，给人和动物的生活与健康造成危害。由于集约化生产的畜禽粪便产生量大，而且相对集中，局部地区的粪便数量远远超出土地的消纳容量，对土壤的威胁程度更大。长年过量施用粪肥的土壤，将导致重金属的累积，直接危及土壤的功能、降低作物的品质，进而危及人类的身体健康。

④对人体健康的影响

畜禽粪便含有大量的病原微生物、寄生虫卵及孳生的蚊蝇，会使环境中病原种类增多、菌量增大，出现病原菌和寄生虫的大量繁殖，造成人、畜传染病的蔓延。据世界卫生组织和联合国粮农组织（FAO）报道，全世界共有人畜共患疾病约 250 种，中国大约有 120 种，其中由猪传染的约有 25 种，由禽类传染的约有 24 种，由牛传染的约有 26 种，这些人畜共患病的载体主要是畜禽粪尿排泄物。同时，畜禽粪便释放的臭气如 NH_3 和 H_2S 也对人畜健康产生危害，可引起人、畜呼吸系统疾病，造成人、畜死亡。

确定畜禽动物的排泄量是一项较为复杂的项目，这与动物种类、同种动物的不同品种、性别、生长期、生产性能（如奶牛和肉牛、蛋鸡和肉鸡）、饲料种类、饲料利用率以及天气条件等因素有密切关系，所以欲求得一个比较确切可靠且有代表性的排泄系数需要花费大量人力、物力，而且需要有长期的监测分析。虽然国内外有关单位在畜禽动物排泄系数方面做了大量工作，积累了许多数据资料，但也存在着不同出处的数据不一致、缺乏代表性以及数据不全等问题。结合区域实际情况，给出了统一的畜禽粪尿排泄系数和污染物排放系数计算方法。年粪尿排放量计算公式：

不同畜禽年粪尿排放量（t/a）=个体日产粪尿量[kg/（d·头）]×饲养期（d）×不同畜禽规模化养殖数（头、只）×10^{-3}

年污染物排放量（t/a）=个体日产粪量[kg/（d·头）]×饲养期（d）×饲养数（头、只）×畜禽粪中污染物平均含量（kg/t）×10^{-6}+个体日产尿量[kg/（d·头）]×饲养期（d）×饲养数（头、只）×畜禽尿中污染物平均含量（kg/t）×10^{-6}

具体系数见表4-9、表4-10。对畜禽废渣以回收等方式进行处理的污染源，按产生量的12%计算污染物流失量。

表4-9 畜禽粪尿排泄系数

项目	单位	牛	猪	鸡	鸭
粪	kg/d	20.0	2.0	0.1	0.1
	kg/a	7 300.0	300.0	6	6
尿	kg/d	10.0	3.3	—	—
	kg/a	3 650.0	495	—	—
饲养周期	d	365	150	60	60

表4-10 畜禽粪便中污染物平均含量　　　　单位：kg/t

项目	COD_{Cr}	BOD	NH_3-N	总磷	总氮
牛粪	31.0	24.5	1.7	1.2	4.4
牛尿	6.0	4.0	3.5	0.4	8.0
猪粪	52.0	57.0	3.1	3.4	5.9
猪尿	9.0	5.0	1.4	0.5	3.3
鸡粪	45.0	47.9	4.8	5.4	9.8
鸭粪	46.3	30.0	0.8	6.2	11.0

规模化畜禽养殖场必须执行《畜禽养殖业污染物排放标准》（GB 18596—2001），标准中对养殖场的排水量和污染物浓度均有规定，按标准折合每头猪的COD排放量为17.9g/（头·d），氨氮排放量为3.6 g/（头·d）。

4.2.2 畜禽粪污处理现状

畜、禽存栏量每10年增加1～2倍。使得农村畜禽粪尿污染已成为农业面源污染的主要来源。由于农村城镇化的发展和城镇建设占地，使得可有效消纳畜禽粪尿的农田面积不断减少，太湖流域一些乡镇，每公顷农田对农村畜禽排出有机氮、磷养分承载量已经分别达到1 000kg、600kg，大大超过了国家规定每公顷农田可承载的畜禽粪尿的最大负荷（每公顷农田150kg），农田无法有效消解当地的畜禽养殖业产生的氮、磷养分，使得成为水域重要污染源。畜禽养殖主要有规模化养殖和散养两种方式。畜禽养殖污染是在畜禽养殖过程中，排放的废渣，清洗畜禽体和饲养场地、器具产生的污水及恶臭等对环境造成的危害和破坏。对畜禽养殖污染采取减量化、无害化、资源化、生态化等措施处理养殖污染问题，初有成效，依然还存在一系列问题。

（1）分散养殖

太湖流域对畜禽养殖污染治理力度不断加大，畜禽养殖在向集约化、规模化方向发展，粪污处理技术也日渐成熟。但对于分散养殖的控制还亟待进一步加强，其对污染的贡献仍然不容忽视。根据对太湖流域常州市区、无锡市区与宜兴市的调查发现，该区域内畜禽养殖场约 2 100 家，分散养殖户共 1 945 家，数量占 92.6%，养殖数量占总量的 45%，分散式养殖未得到有效控制。

分散养殖污染监管还不到位，处理方式主要是还田和三格式化粪池简单处理。许多养殖专业户通常是用简易的沉淀池将液态粪水排到沟渠中，仅将固体粪肥卖给种植专业户。根据调查和测算，仅这种液态粪水的排放方式一项，对流域水体氮富营养化的贡献可达到 10% ～ 30%，磷可达到 3%。绝大多数农村分散养殖场储粪池建设不规范，不仅密封性差，多数容量很小。由于缺少场地，一些小型的家庭养殖场，将畜禽场清出粪尿随便堆放。有机肥施用受作物生长季节的限制，在有机肥使用淡季时，储粪池常溢满外泄。降雨时，堆放和外泄的粪肥冲入河沟，易形成大量氮磷径流。根据测算，即使只有畜禽粪尿由于堆放或溢满随场地径流进入水体，对流域水体氮富营养化的贡献可达到 10%，磷可达到 10% ～ 20%。

（2）规模化养殖

近 20 年来畜禽养殖业，呈集约化、规模化发展态势，规模养殖比重不断提高，分散养殖逐渐转化为养殖小区、大中型养殖场。部分养殖场变得紧靠城镇，52% 的养猪场、68% 的奶牛场集中在苏南地区，由于经济发达、人口稠密，人均耕地面积不足 0.5 亩，畜禽粪便失去了广阔农田的消化，处理成本增加，容易对周围环境造成严重污染，太湖西北部竺山湾区域规模化养殖污染整治率仅 50% 左右，污染形势依然严峻。

规模化畜禽养殖场通常采用的清粪工艺主要有 3 种干清粪、水泡粪清粪和水冲式清粪工艺。通过调查目前南方水网地区主要以水冲式清粪方式为主。而养鸡场、养牛场则以干清粪工艺为主。用不同的清粪工艺，其排放的污水水质和水量差别很大。畜禽粪污的处理方法很多，可简单地归纳为物理处理法、化学处理法和生物处理法 3 类。物理处理法包括固液分离、沉淀、过滤等；化学处理法包括中和、絮凝沉淀、氧化还原等；生物处理法包括好氧、厌氧、自然处理、综合处理等。此外，畜禽粪污可用作肥料、饲料、燃料，以及通过"种—养结合"、"沼气利用"等资源化利用的方式解决畜禽污染问题。

4.2.3 畜禽养殖管理模式与处理技术

（1）管理减排模式

江苏省在畜禽养殖业环境管理和污染治理方面开展大量了工作，探索和实践了管理、技术、利用方式等一系列有效途径。江苏省人民代大会于1999年1月审议批准了《江苏省农业生态环境保护条例》。《农业生态环境保护条例》明确规定，"专业从事畜禽饲养的单位和个人，必须对粪便、废水及其他废弃物进行综合利用或者无害化处理，避免和减少污染。"近年来，根据国务院《太湖水污染防治"九五"计划和2010年规划》、环境保护部《畜禽养殖污染防治管理办法》以及江苏省《太湖水污染防治条例》精神，江苏省有关部门及时出台了关于对环太湖重点畜禽养殖场实行限期治理的通知，明确了大中型畜禽养殖场限期综合治理目标。同时，一些地方对畜禽粪便综合利用也取得一定进展，例如对畜禽粪便进行无害化处理，加工成有机肥、饲料进行循环利用等，并探索了"种—养"结合、"养—养"结合等一些成功的生态利用模式。

2008年召开太湖流域农业面源污染防治工作会议，结合江苏省《太湖流域畜禽养殖布局规划及面源污染治理工作方案》的要求，对江苏省畜禽养殖实行分区管理、分步治理，划定畜禽禁养区、限养区和适度发展区：

①禁养区：环太湖1km、环漏湖500m及主要入湖河道上溯10km两侧1km范围为畜禽禁养区，禁养区内全面禁止畜禽养殖，所有养殖场（户）必须限期关闭或迁移。

②限养区：环太湖1~5km、环漏湖0.5~1km为限养区，禁止新建畜禽养殖场，关闭散养户，对现有养殖场完善干湿分离、雨污分流等环保设施，实行粪污无害化处理和农牧结合，达到零排放；对不符合环保要求的畜禽养殖场，限期治理或强制关闭。

③适度发展区：环太湖5km外为适度养殖区，实行总量控制，实际载畜量控制在600万头猪每单位。对新建规模养殖企业，要合理布局，配套建设粪污处理设备设施，提高粪污处理能力，严格执行环评制度。同时，加强适度发展区养殖场（户）污染治理，积极引导和鼓励在丘陵山区利用山地、林地、果园、茶园等资源发展生态养殖。

（2）处理典型技术

1）农牧结合

畜禽粪便中含有大量的有机质和氮、磷、钾等作物生长所需的营养物质，是一种宝贵的有机肥源，施于农田后有助于改良土壤结构，提高土壤有机质含量，促进农作物的增产。畜禽粪便经堆放发酵后就地还田作为肥料使用，是充分利用农业再生资源较有效、经济的措施。但随着规模化畜禽养殖的发展，畜禽粪便日趋集中，量大、难存放，加上粪便的产生与农业使用存在季节性的差异，畜禽粪便的还田利用率日趋减少。通过建立畜禽粪便回收利用渠道，由畜禽粪便处理企业对附近区域的畜禽粪便统一回收、生产有机生物肥料，解决粪便污染问题。养殖业与林果、花木、蔬菜等农业生产相结合，直接将畜禽粪便经堆肥发酵后肥田利用，提高有机肥的施用率，减少化学肥料的施用量。取缔适度养殖区内散养户和小规模养殖户，科学规划，合理布局，推广立体农业，对大中型禽畜养殖场要合理配套用地，"以地定畜"，配合养殖场周边经济林木、果园、蔬菜等有机肥种植需求，使粪水资源得到合理利用，发展循环养殖。

2）堆肥化技术

堆肥法处理畜禽粪便是畜禽粪便无害化、安全化处理的有效手段之一，畜禽粪便等有机固体废物集中堆放并在微生物作用下使有机物发生生物降解，形成一种类似于腐殖质土壤的物质过程，堆肥后不再产生大量的热能和臭味，不再孳生蚊蝇。在堆肥过程中，微生物分解物料中的有机质产生高温，不仅可干燥粪便、降低水分，而且可杀死病原微生物、寄生虫及其虫卵。腐熟后的畜禽粪便无臭味，复杂的有机物被降解为易被植物吸收利用的简单化合物，成为高效有机肥。畜禽粪便的堆肥处理方法主要包括传统的自然堆肥法和棚式堆肥发酵法。

①自然堆肥法。将固体粪便及添加料（谷壳、锯末、秸秆等）堆成条垛，在20℃、15～20d 腐熟期内，将垛堆搅拌 1～2 次，起供氧、散热和均匀发酵的作用，此后静置堆放 3～5 个月即可完全腐熟。自然堆肥法的目的是利用我国传统的农家肥加工方法，对固体粪便进行无害化处理，制成有机肥还田，提高土壤有机质和改良土壤结构。该种堆肥方法成本低，但占地面积大、腐熟慢、处理时间长、效率低、易受天气影响，产生难闻的恶臭，污染环境，由于氮的挥发而降低肥效。

②棚式堆肥法。棚式堆肥是把含水率 70% 以下的鲜粪堆放在塑料大棚或日光温室内，用搅拌机往复行走，用鼓风机强制通风排湿，使粪便一方面利用其中的好气菌进行发酵，另一方面借助太阳能、风能使堆肥得以干燥。通常经过 25d 左右，含水率降至 20% 以下，发酵温度可达 700℃，可以把大部分的病菌、寄生虫及其虫卵杀死，成为无害化的有机肥料。该方法可处理含水分较多的粪便，又充分利用了生物能、太阳能和风能，处理成本低。因此，该种堆肥方法在全国各地普遍推广，处理设施仍需占用较大面积的土地。

3）微生态发酵床技术

微生态发酵床技术是一种新兴的环保养殖技术，以生物除臭和物料的快速腐熟为技术核心，其原理是在多种微生物的作用下，通过好氧发酵技术，使猪废弃物中的硫化氢、吲哚、胺等臭味成分迅速分解，植物中难以利用的纤维素、蛋白质、脂类、尿酸盐等被迅速降解，转化为菌体蛋白、腐殖酸、维生素、氨基酸、促生长因子等对动物有益的物质，这些物质可被直接吸收。在利用生态发酵床养猪过程中，利用生猪的拱翻习性，使猪粪、尿和垫料充分混合，通过土壤微生物菌落的分解发酵，使猪粪、尿中的有机物质得到充分的分解和转化。微生物以尚未消化的猪粪为食饵，**繁殖滋生**，随着猪粪尿的消化，不仅猪舍内没有臭味，而且繁殖生长的大量微生物又向生猪提供了无机物和菌体蛋白质，从而将猪舍演变成饲料工厂，达到无臭、无味、无害化的目的。

4）沼气技术

畜禽养殖规模扩大，集约化程度不断提高，化肥工业的迅速发展，使有机粪肥大量闲置，不能及时还田，导致环境污染。鼓励推行清洁养殖，大中型畜禽养殖场利用粪便建设沼气工程，可以向养殖场或周边农户提供清洁燃料。粪便通过堆肥技术生产有机肥，沼渣、沼液作为肥料还田或排入鱼塘，进一步提高畜禽粪便的综合利用率。建立与饲养规模相适应的沼气池，猪场粪便与冲洗废水经过固液分离后，再经过"栅栏—沉淀池—酸化调节—厌氧发酵池—密封沼气池"发酵产生沼气、沼渣、沼液。沼气技术循环模式具备了消除污染、产生能源和综合处理的3大功能。既减少由于施用化肥而造成的污染，又解决了一部分的能源问题，同时产生的沼液、沼渣是适合农作物用肥的绿色无公害肥料，能明显改善土壤结构、提高土壤肥力，而且在厌氧发酵过程当中，病原菌、寄生虫卵等一些病菌被杀死，切断了养殖场内传染病和寄生虫病的传播环节。沼气治理模式是一项行之有效的技术，建造成本较高。沼气若利用不充分，会造成大气污染，适用于大规模畜禽养殖场。

4.2.4 技术效果分析

畜禽养殖的粪污量由于畜禽品种、饲养方式、管理水平、清粪方式等的不同而差异较大。对太湖西北部竺山湾区域畜禽养殖情况进行了实地调查，主要对畜禽养殖种类、存栏量、粪污排放情况、粪污处理利用情况、生产管理等情况进行了详细调查，并根据养殖种类的不同，采集多处有区域代表性养殖场进行了实验监测。该区域畜禽养殖场共 2 453 家，畜禽总存栏量约 53.88 万头，经过测算，典型污染物 COD、氨氮、总氮和总磷产生量分别为 28 557t、1 104t、1 850t 和 318t，排放量分别为 7 782t、228t、360t 和 106t，污染物削减率分别达到了 72.75%、79.35%、80.51%、66.75%。

调查了 1 765 家畜禽养殖对尿液的处理和利用情况，其处理利用方式主要归结为 6 大类：尿液简单处理后灌溉农田或排入鱼塘、生产沼气后灌溉农田或排入鱼塘或直接排放、沉淀处理后灌溉农田或排入鱼塘或直接排放、好氧处理后灌溉农田或排入鱼塘、氧化塘处理后灌溉农田或排入鱼塘或直接排放、其他方式处理后灌溉农田或排入鱼塘。共有 2 376 家畜禽养殖对粪便进行了综合处理利用，其处理利用方式主要归结为 5 类：施入农田、生产沼气、制作有机肥、销售和其他方式。尿液及粪便各处理利用方式所占比例及处理利用量比例见图 4-6、图 4-7。

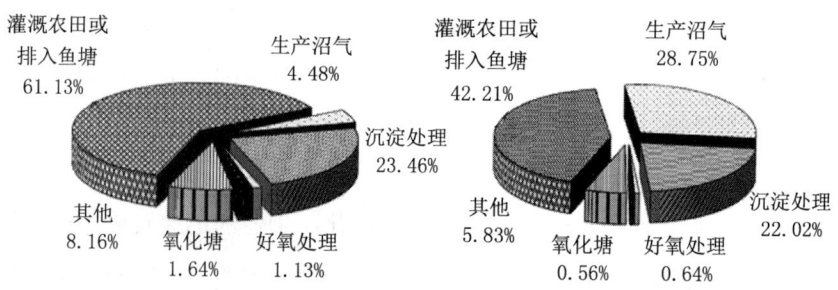

图 4-6 畜禽养殖尿液处理利用方式比例（左）及处理利用量比例（右）

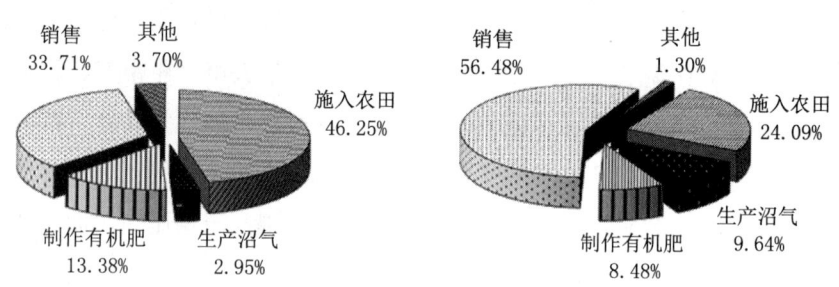

图 4-7 畜禽养殖粪便处理利用方式比例（左）及处理利用量比例（右）

　　综上所述，畜禽养殖污染物得到了较好的处理，平均处理率达到了 74.84%。在尿液处理利用方式中，灌溉农田或排入鱼塘、沉淀处理两种处理利用方式占据了主要地位，两者比例达到了 84.59%，处理利用量比重也达到了 64.23%，而好氧和氧化塘处理利用方式运用得最少；另外值得注意的是，仅占 4.48% 的沼气工艺处理利用了 28.75% 的尿液，在 6 类处理利用方式中表现出了较为明显的优势。粪便的处理利用主要以施入农田、销售和制作有机肥 3 种方式为主，所占比重共达到了 93.34%，处理利用量比重达到 89.05%，沼气工艺所占比重小，却处理较多的畜禽粪便。

　　同时，选择了 8 个以沼气处理利用方式为主的代表性规模化畜禽养殖场为研究对象，主要包括宜兴市和桥镇、高塍镇、万石镇以及常州市武进区的郑陆镇和横山桥镇 5 个镇的 5 个规模化养猪场和 3 个规模化奶牛场，样品编号分别标记为 1～5 和 6～8。其中，养猪场和奶牛场各选取一个沼气工艺结合沉淀和好氧处理方式的养殖场，对沼气工艺处理效果进行比较分析，样品编号分别为 5 和 8。实验主要测定了 COD、氨氮、硝态氮、总氮和总磷等指标。

　　1）污染物去除率分析

　　通过实验监测分析，得到了研究区畜禽养殖污染物各指标的去除率结果，分别如图 4-8、图 4-9 所示。

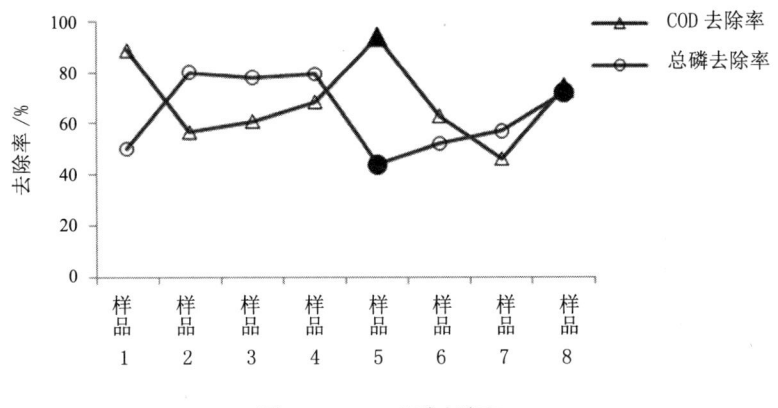

图4-8　COD、总磷去除率

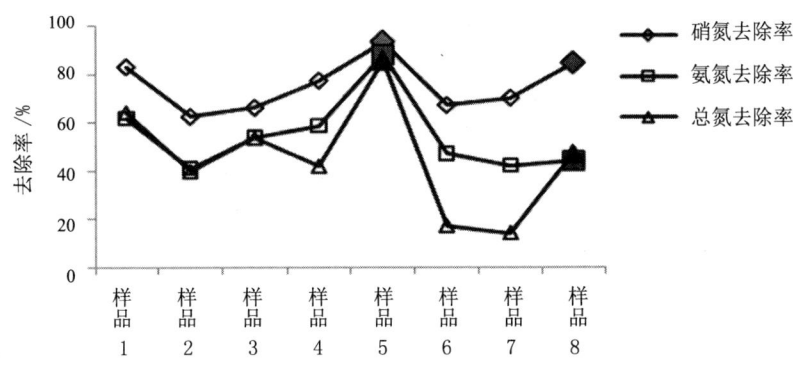

图4-9　硝氮、氨氮、总氮去除率

由图4-8可知，沼气工艺对COD的去除率为46.02%～88.70%，平均达到了63.83%的去除效果，但采用沼气结合好氧的混合处理方式达到93.85%。沼气工艺对总磷的去除率为50.02%～80.00%，平均达66.06%的去除效果，采用沼气结合沉淀的混合处理方式对总磷去除率达71.95%。由图4-9可知，沼气工艺对硝氮、氨氮和总氮的去除率整体水平表现为硝氮＞氨氮＞总氮，去除率分别为62.57%～83.17%、41.11%～61.88%、14.13%～64.37%，平均去除率分别为71.16%、50.86%、38.49%，沼气工艺对氨氮和总氮去除效果不明显，采用沼气结合好氧的混合处理方式对硝氮、氨氮和总氮的去除率都很高，分别达到了93.44%、88.13%、85.84%。

2）污染物出水浓度分析

沼气工艺对畜禽污染物去除率总体达到了较高的水平，但通过监测分析，处理后污染物的排放浓度依然很高，如表4-11所示，其中COD、总磷、氮氨平均出水浓度分别为1 321.33mg/L、18.58 mg/L、315.30 mg/L，与COD 400mg/L、总磷 8 mg/L、氮氨 80mg/L 的畜禽养殖业污染物排放标准还有很大的差距；出水中氮仍主要以氨态氮的形式存在，平均占到总氮的65%，很容易流失侵蚀地表水，引起水体的富营养化；另外，通过对3种不同处理方式的出水浓度比较可知，除结合好氧方式处理后的总磷出水浓度高于沼气工艺处理方式之外，沼气结合好氧处理和结合沉淀处理两种方式处理后的其他污染指标浓度均小于沼气工艺处理方式，但仍远远高于排放标准。

表 4-11 3 种不同处理方式污染物出水浓度　　单位：mg/L

处理方式	COD	总磷	硝氮	氨氮	总氮
沼气工艺	1 321.33	18.58	12.79	315.30	443.85
沼气结合好氧处理	856.48	34.19	9.4	178.93	315.23
沼气结合沉淀处理	848.55	12.79	8.56	195.22	301.43

4.2.5　典型区域治理案例

养猪场猪粪、猪尿污水不仅含有高浓度有机污染物和高浓度固态悬浮物，而且富含氮、磷等营养元素，氨氮含量高。直接排放将对环境造成很大的污染，针对武进区礼嘉片"万顷良田"建设规划区大量需求有机肥的实际需要，将周围 74 户养殖户存栏 14 566 头猪所有粪便污水统一收集，与经预处理的部分农作物秸秆混合后集中处理，真正做到养殖污染物减量化、资源化、无害化，达到零排放的目标。

养殖户每天产生的猪粪、尿进入贮粪池，统一收集后送至沼气站的预处理池。预处理池内安装搅拌器，混合部分经过预处理的农作物秸秆，通过搅拌使之均匀，然后泵入厌氧发酵罐进行厌氧发酵处理，产生的沼气一部分用来发电，满足沼气站自身的用电需求，另一部分用来燃烧锅炉，热水供市场销售。厌氧发酵所产生的沼渣、沼液用于"万顷良田"农业种植用肥，见技术路线图 4-10。该工程采用所有猪粪与部分秸秆混合进行厌氧处理的工艺路线，通过沼气生态工程对养殖场大量猪粪进行无害化处理，可以极大消除污染源，保护环境，改善生态，最终达到污染物零排放。沼渣、沼液作为农业种植用肥被充分利用，维护了生态平衡，促进养殖业和种植业的有机结合，生产步入良性循环。

采用目前比较成熟且适合高浓度发酵的全混式 CSTR 发酵工艺，在发酵罐顶部或侧面设置机械搅拌装置，使高浓度的发酵原料在罐内与原来的料液充分混合，有利于提高发酵装置的处理效率。该工艺能够满足畜禽粪便和秸秆混合原料发酵的工艺要求。采用混合发酵工艺，还可以抵御单一原料供应不稳定所带来的风险。散小养殖场由于规模所限，抗市场风险能力不足，畜禽粪便的供应有可能会有反复。当畜禽粪便供应减少时，可以就地用秸秆作为主要原料，保证沼气站的稳定运营。每减少 1 000 头生猪存栏，可以增加秸秆消化 0.5t。每天处理 88t 的猪粪污水和秸秆混合料，建有效容积为 1 500m³ 发酵罐一座，污水滞留期为 17d，固体物滞留期控制在 60d，满足发酵工艺要求。

日产沼气量约为 1 500m³ 和沼渣 8.8t，沼液 79.2t。计算原料产气潜力：取鲜猪粪

TS 含量 20%，每千克 TS 产沼气 0.3m³，秸秆产沼气每 5 千克产 1m³ 沼气，则日沼气产量＝29×1 000×20%×0.3＋1 000÷5＝1 940m³，考虑到原料的利用效率和沼气站的管理水平，取每天实际产气量约为 1 500m³。经发酵后的沼渣残余量按照总原料的 10% 计算，沼液没有考虑微生物活动有少量其他损耗。沼液通过现有完善的水利设施，经 3 个沼液临时储存池和 3 个泵站，在用肥季节输送到田间使用，最远端不超过 1 000m。这样，可以实现"农业—农业废弃物—能源、有机肥—农业"的循环经济的良性发展模式。

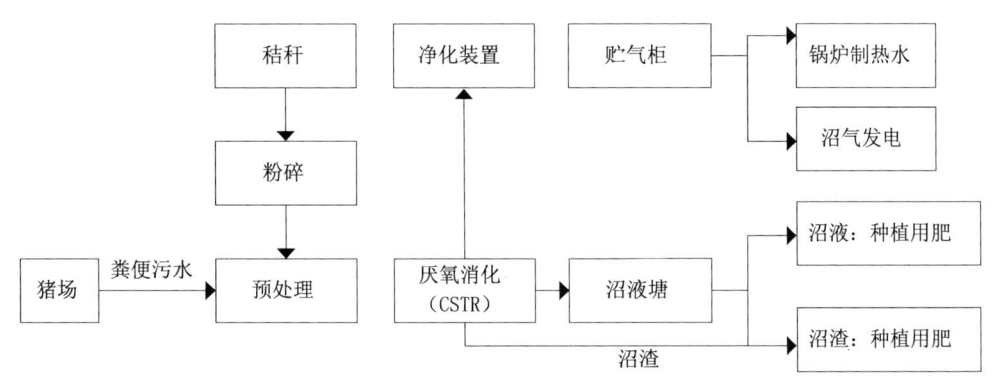

图 4-10　畜禽养殖综合整治技术路线图

131

4.2.6　畜禽养殖实用技术推荐

（1）建立健全畜牧业污染防治法律法规和标准体系

要重视运用法律手段进行调控，我国现已制定了畜禽养殖污染物排放的国家标准，但对污染物和有害物含量无明确标准，缺少可操作性。必须要在原有的法律法规的基础上，充分借鉴发达国家的经验和做法，抓紧制定畜禽养殖业生产废弃环境评估标准、畜禽粪便综合利用技术规范等法律法规和标准，确保环境管理和行政执法有序可循、有法可依。

（2）加强畜禽养殖场的规划和污染的全程控制管理

适度规模、合理规划是防止畜禽粪便污染的重要途径。要重新审视各地畜禽养殖场的分布格局，下决心关并停一批污染严重、规模小、布局不合理的畜禽养殖场。要因地制宜合理布局规划，避免重蹈先污染后治理的覆辙，促进种养结合和生态畜牧业发展，对新建畜禽场实行环境评估和准入制度，对原有的畜禽生产场补建排污治污设施。

畜禽粪便污染更重要的是在于防范，减少污染源。在养殖场建设中，因按粪尿分离工艺设计，完善和配套大型畜禽养殖场畜禽粪便的综合治理设施，实行"雨污分流、干湿分开、污饮分离"，减少污水排放总量。积极研究发展生态畜牧业，实行农牧结

江苏省农村饮用水水源地面源污染防控技术

合、林牧结合、果牧结合；大力发展适度规模经营，集中处理污染物，充分利用资源，提高畜牧业整体效益。

（3）因地制宜制定沼气工程发展规划

通过对典型规模化畜禽养殖场处理工艺污染物去除效果比较分析，沼气工艺对COD、总磷、硝氮具有较为明显的去除效果，若结合好氧、沉淀混合等处理工艺后效果会更好。所以，一方面需要使用多种处理方法相结合的工艺加强对太湖流域畜禽养殖废水的处理力度，另一方面需要重视废水处理后的进一步综合利用，以防对环境造成二次污染。

根据地方资源、技术和经济条件，因地制宜制定沼气工程发展规划。在苏州、无锡、常州等经济发达且环保要求高的地区，对于猪 3 000 头、牛 500 头以上的养殖场，建造上流式、近中温发酵、能够保证一年四季均衡供气的大中型沼气工程，通过种养结合等综合利用措施来达到环保零排放要求。对于经济欠发达地区或养殖规模相对较小的养殖场可建设一些投资少的地下折流隧道式常温发酵小型沼气工程，与周边无公害农产品生产基地相结合，充分利用资源，形成良性循环的生态模式。

（4）加强对畜禽养殖污染的监测监督

对畜禽养殖场周边土壤、水、大气环境的监测是污染防治的先决条件，搞好畜禽粪便污染防治依赖于准确、详尽的监测数据。要借鉴对工业企业污染防控的做法，加强监测网络建设，增强对畜禽粪便污染的监测能力。按照畜禽养殖场的整体规划，建立长期、短期、定位和半定位监测点，并统一监测时间、分析方法、资料整编。对畜禽养殖场污染物排放的数量、位置、污染物种类和数量以及周边土壤、水、大气进行监测，为综合防治工作提供依据。

4.3 农村生活污水

4.3.1 农村生活污染现状

随着太湖地区经济条件不断改善，农村生活水平的不断提高，生活污水的排放量大大增加，导致氮、磷等大量营养物质流入河流与湖体，最终成为太湖水体严重污染的主要原因之一。由于农村住房均呈分散状态，农村生活污水难以收集进行集中处理。除少部分村庄将生活污水纳入污水收集管网外，大部分村庄将大量没有经过处理的生活污水直接排入附近水体。现有的研究表明[70]，太湖流域水污染物的排放总量已远远超过流域水环境的承载能力。

由于乡村居住分散，治理资金短缺和对农村水环境保护意识淡薄，缺乏有效管理和处理能力，基本无完整的生活污水收集系统和处理设施。一方面，未经处理的生活污水自流到地势低洼的河流、湖泊及排水沟渠塘等地表水体中，严重污染各类水源，并在一定程度上成为导致江河湖泊水体水质下降的主要原因；另一方面，生活污水也是疾病传染扩散的源头，容易造成部分地区传染病、地方病和人畜共患疾病的发生与流行。太湖流域农村生活污染主要有以下特征：一是面广、分散。村庄分散的地理分布特征造成污水分散，难以收集；二是来源多。除了来自人粪便和生产生活产生的污水外，还有生活垃圾堆放渗滤而产生的污水。如有研究表明，太湖洗衣废水占生活污水的21.6%，洗衣粉中的磷污染率接近13.4%；三是增长快。随着太湖地区经济发展迅速，农民生活水平提高以及农村生活方式的改变，生活污水的产生量也随之增长；四是处理率低。目前，苏南农村卫生改厕普及率已达到90%，但三格式化粪池仅能杀灭虫卵及细菌，控制和隔断病原体的繁殖传播，改善居民居住卫生条件，对氮磷处理效果甚微。当前各地已建造或正在建造（改造）的污水处理厂也只能解决到集中建制镇及周边小部分能接管网区域的污水收集处理问题，对面广、量大、分散的乡村生活污水却鞭长莫及，无能为力。因此，只有根据当地经济、周边环境情况，寻求适宜、高效、低投入、低运行成本的污水处理技术才是根本之道。

4.3.2 农村生活污水量计算

4.3.2.1 居民生活用水量的预测

根据太湖流域农村经济水平和村镇居民生活现状，针对性地采用国家《村镇供水工程技术规范》(SL310—2004)中的相关规定，对区域内村镇居民生活用水量进行预测。计算公式如下：

$$W = \frac{P_q}{1000} \tag{4-5}$$

$$P = P_o (1 + \gamma) n + P_1 \tag{4-6}$$

式中：W ——居民生活用水量，m^3/d；

P ——设计用水居民人数，人；

P_o ——供水范围内的现状常住人口数，其中包括无当地户籍的常住人口，人；

γ ——设计年限内人口的自然增长率，可根据当地近年来的人口自然增长率确定；

n ——工程设计年限，a；

P_1 ——设计年限内人口的机械增长总数，可根据各村镇的人口规划以及近年来流动人口和户籍迁移人口的变化情况按平均增长法确定，人；

q ——最高日居民生活用水定额，按表4-12确定，L/（人·d）。

表 4-12　最高日居民生活用水定额　　　　　　　　　单位：L/（人·d）

主要用（供）水条件	一区	二区	三区	四区	五区
集中供水点取水，或水龙头入户且无洗涤池和其他卫生设施	30～40	30～45	30～50	40～55	40～70
水龙头入户，有洗涤池，其他卫生设施较少	40～60	45～65	50～70	50～75	60～100
全日供水，户内有洗涤池和部分其他卫生设施	60～80	65～85	70～90	75～95	90～140
全日供水，室内有给水、排水设施且卫生设施较齐全	80～110	85～115	90～120	95～130	120～180

注：五区包括上海、浙江、福建、江西、广东、海南、台湾，安徽、江苏两省北部以外的地区，广西西北部，湖北、湖南两省西部山区以外的地区。

由于太湖流域内城镇化进程逐渐加快，农业人口在近年内一直存在小幅下降的情况，故参数 γ 暂取值为0。最高日居民生活用水定额采用"全日供水，户内有洗涤池和部分其他卫生设施"、五区的 90～140 L/（人·d）数值，同时充分综合考虑项目区域内的现状用水量、用水条件及水源条件、制水成本和已有供水能力，用水定额暂定为 110 L/（人·d）。

4.3.2.2 影响居民生活污水量因素

（1）折污系数。污水折污系数指用户产生的污水量与用户的用水量比值。根据《室外排水设计规范》（GB 50015—2006）中关于居民生活污水量的预测方法，本工程污水折污系数取值 0.9。

（2）截污率。指进入污水系统的污水量与产生的污水量的比值。截污率与污水收集系统的完善程度等因素有关，本工程取 0.85。

（3）地下水渗入比例。由于本地区地下水水位较高，而且污水收集体系内的压力较低，所以地下水易于渗入污水管道，必须将其纳入需处理的污水量进行考虑。本工程对地下水渗入量按照污水量的 1.1 进行考虑。

4.3.2.3 居民生活污水量预测

结合生活用水量情况，综合考虑以上影响污水水量的因素，本工程范围内各村的居民生活污水预测量按照以下公式进行计算：

日居民生活污水量＝日居民生活用水量 × 折污系数 × 截污率 × 地下水渗入比例

4.3.3 农村生活污水处理现状

4.3.3.1 纳入城镇污水处理管网集中处理

太湖流域结合农村环境综合整治、连片整治、水环境综合治理和生态市创建，农村生活污水处理取得了较快发展。以前绝大部分村庄没有排水渠道和污水处理系统、生活污水随意排放的现象已得到改善。对于接近城区、镇区且满足城镇污水收集管网接入要求的村庄，扩大了城镇污水管网的延伸覆盖范围，纳入城镇污水收集处理系统，目前部分村庄的生活污水已实现了接管集中处理。但集中污水处理并不能解决无管网覆盖地区水环境污染问题。在远离城市、镇区的乡村，集中管网无法通达，即使能够随主要道路延伸，接管费用和长途污水泵站输送、运行费用都非常高，单位污水处理成本也大大提高，可以因地制宜地选择接管。

污水管网建设是农村生活污水处理中最重要的一环，一些地区只重视污水处理设施主体工程建设，忽视污水管网的建设，导致污水处理设施不能正常发挥作用。主要还存在以下问题：首先，管网规划设计不合理，未因地制宜地设计管网线路，采用合流制模式，极大增加了处理成本和效率；其次，管网入户率低，会造成污水收集量少，后期二次施工等人为增加人工成本；第三，污水收集率不高，农村生活污水包括厨房、洗澡、洗衣和粪水4类，主要接收粪水，对其他污水接收率极低。

4.3.3.2 分散式农村生活污水处理

目前全国农村每年有超过2 500万t的生活污水被直接排放，目前研究较多的技术有：人工湿地（包括地表水、潜流和垂直流）生态处理系统、快速渗滤处理系统、地埋式有/无动力厌氧处理技术等。除此以外，各地还分别在无动力、地埋式厌氧处理系统、稳定塘等技术进行探索，取得了一定的进展。

太湖流域共有4.6万个自然村，人口在800人以上的仅有830个，只占总数的1.8%。除少部分村庄结合城乡基础设施统筹建设纳入污水收集管网以外，绝大多数生活污水呈粗放型排放，不经过任何处理或只经化粪池简单处理后沿道路边沟或路面排放至就近的水体。在江苏省委、省政府对太湖流域水污染防治的总体部署下，通过生化处理和生态净水相结合的处理模式，有计划、有步骤、有重点地加强太湖流域乡村生活污水治理，目前在太湖流域已陆续建设了几千座独立的分散式农村生活污水处理设施，大幅度地减少氮磷等污染物进入水体，极大地改善了农村生态环境和人居环境。在分散式农村生活污水治理技术方面的探索已取得了一定的成果，但目前的农村生活污水治理试点工程未能充分考虑推广的可能性和路径，存在明显的项目导向特点，以及重工程轻管理、重技术轻机制、重建设轻运行等现象。农村污水处理还存在以下问题：

①工艺技术的选择较为盲目,难以做到因地制宜,出水达标还不够稳定;②规模不合理,运行成本较高。不同地区日产生量不均匀,收集处理效率还不高;③一些村庄由于缺乏长期的资金来源、长期疏于维护,污水处理效果已明显下降,甚至对周边环境造成了污染,如一些采用人工湿地的污水处理项目,由于未能及时修剪或更换植物,植物腐烂在水中造成污染;④生活污水治理效果无人监督,出水水质没有专业人员进行定期检测,难以对污水处理效果进行评价。

4.3.4 分散式农村生活污水处理技术

太湖流域对于不具备接管条件的农村生活污水处理工程原则上采取无动力或少动力、无管网或少管网、低运行成本的生化处理和生态净化相结合处理技术。

4.3.4.1 自然处理系统

利用土壤过滤、植物吸收和微生物分解的原理,即生态处理系统,常用的有人工湿地处理系统、稳定塘系统和地下土壤渗滤系统等。人工湿地可分为表流式和潜流式两种,其中潜流式人工湿地建设成本、运行管理费用低廉,目前已在国内外得到广泛运用。人工湿地是一种独特的"土壤—植物—微生物"生态处理系统,不但能够直接处理污水,而且可以对其他工艺处理后的污水进行再处理或深度处理,通过沉淀、排除、吸收和降解有机物质,使潜在的污染物转化为资源。与传统污水处理工艺相比,人工湿地作为一种自然生态处理系统,具有基建投资少、运行费用低、去除有机污染物能力强、管理维护简单方便和有效改善居住环境的优点。

4.3.4.2 生物处理系统

生物处理系统又分为好氧生物处理和厌氧生物处理。好氧生物处理是通过动力给污水充氧,培养微生物菌种,利用微生物分解、消耗吸收污水中的有机物、氮和磷,常用的有:普通活性污泥法、A/O法、生物转盘和SBR法等。厌氧生物处理是利用厌氧微生物的代谢过程,在无须提供氧气的情况下把有机污染物转化为无机物和少量的细胞物质,常用的有:厌氧接触法、厌氧滤池、UASB升流式厌氧污泥床等。目前,根据对太湖流域内农村生活污水处理技术的多次实地调查和取样分析,主要有以下几种处理工艺:

(1)脱氮池—脉冲多层复合滤料生物滤池—潜流人工湿地处理系统

生活污水→脱氮池→脉冲多层复合滤料生物滤池→人工湿地→达标排放

污水经三格式化粪池预处理后,由管网收集进入脱氮池,然后由自吸泵提升到高位水箱,经自动虹吸布水装置喷洒进入脉冲多层复合滤料生物滤池,经反应后,出水由下部沟道排放到生态净化系统进行深度处理。脉冲多层复合滤料生物滤池采用虹吸脉冲布水的方式，可维持滤池低平均负荷运行，保证滤池中硝化反应顺利完成，又保证在布水时瞬间冲刷掉部分老化的生物膜，从而维持较薄的、活性更好的生物膜，同时解决了传统的生物滤池易于堵塞和生长池蝇、产生臭味的问题。污水流经滤料，生物滤料附着生物膜完成有机物吸附降解及硝化过程，填料层中设置"废石膏充填区"可有效去除磷，滤池底部设有沉淀区，污水靠重力作用汇集至沉淀区。在沉淀区中污水中的悬浮物沉淀下来，上清液由集水装置收集后排出，部分回流至脱氮池，利用进水中碳源完成生物脱氮，部分进入潜流人工湿地，进一步去除 N、P 等营养物。该工艺实用性强，对氮、磷的去除效果很好。

（2）厌氧发酵—好氧曝气过滤—潜流人工湿地

生活污水→隔油调节池→厌氧沉淀池→厌氧生物组合填料池→接触氧化沟→人工湿地→达标排放

污水经管网收集后进入调节池，调节池兼有油水分离作用，后通过合理的配水系统进入填料层，滤料表面生长有大量的厌氧生物膜，和厌氧活性污泥组成的厌氧微生物对通过污水中的有机物进行吸附和分解，从而使有机物得到降解。

通过厌氧处理的污水进入接触氧化池进行好氧处理，使有机物获得进一步降解。排水直接进入人工湿地，在湿地中进行氧化—还原、分解—化合、沉淀—溶解、吸附—解吸、胶溶—凝聚等作用过程，提高湿地的自净化能力，使流入人工湿地的污水能达标排放。该工艺不但能有效去除有机物，还能有效地控制氮、磷等污染物含量。

（3）纳污河塘原位生态处理系统

生活污水→纳污河塘→阿科蔓原位强化处理→生态湿地→达标排放

在纳污河道内安装阿科蔓生态基、种植水生植物。阿科蔓生态基是一种用于生态性水处理的高科技材料，通过发展生态基上的本土微生物群落，使微生物种类和生物量达到最大化，利用其代谢作用去除水中的污染物。阿科蔓生态基是治理系统的核心，通过其上面附着的大量微生物的代谢作用降解水中污染物，并以微生物为基础发展水生生态系统，强化水体的自净能力。该系统设计灵活，出水效果好，维护成本低，具有很强的实用性。

（4）无动力土壤处理—稳定塘处理系统

生活污水→集水井→沉淀池→土壤处理系统→稳定塘→中水回用水池→灌溉

生活污水收集后经提升进入厌氧沉淀池，经过沉淀的污水自流进入土壤处理系统，由土壤中集聚的大量微生物将污水中的有机物分解，有机氮分解转化为氨氮和硝态氮，大部分磷被吸附截留。土壤中大量的原生动物和后生动物以微生物为食，减少了剩余污泥量。净化后的污水进入稳定塘，进一步降低水中的氮、磷等营养物质，最终用于排放或中水回用。该工艺简单实用，占地面积小，建设及处理成本较低，适于经济条件相对落后、人口分布较为分散的农村地区。

4.3.5 典型区域技术应用

（1）区域农村生活污水现状与处理情况

对竺山湾上游地区（主要包括常州市区、无锡市区及宜兴市）农村生活污水处理现状展开实地调研，通过现场勘察、资料搜集和实验分析等手段，计算出该区域产生农村生活污水量0.85亿t，产生化学需氧量1.64万t，氨氮、总氮和总磷产生量分别为0.33万t、0.42万t和0.033万t。区内共建成农村生活污水处理工程233处，主要有7种处理工艺，处理总水量544万t，处理率为6.42%，削减化学需氧量736.62t，氨氮、总氮与总磷的削减量分别为142.22t、167.58t和16.05t。图4-11为分区污染物产生量与处理量。

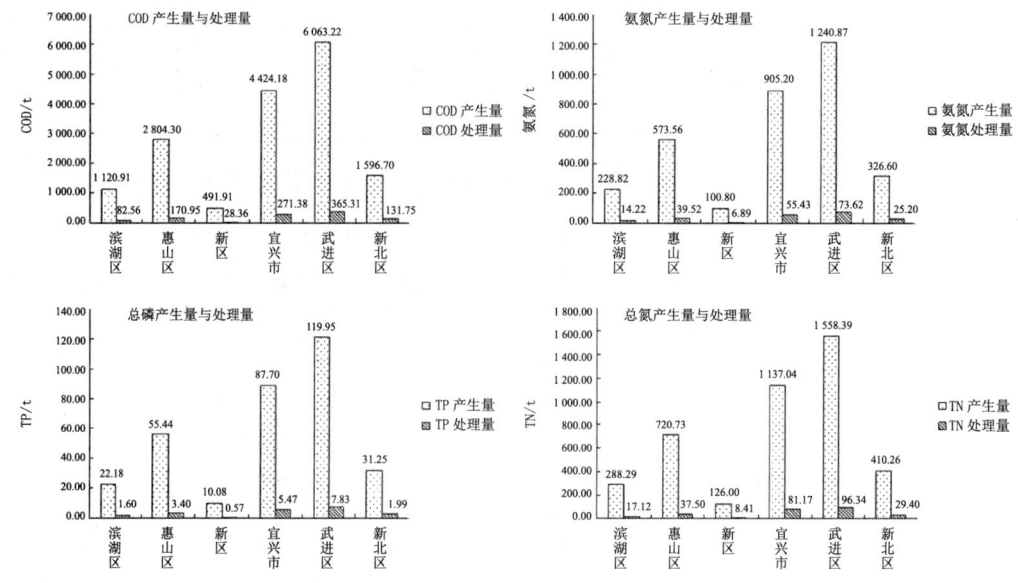

图4-11 农村生活污水污染物产生量与处理量

由图4-11可以看出，武进区与宜兴市农村生活污水各类污染物产生量均占较大比例，众多的农村人口是主要因素。另外，图中各区处理量相对产生量非常有限，从而说明研究区内农村生活污水处理力度还明显不够，建设的农村生活污水处理点还不能满足农村生活污水的排放需求。

经调查区域内分散式处理技术主要采用以下工艺：无动力（微动力）土壤处理系统、A/O法生化—人工湿地系统、生物滤池—表面流人工湿地系统、塔式蚯蚓生态滤池—生态沟渠系统、阿科蔓生态基纳污河道原位处理系统、厌氧池—跌水充氧接触氧化池—人工湿地系统、脱氮池—脉冲多层复合滤料生物滤池—人工湿地系统及其他工艺，不同工艺处理水量如图 4-12 所示。

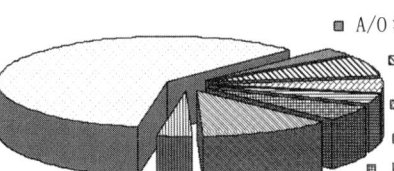

图 4-12 不同农村生活污水处理工艺比例与处理量

区内超过 50% 的处理工程采用无动力或微动力土壤处理系统，处理总水量达 231 万 t；其次为"脱氮池—脉冲多层复合滤料生物滤池—人工湿地"系统和"厌氧池—跌水充氧接触氧化池—人工湿地"系统，二者处理水量分别为 82 万 t 和 56 万 t。

（2）典型处理工艺效果

进一步分析对比各种分散式生活污水处理工艺的适用性与处理效果，对太湖污染较重的西北部、竺山湾附近区域农村生活污水处理设施进行取样调研，并采用国标方法对处理前后水样进行实验分析，结果见表 4-13，不同处理技术因为污水特征及现场条件的差异，处理效果有些差别。单纯的有动力污水处理技术运行成本较高，单纯的无动力生活污水处理技术效果较差，为了以较少的投入达到较好的污水处理效果，根据苏南生活污水治理工作中的经验，优先推荐有动力生化＋人工湿地组合技术，结合其他几种农村分散式生活污水处理技术，形成苏南农村分散式生活污水处理推荐技术方案，见表 4-14，通过应用表明方案中几种处理技术污染物削减范围大致为：COD 去除率 79% ～ 88%，氨氮去除率 61% ～ 83%，总氮去除率 43% ～ 85%，总磷去除率 55% ～ 90%，对处理规模不超过 500t/d 的农村生活污水处理工程出水 COD、氨氮、总氮和总磷 4 项指标执行《城镇污水处理厂污染物排放标准》一级 B 标准。

表 4-13 分散式农村生活污水处理效果

地点及工艺	类别	COD	pH	SS	NH_4^+-N	TN	TP
雪堰镇雅浦村（无动力法）	进水	187.0	6.10	112	15.22	25.27	2.56
	出水	64.3	6.47	9	3.46	13.12	0.44
	处理率	65.6%	—	92%	77.3%	48.1%	82.8%
丁蜀镇定溪村（厌氧发酵 - 好氧曝气法）	进水	103.0	7.42	50	18.06	30.31	2.67
	出水	54.2	7.62	32	2.85	10.77	0.32
	处理率	47.4%	—	36%	84.2%	64.5%	88.0%

地点及工艺	类别	COD	pH	SS	NH$_4^+$-N	TN	TP
雪堰镇仁庄村 （生物滤池法）	进水	84.9	7.59	14	4.66	5.74	0.45
	出水	27.0	7.60	7	1.30	2.34	0.12
	处理率	68.2%	—	50%	72.1%	59.2%	73.3%
雪堰镇凤沟村 （阿科蔓生态基 法）	进水	175.0	7.40	15	7.85	9.36	1.19
	出水	29.0	7.23	9	1.73	4.32	0.15
	处理率	83.4%	—	40%	78.0%	53.8%	87.4%
周铁镇分水村 （脉冲多层复合滤 池法）	进水	69.0	7.65	62	14.57	24.28	3.71
	出水	20.1	7.76	11	2.60	7.37	0.22
	处理率	70.9%	—	82.3%	82.2%	69.6%	94.1%

表 4-14 苏南农村分散式生活污水处理推荐技术方案

推荐技术	处理水量 / （t/d）	适用条件	主体工程造价 / （万元 /t）	运行费用 / （元 /t）
SBR—人工湿地组合工艺	1～200	用地紧张， 排放要求高	0.5～1	0.4～0.6
脉冲多层复合滤池—人工湿地组合工艺	1～200	有可利用的 空闲地	0.5 左右	0.2～0.5
微动力 A/O 池—人工湿地组合工艺	1～200	有可利用的 空闲地	0.45～0.6	0.25～0.4
接触氧化—人工湿地组合工艺	50～200	有可利用的 空闲地	0.5 左右	0.25～0.35

4.3.6 农村生活污水实用技术推荐

（1）治理对策

太湖流域农村生活污水治理形势依然严峻，污水处理量相对较小，这是一项长期的系统工程。对具备接管条件的农村地区，应尽量纳入城镇污水处理管网集中处理；而不具备接管条件的村庄，应加紧建设分散式农村生活污水处理工程，扩大生活污水处理的覆盖范围。

太湖流域目前所采用的农村生活污水处理工艺均能达到城镇污水处理厂二级排放标准。对于经济条件较为落后、居住较为分散的村落宜广泛采用无动力或微动力土壤处理系统，该技术就近利用园地处理生活污水，造价低廉，维护简单方便；对于经济条件较好、污水排放量较大的村庄，宜采用脱氮池—脉冲多层复合滤料生物滤池—潜流人工湿地处理系统，虽然该工艺建造成本略高，但其处理效果较好。

（2）建议

①制定分散式农村生活污水处理设施设计、建设和运行管理指导意见。目前农村生活污水处理现状仍是空白，应尽快合理确定农村人均排污系数、进水污染浓度、出

水执行标准、推荐工艺参数、污泥处置要求等，明确处理设施建成后运行管护经费来源、管理模式和管理要求，确保设施的正常运行、发挥其应有的效应。

②制定分散式农村生活污水处理设施建设标准。据统计，太湖苏南地区已陆续建成3 000余套分散式污水处理设施，但这些设施的处理工艺、外观造型、施工方式等缺乏统一建设标准，因此在运行、维修等维护方面难以兼容。

③加大对分散式农村生活污水处理工作的扶持力度。农村生活污水处理设施是公益项目，是民生工程和惠民工程，目前受到多方制约，用地难批、审批手续难办、设施建设运行方因工程规模小而不愿承接此类项目等。应尽快研究制定农村生活污水处理的扶持政策，激发地方政府、企业和农民的积极性与主动性。

④加强对分散式农村生活污水处理设施的监督管理。农村生活污水处理设施面广量大，难以实现集中管理。为提高管理效率，可在设施上采用在线管理系统，实现对分散式污水设施的实时远程监控。

4.4　城镇不透水地表径流污染

随着中国城镇人口的急剧增长和工业生产的快速发展，城镇水体污染日益严重，从而对城镇水环境构成了严重的威胁。因此，必须对城镇水体污染进行有效的控制。在点源污染逐渐得到有效控制的同时，面源污染已经逐渐成为城镇水体污染的主要来源之一，而对于面源污染的控制，则由于其发生时的随机性和污染源的不易确定性，控制起来较为复杂。城镇面源污染主要来自于降雨冲刷城镇地表沉积物，沉积物中污染物决定着面源污染的程度，因此，若要控制城镇水体污染，就需探明沉积物中污染物随降雨径流迁移、转化过程中污染物的量和形态的变化，明确降雨特征及城镇功能区对于径流中污染物的量和形态的影响规律，旨在为城镇面源污染控制和管理提供依据。

4.4.1　城镇地表径流中颗粒物粒径分布

城镇地表径流颗粒物是影响污染物迁移转化的重要因素，地表径流中的固体物质是由汽车交通污染（汽车尾气排放、汽车橡胶轮胎老化磨损、车体自身的磨损、路面材料的老化磨损），空气的干、湿沉降（工业粉尘、建筑扬尘等）和水对地表土壤的侵蚀等因素造成的，径流中固体悬浮物的浓度和粒径分布取决于城镇土地的不同使用功能。因此，对采集到的地表径流样品进行粒径分析，得到粒径分布散点图，如图4-13所示。由图4-13可知，交通区径流样品中细颗粒（< 5μm）体积百分数在各功能区中最大，最大值达到32.7%，而每一功能区中5 ~ 40μm粒径段的颗粒的体积分数均最大，大于150μm粒径的颗粒体积分数均最小，仅仅为10%左右。道路沉积物的去

除技术，例如有效的街道清扫可以去除地表上粒径大于 250μm 的颗粒物。因此，进入城镇地表径流中的颗粒物粒径绝大部分小于 250μm。径流中的固体悬浮物粒径分布表明，城镇地表径流中固体悬浮物的粒径主要是小于 150μm 的颗粒，特别是 5～40μm 粒径范围的固体悬浮物在城镇地表径流中要特别地予以关注。

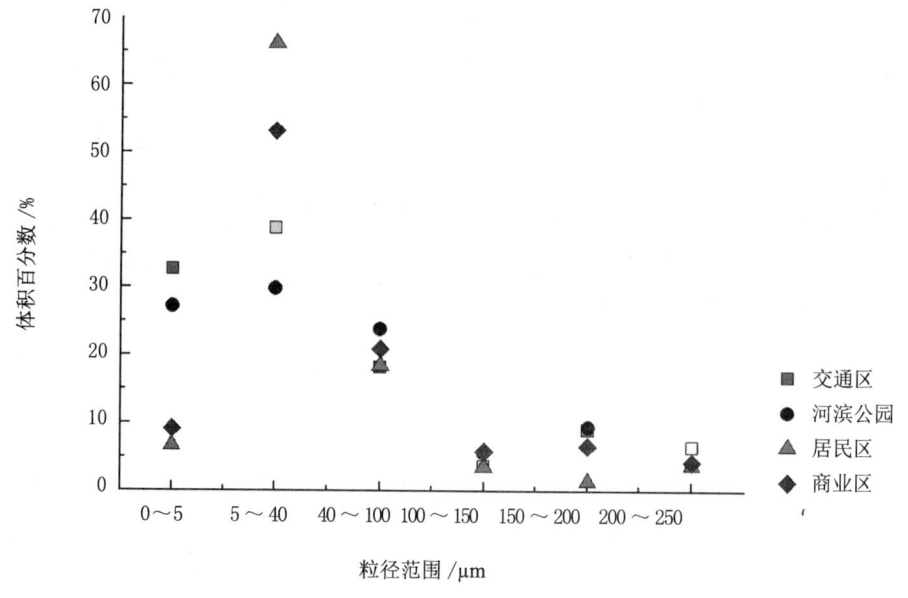

图 4-13　城镇功能区地表径流中固体悬浮物的粒径分布

图 4-14 为不同降雨时段径流中颗粒粒径的平均体积分数，由图 4-14 可知，径流产生后 1～5min 内，颗粒平均粒径由 43.1μm 降低为 32.5μm，到 10min 时平均粒径变为 51.1μm，之后随降雨历时的延续平均粒径变化较小。由此可见，降雨前 5min 小颗粒首先随径流迁移，5～10min 时较大颗粒开始随径流迁移，10min 后平均粒径变化较小，表明降雨前 10min 内地表颗粒物受降雨冲刷强烈。1min 和 5min 时粒径小于 5μm 颗粒的体积分数平均值由 38.5% 变为 22.8%，5～40μm 粒径的体积分数由 32% 变为 43%；可见 1～5min 时间段主要为小于 40μm 的颗粒物随地表径流迁移而汇入水体，同时也有较少量 40～100μm 粒径颗粒物随径流而迁移至集水井取样点处。10min 以后，100～150μm 粒径颗粒物的体积分数有所增加，可见 10min 后较大颗粒随径流迁移的量开始增加。各时间段内，地表径流中小于 40μm 的颗粒物均占绝大部分，可见城镇面源污染中在地表径流中迁移的主要是小于 40μm 的颗粒，并对水体产生影响。150～250μm 粒径颗粒物体积分数均较小（6.2%～7.9%），而 RDS 样品中 150～250μm 粒径段颗粒物的体积分数为 16%～25%，这表明该粒径范围颗粒物不易随径流迁移，较多地会存留于道路表面，下次降雨再次受到冲刷部分可能会受径流的携带进入水体。

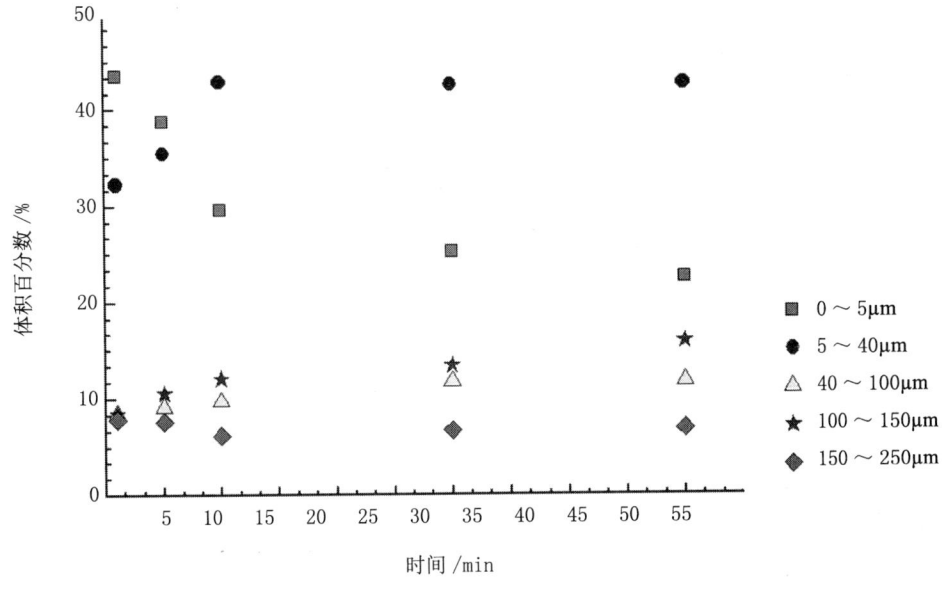

图 4-14 不同历时径流中颗粒粒径的平均体积分数和悬浮物的浓度

地表径流中颗粒物的粒径分布特征是影响地表径流污染物含量的重要因素，前期晴天时间是影响径流中污染特征的重要水文变量，因此，前期晴天时间对于径流中颗粒粒径分布的影响是研究城镇面源污染的重要方面。图 4-15 为不同前期晴天时间与径流中颗粒物不同的粒径的变化图。由图可知，径流中的主要粒径范围小于 40μm 的颗粒物粒径随着前期晴天时间增加，该粒径范围的体积百分数逐渐增加，其中小于 5μm 的粒径段在前期晴天 10d 后体积百分数增加平缓。大于 40μm 的颗粒物随着前期晴天时间的增加，体积百分数减少，这种差别主要因为刚降雨径流过程中小于 40μm 的颗粒物随径流迁移，降雨后该粒径段颗粒物残留于地表的量最少，随着晴天数的增加，该部分粒径颗粒物在地表沉积过程中重新得到补充，晴天数增加，该部分粒径补充越充分。同时，地表沉积过程也是小于 40μm 细颗粒随着晴天天数的累积，受交通行为和风力扰动影响较大，通过再悬浮方式进入大气，二次降雨的发生，该部分粒径随降雨的淋洗重新进入径流，从而使得径流中小于 40μm 颗粒物体积百分数逐步增加，大于 40μm 的颗粒物在径流中随前期晴天时间的变化规律与上述情况相反。

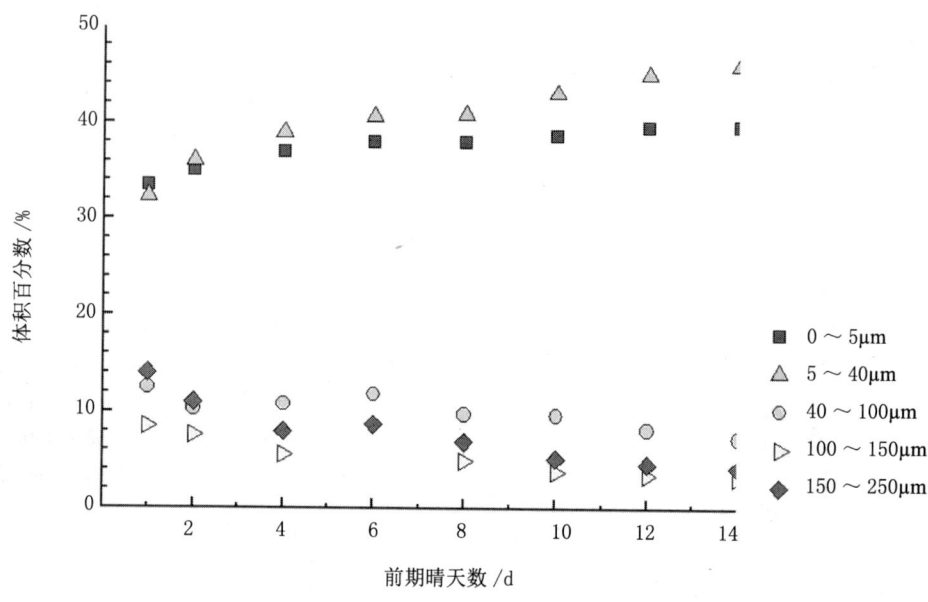

图 4-15　前期晴天时间对径流中颗粒物粒径分布影响变化图

4.4.2　城镇地表径流中污染物浓度变化及其影响因素分析

4.4.2.1　不同功能区径流水质特征

　　功能区是影响径流污染的重要因素，功能区决定着城镇地表径流水文特征，水文特征是城镇面源污染的驱动力。因此，城镇土地使用类型对面源水质存在重要的影响，不仅体现在污染物的量上且对污染的形态也有影响。pH 是反映地表径流水质特征的基本指标之一，pH 值的大小影响径流中污染物的吸附作用以及赋存形态的变化。由表 4-15 可知，地表径流 pH 范围在 6.22 ～ 8.53 变化，平均值大小顺序为交通区＞居民区＞河滨公园＞商业区。其中在交通区道路的两边还有一些污染比较严重的企业，例如蓄电池厂、钛白粉厂、印染厂等，它们所产生的工业灰尘，带有的碱性物质以及路面磨损后所产生的细小颗粒沉积于道路表面，从而交通区地表径流的 pH 值明显高于其他功能区。

　　城镇地表径流中携有大量的固体悬浮物，固体悬浮物是地表径流中污染物迁移的指示。粒径小于 100μm 地表颗粒易在一定的外动力条件下（如风、车辆行驶）以悬浮方式进入大气并长期滞留，粒径小于 66μm 的街道灰尘在微风的作用下很容易扬起，因此在人流量和车流量比较大的商业区，一方面是由于较大人流量产生的废弃物，另一方面是该区易悬浮于空中的小颗粒物，使得商业区径流中的 TSS 浓度高于其他功能区。

　　表 4-15 中营养盐浓度变化为商业区＞河滨公园＞居住区＞交通区，如此差异是受

车流量、下垫面及污染物排放状况等影响。径流中磷较多地吸附于颗粒物上，当TSS的负荷增大时，磷的负荷也随之增大。商业区地表径流中TSS含量大，附近有建筑施工（建筑工地是磷的一个重要来源地）以及生活产生的污染源，因此该区中磷的含量最高；河滨公园肥料的使用、树叶的腐烂产生的磷，使该区径流中磷含量较大；居民区使用含磷物质以及对花草的施肥会进入径流；机动车辆的排放物、大气干湿沉降和路面植被的施肥是交通区径流中磷的主要来源。

径流中氮主要源于大气的干湿沉降、化肥的施用、物质的腐烂、机动车的排放、宠物的粪便。商业区店铺较多，食物的残渣以及洗涮用水倒于路面，该区径流中氮主要源于生活污染；河滨公园径流中氮与绿化施肥以及大气干湿沉降有关；车辆的排放物和过渡带植物的施肥是交通区径流中氮的主要来源。商业区径流污染物浓度均很高，TSS浓度最高为978mg/L，高浓度的TSS成为径流中有机物和营养盐吸附的载体，氮和磷的浓度高于V类水标准。

重金属是城镇地表径流水质的重要指标，径流中重金属的来源广泛复杂，除了大气的干湿沉降，机动车辆的活动是地表重金属的一个非常重要的来源。表4-15列出了不同功能区径流中重金属Cu、Pb、Zn的总量和溶解态的量。可以看出，该3种重金属的平均值在不同功能区的变化为：交通区>商业区>居民区>河滨公园。因此，这是由于交通区污染源的特别性所决定的。其污染物在径流中的排放规律比其他功能区要复杂，其规律也有着更大的不确定性。商业区由于地处市中心，周围车辆较多，人为活动频繁，径流中重金属的浓度比较高，居民区和河滨公园相对比较封闭，人员流动较少，重金属的浓度较低。

表 4-15 苏南某城镇降雨地表径流的水质特征

水质指标	交通区	居民区	河滨公园	商业区
pH 值	8.1±0.30	6.94±0.21	6.89±0.32	6.38±0.44
TSS/（mg/L）	202.5±101.31	332.1±50.52	353±103.14	455.6±204.51
浊度 /NTU	290±182.02	305±193.14	365±201.21	493±258.24
EC/（μS/cm）	90.0±50.21	201.8±34.23	368±32.14	393.8±103.41
TDS/（mg/L）	60.4±20.43	101.0±30.11	184±30.54	192.0±80.92
TS/（mg/L）	162.9±78.40	233.1±81.52	337±143.64	537.56±302.62
TN/（mg/L）	2.12±1.22	3.73±1.86	10.88±3.45	17.52±3.12
TDN/（mg/L）	1.86±0.43	3.17±1.21	10.18±1.08	16.59±3.10
NH_4^+-N/（mg/L）	0.49±0.31	0.92±0.43	7.57±2.31	15.20±3.12
TP/（mg/L）	0.86±0.68	1.04±0.93	1.89±1.68	2.35±1.87
TDP/（mg/L）	0.12±0.09	0.23±0.13	0.35±0.21	0.68±0.32
COD/（mg/L）	264.7±15.62	363.4±50.23	384±30.51	445.8±186.13

4.4.2.2 不同功能区对径流水质影响分析

功能区决定着污染物浓度的性质及径流中污染物的排放特征，不同功能区径流中污染物浓度的特点，反映了功能区对于径流污染过程的影响，这种差异的影响引用污染物变异指数表达，即通过污染物最大浓度与平均浓度的比值来表征。由图4-16可知，污染物变异指数COD、TSS、TN、TP依次减少，反映了功能区的特征对于污染物排污过程的影响差异，这种差异和功能区的下垫面特征有关。

商业区、居民区、河滨公园和交通区污染物变异指数依次减小，主要反映了城镇地表可被径流冲刷、溶解和携带的污染物多少，即城镇地表的污染状况以及污染物的释放特征状况。商业区的地表沉积物中氮、磷的含量最高，主要源于生活污染，路面环境较差，为面源污染提供了相对充分的污染物。由于生活污染源的随机性很强，因此，商业区水质变化波动强烈，径流污染的过程加强，该区营养盐浓度变异指数明显高于其他功能区，而居民区其周围环境特征相对商业区好点，河滨公园和交通区的地表特征相对比较简单，它们营养盐浓度变异指数相对较小。

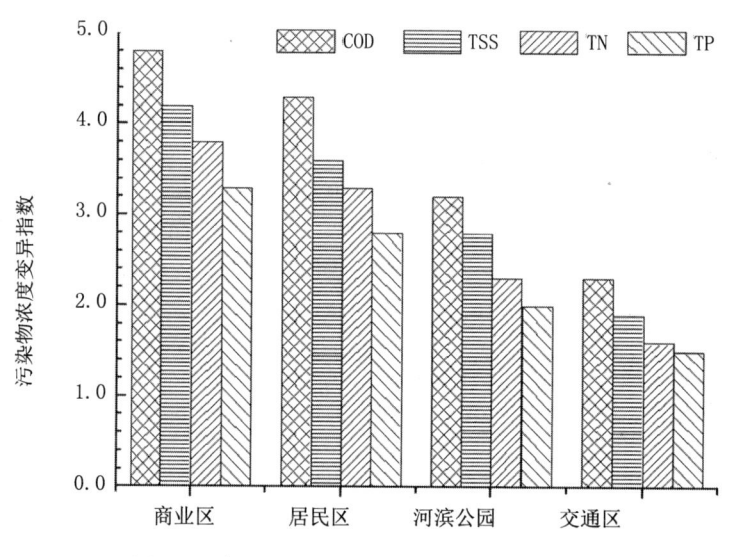

图4-16 城镇不同功能区径流中污染物浓度变异指数比较

4.4.3 降雨特征对于径流污染物的浓度影响

4.4.3.1 径流中污染物浓度随降雨历时变化规律

径流中污染物在来源、物质组成等方面存在较大的差别，选取4次典型降雨分析污染物随降雨历时的变化，图4-17中交通区，径流初期TN、DN、NH$_4^+$-N浓度随降雨历时降低，10min时达到峰值，后随降雨历时呈整体下降趋势。TP浓度变化曲线具有起伏性的特点，随时间呈递减趋势，可能受降雨强度的影响较大。DP变化幅度很小，受降雨强度影响较小。浊度、COD、TS、TDS 随降雨历时变化曲线相似，随历时呈逐渐降低趋势。图 4-17 中居民区径流初期 TN 浓度 20min 时达到峰值后剧烈下降，DN、NH_4^+-N 和 TP 浓度均随降雨历时平缓地降低，120min 时浓度均反常地回升，可能源于外界污染源的瞬时排放，DP 变化幅度依然较小。浊度、COD、TS 浓度初期随降雨历时剧烈地下降至 15min 时的最低值，随后 20min 时达峰值，但并未超过径流初始的污染物浓度。

图 4-18 中商业区 TN、DN、NH_4^+-N、TP 变化相似，前 20min 浓度均很高，浓度变化较为平缓，20min 后浓度急剧下降，源于该时刻降雨强度突然变大。浊度、COD、TS 浓度在 0～5min 内变化剧烈，随后趋于平缓，可能与商业区人流量、车流量较大，餐饮业的影响以及与沥青路面地表比较粗糙，易于积累沉积物有关。因此，商业区在降雨初期污染负荷较大，特别是 TS 的负荷很高。图 4-18 中河滨公园 TN、DN、NH_4^+-N、TP 浓度降雨初期到 30min 之前，变化较平缓，30min 时径流中氮浓度达到峰值而后急剧下降，浊度也具有这样的变化特征，COD、TS 浓度前 5min 变化剧烈，5min 后变化较为平缓，变化趋势基本类似。DP、TDS 随降雨历时浓度变化很小，说明降雨特征的变化对它们的影响较小。重金属随降雨历时变化幅度较小，在降雨历时前 25min 变化比较剧烈，25min 后变化比较平缓，到 50min 时基本达到稳定值。径流前期过程中受降雨冲刷沉积物中重金属释放较快，溶解态重金属在径流前 20min 明显地下降，由于径流中重金属溶解态的含量较小，后期变化趋势比较平缓，受降雨特征影响较小。

初始剧烈衰减期：随着地表径流量增加，污染物浓度在径流前 30min 内，急剧下降。径流前 30min 内是地表沉积物中污染物受降雨特征以及地表特征显著影响的时间段，污染物在该时段受到强烈冲刷，沉积物中可释放污染物，基本释放完全。中间小幅波动期：径流 30～80min 时间段，浓度瞬时有上升趋势，为瞬间新入污染源的释放，浓度瞬时下降，主要为降强突变的影响。后期稳定期：径流历时 80min 以后污染物浓度基本上保持稳定，主要为地表沉积物中可释放污染物释放完全，残留于地表的沉积物主要为较大颗粒的沙砾，其富集污染物的量很小，且不易随径流迁移、转化，累积地表成为下次降雨污染物蓄积的载体。

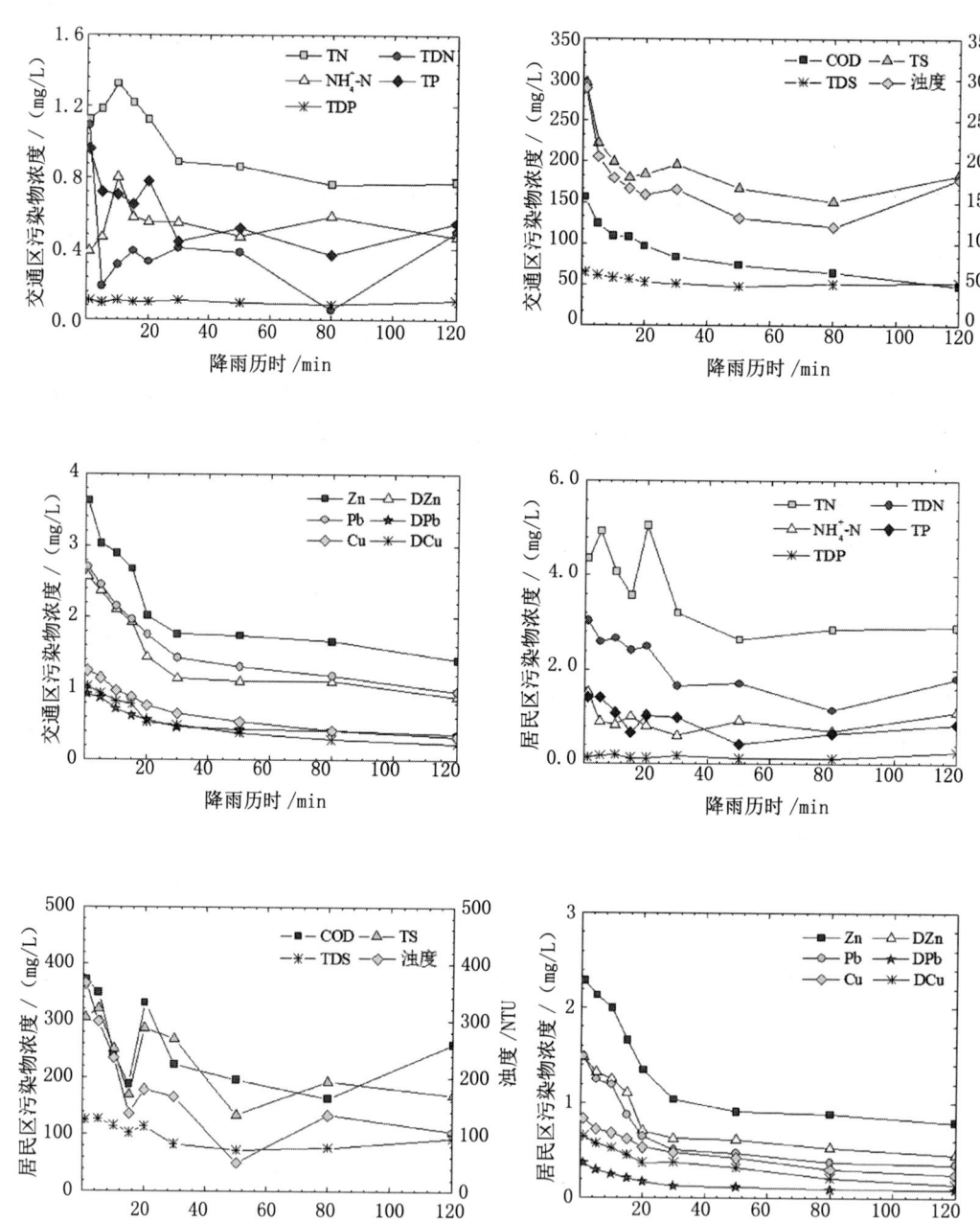

图 4-17 交通区和居民区污染物浓度随降雨历时变化

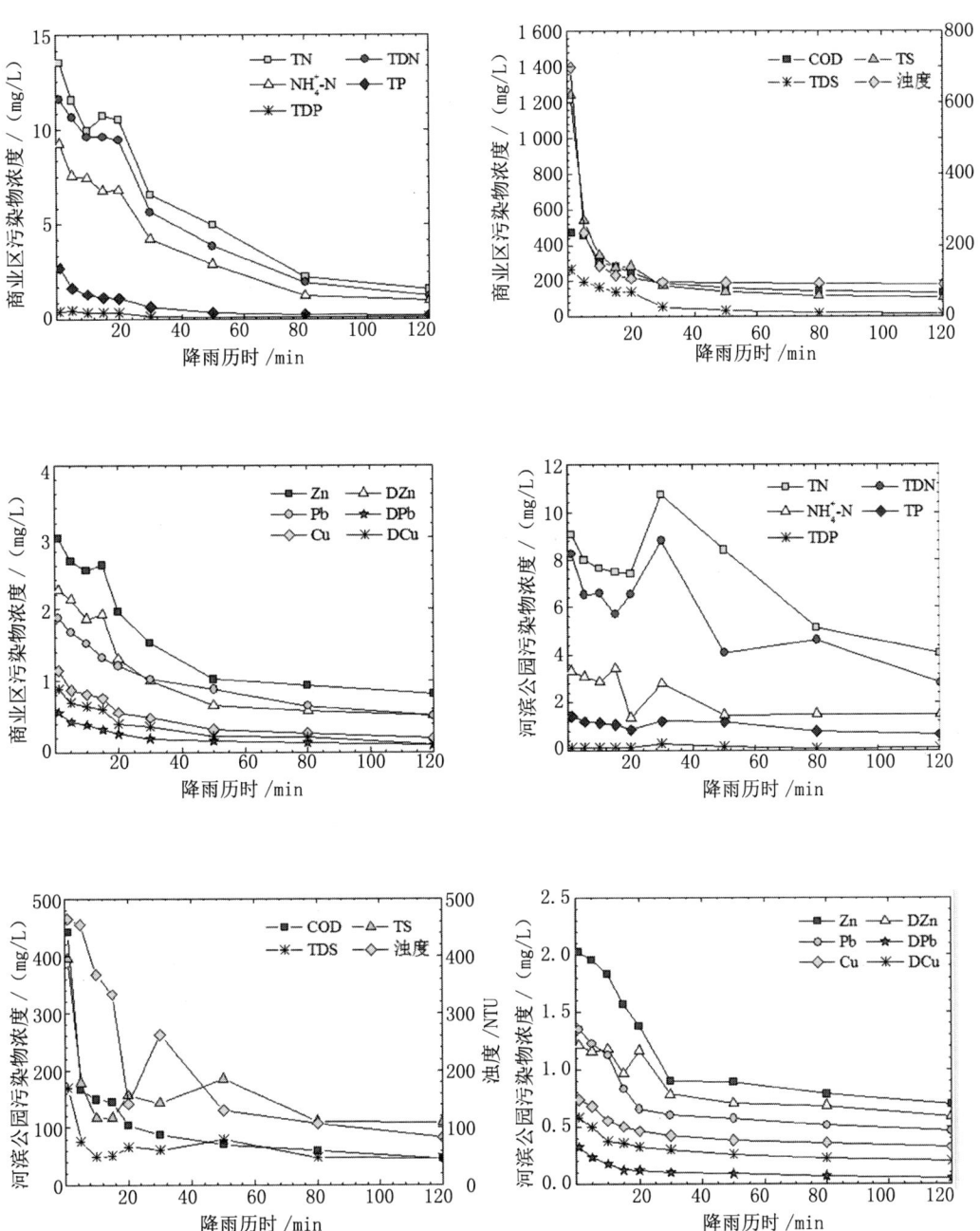

图 4-18　商业区和河滨公园污染物浓度随降雨历时变化

4.4.3.2 最大降雨强度对于污染物浓度的影响

图4-19到图4-21反映了最大降雨强度对于径流中污染物浓度的影响。降雨期间，降雨强度随机变化，因此用降雨期间出现的最大雨强来分析对于污染物浓度的影响。由图可知，随着降雨强度的增加，污染物浓度呈线性增长趋势。由于降雨的雨滴大小和降雨动能决定着分解、搬运和冲刷颗粒物，使得颗粒中污染物进入地表径流，特别是在降雨强度较大的情况下，当地表的径流流速升高到一定值时，即达到沉积物的临界剪切力时，沉积物开始被径流侵蚀搬运也是造成径流中污染物升高的主要原因。虽然雨滴大小和降雨动能影响着颗粒物的分解，但是这种影响程度会随着降雨历时而逐渐降低。也有研究表明，径流中营养盐和重金属与最大降雨强度存在显著关系。

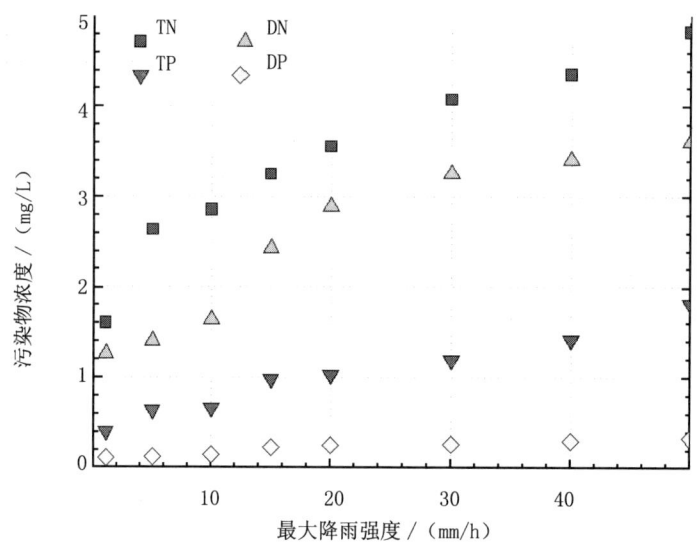

图 4-19 地表径流中营养盐浓度与最大降雨强度的关系

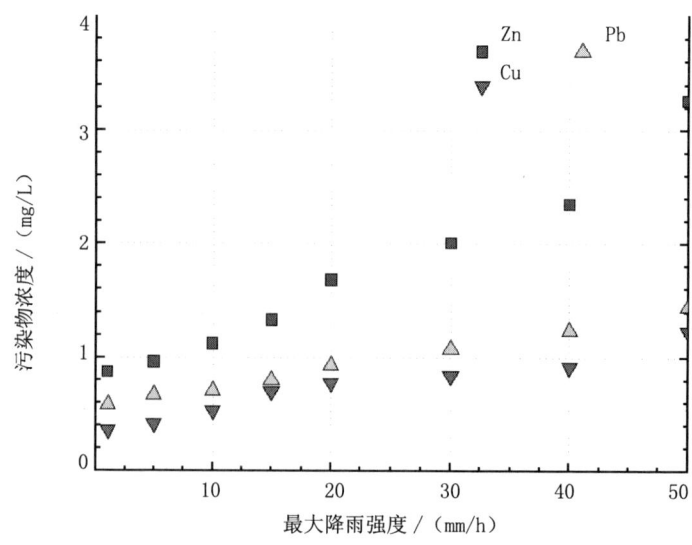

图 4-20 地表径流中重金属浓度与最大降雨强度的关系

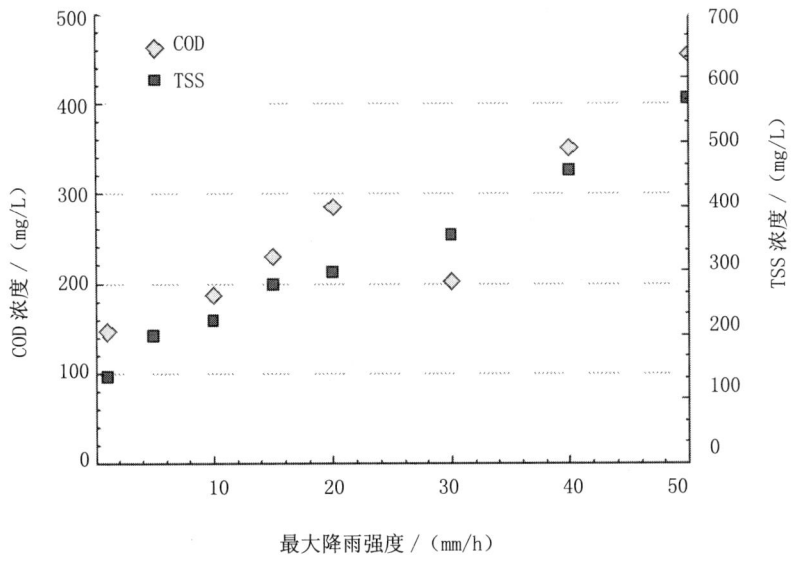

图 4-21　地表径流中 COD 和 TSS 浓度与最大降雨强度的关系

4.4.3.3　前期晴天时间对于污染物浓度的影响

　　图 4-22 到图 4-24 反映了前期晴天时间与初期径流中污染物浓度的变化，由图可知，初期径流污染物浓度与前期晴天时间呈显著相关。因为前期晴天时间是影响晴天污染物累积的重要参数，不透水性区域的污染负荷主要取决于晴天垃圾的累积，大气的干、湿降尘以及交通车辆产生的污染，由于地表沉积物的截留、吸附作用，充当了污染物的存储器，经过一个较长时间的污染物累积过程，最后受降雨的冲刷，地表储存的污染物释放进入地表径流。研究表明，前期晴天时间影响着可冲刷地表颗粒物的量并影响着重金属的积累，随着晴天数的增加，下次面源污染物浓度相应增加。低径流降雨事件随着干期天数的增加，污染物浓度也呈上升趋势。因此，面源污染在较长时间尺度表现为晴天累积、雨天排放的特征，径流中携带的污染物随着晴天累积天数的增加而线性增加，说明前期晴天时间可用来指示城镇地表污染物的累积程度，预测初期径流中污染负荷。

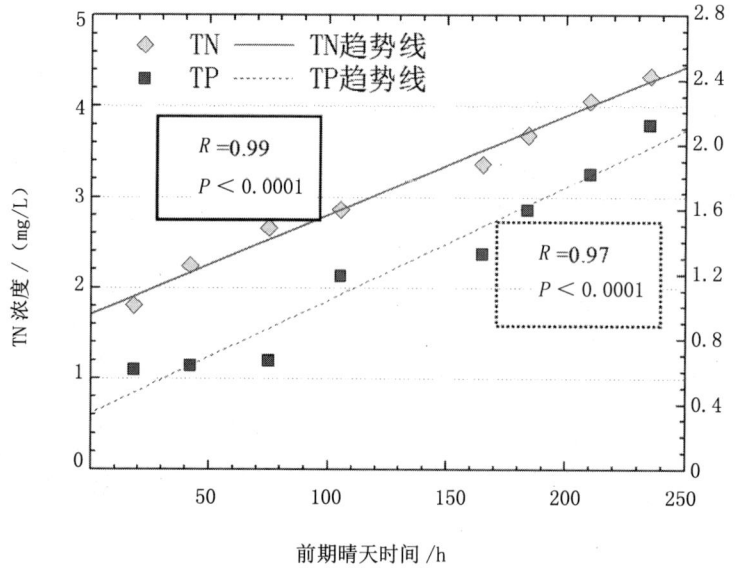

图 4-22 地表径流中营养盐浓度与前期晴天时间的关系

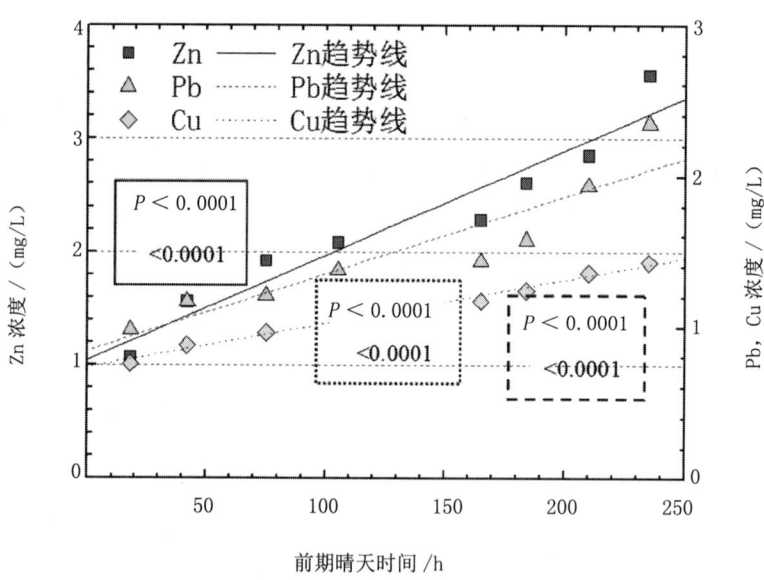

图 4-23 地表径流中重金属浓度与前期晴天时间的关系

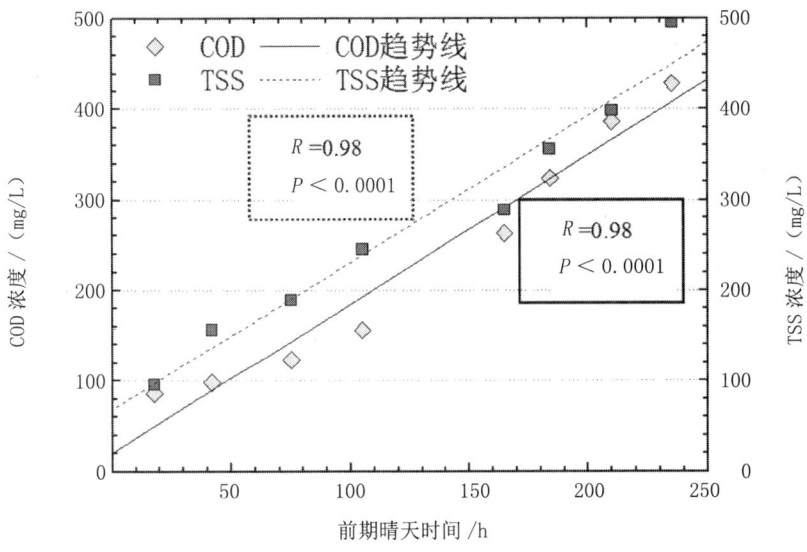

图 4-24 地表径流中 COD 和 TSS 浓度与前期晴天时间的关系

降雨特征、前期晴天时间、土地利用是影响城镇面源水质的主要因素。降雨场次不同，降雨前期天气情况和降雨特征不同。降雨特征的降雨量、降雨强度（最大降雨强度）、降雨历时分别代表了降雨径流对地表污染物的冲刷能量和冲刷时间，是城镇面源污染形成的重要水文条件，前期晴天时间是决定晴天污染物累积的重要参数，SWMM 模型将干期天数作为重要的因素考虑，对于面源污染负荷具有重要的影响[6]。对城镇面源水质与降雨量、最大降雨强度、降雨历时以及前期晴天时间进行相关分析见表 4-16，城镇面源水质参数与前期晴天时间和最大降雨强度均呈显著正相关，说明降雨量、降雨强度和最大降雨强度是影响城镇径流污染浓度的重要水文参数。降雨量和降雨历时与水质参数具有负相关系数，说明降雨量和降雨历时对污染物产生稀释的作用，降雨量越大，径流的稀释作用越强，径流中污染物浓度越低。

表 4-16 苏南某城镇地表径流水质与降雨参数之间的相关系数

水质参数 /（mg/L）	降雨历时 /min	降雨量 /mm	最大降雨强度/（mm/h）	前期晴天时间 /h
TSS	−0.392	−0.213	0.992**	0.983**
COD	−0.468	−0.315	0.901*	0.986**
TN	−0.332	−0.265	0.965*	0.991**
TP	−0.325	−0.286	0.982**	0.973**
Zn	−0.522	−0.342	0.982**	0.951**
Cu	−0.462	−0.183	0.985**	0.991**
Pb	−0.396	−0.356	0.986**	0.923*

注：** 相关系数在 0.01 概率水平上显著；* 相关系数在 0.05 概率水平上显著。

4.4.4 影响径流污染物形态的因素分析

    降雨特征、前期晴天时间、土地利用是影响城镇面源水质的主要因素，这些因素是否对污染物的形态分布产生影响，分析径流中污染物溶解态所占比例与降雨历时、最大降雨强度和前期晴天时间的关系。城镇功能区颗粒态污染物所占比例见图 4-25，径流中氮、锌和铜以溶解态为主，磷和铅主要为不溶解态，径流中大量的颗粒态物质是污染物迁移的载体，因此，颗粒物是城镇地表径流污染治理的首要对象，选择治理技术时应考虑颗粒物的去除效率。通过沉积或过滤去除城镇地表径流中悬浮颗粒物，可以有效减少污染物含量，改善城镇水体的水质状况，但经过沉积或过滤的城镇地表径流，仍然不能忽视通过沉积或过滤不能去除的地表径流中含量较高的溶解态物质。

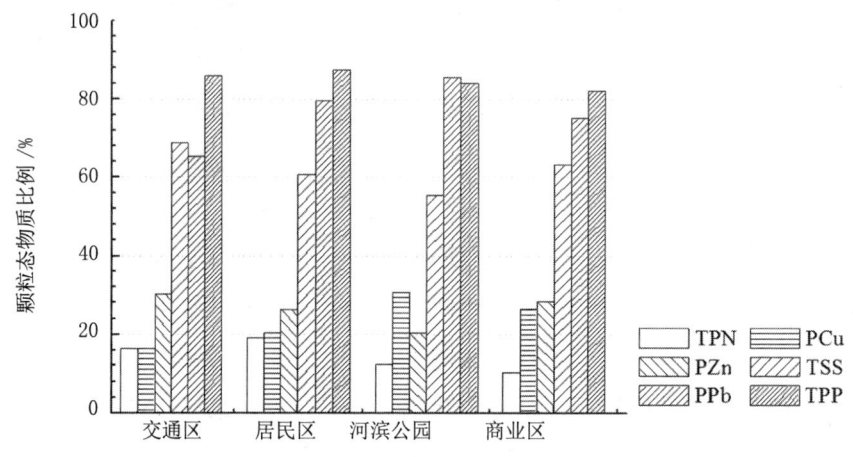

图 4-25　颗粒态物质占径流中总物质的比例

    降雨特征、前期晴天时间既影响城镇面源污染物的量，也影响着污染物的形态。由表 4-17 可知，面源中溶解态所占比例与前期晴天时间呈显著正相关，说明前期晴天时间是决定污染物溶解态含量的重要因素。前期晴天时间决定污染物累积过程，是污染物的存储过程，在固液界面过程变化时，发生的物理化学过程对于污染物存在形态的改变，有利于污染物溶解态的释放。降雨量和最大降雨强度与溶解态污染物所占比例具有负相关系数，说明降雨量和最大降雨强度较小时，有利于污染物释放溶解态物质，较大时，有利于污染物以颗粒态迁移。降雨历时对于污染物形态的影响，反映了降雨前期过程主要为溶解态污染物的迁移，例如总溶解氮（TDN）、溶解锌（DZn）和溶解铜（DCu）的迁移，随着降雨的延续，颗粒态污染物 TPP 和 PPb 迁移量逐渐增加。

表 4-17　溶解态污染物所占比例与降雨参数之间的相关分析

溶解态污染物所占比例 /%	降雨历时 /min	降雨量 /mm	最大降雨强度 /（mm/h）	前期晴天时间 /h
TDN	− 0.765	− 0.325	− 0.531	0.867*
TDP	0.793*	− 0.368	− 0.612*	0.896**
DZn	− 0.803*	− 0.304	− 0.503	0.912**
DCu	− 0.772	− 0.160	− 0.516	0.871*
DPb	0.732	− 0.236	− 0.313	0.902**

注：** 相关系数在 0.01 概率水平上显著；* 相关系数在 0.05 概率水平上显著。

（1）城镇随地表径流迁移的主要为粒径小于 40μm 的颗粒物，1 ～ 5min 主要为粒径小于 5μm 的颗粒随径流迁移，10min 后 100 ～ 150μm 颗粒随径流迁移量增加。前期晴天时间增加，小于 40μm 的颗粒体积百分数增加，大于 40μm 的颗体积百分数减少，颗粒粒径分布特征是颗粒本身的特性、道路表面结构、天气特征等因素共同作用的结果。

（2）功能区影响径流中污染物的浓度及污染物的排放特征，引入浓度变异指数表征不同功能区污染物浓度变化特征，反映功能区对于污染物排放特征影响的差异性。

（3）城镇面源水质参数与前期晴天时间和最大降雨强度均呈显著正相关，说明前期晴天时间和最大降雨强度是影响污染物浓度的重要水文参数，降雨量和降雨历时与水质参数具有负相关关系，说明降雨量和降雨历时对污染物产生稀释作用。

（4）降雨初期径流中污染物浓度较高，随降雨历时延长污染物浓度逐渐下降并趋于稳定，径流中污染物主要为颗粒态磷、颗粒态铅以及溶解态氮、溶解态锌和溶解态铜。污染物与小于 5μm 的颗粒物相关性最强，污染物与颗粒粒径的相关性随粒径的增加而变小，说明污染物主要吸附于细颗粒表面。

4.4.5　城镇不透水地表径流污染物排放源强经验系数

给定的标准城镇年暴雨径流污染物流失量为 COD 50t/a，氨氮 12t/a。所谓标准城镇的定义为：地处平原地带，城镇非农业人口在 100 万～ 200 万，建成区面积在 100km² 左右，年降水量在 400 ～ 800mm，城镇雨水收集管网普及率在 50% ～ 70% 的城镇。

考虑影响城镇径流的几个因素，分别进行系数修正。

（1）地形修正系数

将城镇按地形分为平原城镇、山区城镇、丘陵城镇 3 种情况，分别给出地形修正系数。

平原城镇取地形修正系数为 1；

山区城镇取修正系数为 3.8；

丘陵城镇取修正系数为 2.5。

（2）人口修正系数

将城镇非农业人口分 100 万人以下、100 万～200 万、200 万～500 万，500 万以上 4 种情况，分别给出人口修正系数。

100 万人以下取人口修正系数为 0.3；

100 万～200 万取修正系数为 1；

200 万～500 万取修正系数为 2.3；

500 万以上取修正系数为 3.3。

（3）面积修正系数

将城镇建成区面积分 75km² 以下、75～150km²、150～250km²、250km² 以上 4 种情况，分别给出面积修正系数。

75 km² 以下取面积修正系数为 0.5；

75～150 km² 取修正系数为 1；

150～250km² 取修正系数为 1.6；

250 km² 以上取修正系数为 2.3。

（4）降雨修正系数

将年降雨量分 400mm 以下、400～800mm、800mm 以上 3 种情况，分别给出降雨修正系数。

400mm 以下取降雨修正系数为 0.7；

400～800mm 取修正系数为 1；

800mm 以上取修正系数为 1.4。

（5）管网修正系数

将雨水收集管网覆盖率分 30% 以下、30%～50%、50%～70%、70% 以上 4 种情况，分别给出管网修正系数。

雨水收集管网覆盖率在 30% 以下取管网修正系数为 0.6；

覆盖率在 30%～50% 的取修正系数为 0.8；

覆盖率在 50%～70% 的取修正系数为 1；

覆盖率在 70% 以上的取修正系数为 1.2。

4.4.6　城镇不透水地表径流污染物年负荷

①调查范围和对象

调查范围为水源保护区范围内的城镇地表径流，尚未划定水源保护区的，调查范围为取水口半径 2 500m 范围内。

②调查方法

城镇地表径流污染负荷计算可采用单位负荷法。对某一城市土地利用类型，单位面积上的年污染负荷量可按下式计算：

$$L_i = a_i F_i r_i P \tag{4-7}$$

式中：L_i——污染物年流失量，kg /（km²/a）；

a_i——污染物浓度参数，kg /（cm/km²）（在此可理解为产生量，而不是污水中的浓度）；

F_i——人口密度参数选择：根据各居住地实际人口数及面积计算，得出各居住地的人口密度 F_i 值，选择方法见表 4-18；

表 4-18　人口密度参数 F_i

城镇土地利用类型	F_i
生活区	$0.142 + 0.111 D_p 0.54$　式中：D_p 为保护区范围内城镇人口密度，人 /km²
商业区	1
工业区	1
其他	0.142

r_i——扫街频率参数，一般 $r_i = 1$。

P——年降水量，cm。

下标 i 表示第 i 种土地类型。

城镇的总污染负荷量为：

$$L = \sum L_i a_i \tag{4-8}$$

式中：a_i——第 i 种土地利用类型的面积，km²；污染物浓度参数 a_i 的取值参见表 4-19。

表 4-19　负荷物浓度参数表

城市土地 利用类型	污染物浓度参数 / [kg/ (cm·km²)]				
	BOD	SS	P	N	COD
生活区	35	720	1.5	5.8	51
商业区	141	980	3.3	13.1	207
工业区	53	1290	3.1	12.2	78
其他	6	12	0.4	2.7	9

4.4.7　城镇不透水地表径流污染控制技术

城镇降雨径流污染控制目的在于，明确降雨径流污染物的性质和来源、迁移转化的量、污染物的输出特征、影响的主要因子等问题的前提下，削减城镇降雨径流污染量，减小对受纳水体的影响。国外对城镇降雨径流污染控制进行了数十年的研究与实践，控制技术比较成熟。但是由于城镇降雨径流污染的复杂性和随机性，以及我国降雨径流污染的特殊性，需针对降雨径流污染的特征，提出相应的控制方法。这方面以美国的暴雨最佳管理措施（Best Management Practices，BMPs）最为系统和全面。该措施以任何能够减少或预防水资源污染的方法、措施或操作程序，包括工程、非工程措施的操作和维护程序，其目标是为了减少降雨径流流量和各种污染物的浓度，以达到保护受纳水体水质的目的。

BMPs方法分为两大类，即工程措施和非工程措施。工程方法是通过构建工程设施或工程手段，基于对降雨径流污染物的滞留、促渗、生态方法削减，达到控制径流污染的目标。非工程方法是指用加强管理来达到控制污染的目的，包括公众参与、污染预防、减少污染物的累积，通过管理限制降雨转化为径流的能力等方法。在实际应用中，结合各地具体气候状况、自然地理状况等因地制宜，合理选用。实际上，非工程措施主要是对源的控制，而工程措施就是对污染物扩散途径的控制以及实行终端治理。

"源—迁移—汇逐级控制"的起始在源，即在源区尽可能减少污染物的积聚，对于积聚的污染物尽可能削减，减少径流可携带污染物的量，限制其进入迁移和输出。非工程性措施方面，保持地面清洁是最简便、最经济且最有效的径流污染防治措施。制定和完善相关法规、加强环境卫生管理，严格控制城区内建筑施工场地、垃圾堆放场地，从源区根本上降低降雨径流污染负荷。源头控制的工程性措施主要在源头减少径流输出可以从设定源区不透水面积最佳比例，采用增加入渗技术，如土壤改良、入渗、绿化等来完成，暂时把雨水滞留起来，错开径流峰值，待洪峰过后，再把雨水排入管道。渗透性路面、屋面雨水存储设施、贮留滞留空地等是适合降雨径流污染的源头控制措施。

"源—迁移—汇逐级控制"的主要途径在于迁移控制，城镇降雨径流迁移控制的一方面是对径流的滞缓、下渗、存储，增加径流输出的空间路线长度，来达到延缓污染径流输出的时间和减少负荷，另一方面依靠拦截、沉降、吸附、沉淀等作用把污染物存储、去除、净化在迁移系统中。

"源—迁移—汇逐级控制"的最后关卡在于汇控制，是流域末端控制，其重点在于径流的存储滞留，利用雨污水调蓄池、初期雨水调蓄池，或者利用传统的塘系统、湿地和河岸湖边带等生态过程来净化污染物。这些工程不仅可以去除径流中的污染物，而且具有较好的生态景观效果。

4.4.7.1 污染源的控制

污染源的控制，分为城镇表面径流和污染物产生的最小化控制、径流量和污染物在源头或源头附近的最小化分散控制。由于后者的实施往往是与管理措施紧密联系在一起的。因此，在研究和实施源头分散控制模式时一般同时考虑这两个方面。在源头上分散控制道路降雨径流污染，需同时从两方面入手，一是控制路面沉积物的来源、减少沉积物的量；二是径流形成后，尽可能在其发生地或附近采取措施控制部分污染物质并减少和延缓径流。研究表明，认为人力清扫对小于 $45\mu m$ 和 $246\mu m$ 的颗粒的去除率分别为 15% 和 48%。Vaze 等[71]认为，清扫过程有时会把粒径较小的颗粒物悬浮，却没有彻底去除，让这一部分小粒径颗粒物很容易被下一场降雨径流所带走。旋转刷街道清扫器不能捡起细颗粒，例如黏粒和粉粒，街道清扫只对 RDS 的粗颗粒（＞$250\mu m$）有效而对细颗粒则作用甚微[72]，而污染物质主要吸附在细小颗粒上。因此，要加强路面清扫力度和频率，改进清扫的方式，特别是在大雨来临前对路面进行清扫，可大大减少进入径流中的污染物质；提倡使用无铅石油或石油替代品，对汽车尾气排放进行严格的控制和规定等，对于减少重金属物质起到很重要的作用。采取措施控制部分污染物质并减少和延缓径流，包括城镇一切可利用的绿地、低洼地、渠道、蓄水池、人工水景等和用于提高水质的小型径流处理措施，如俘获固体碎片的拦网和起拦截作用的植被等。任树梅[73]等研究表明，设计成低于周围铺张区一定高度的绿地即下凹式绿地在汇集周围不透水铺张区径流时的蓄渗能力比传统绿地要高得多，且随下凹深度的增加而增强。叶水根[74]等同时研究出沙壤土下凹式绿地在一定汇水面积的情况下，对 10 年、50 年和 100 年一遇的暴雨，其降雨拦蓄率分别为 87%、58.48% 和 50.75%。有研究表明，植物根系和土壤对雨水中 TSS 和 COD 的去除率分别达到 69.7% 和 6.29%。

4.4.7.2 迁移控制

根据因地制宜并考虑景观功能的原则，城镇降雨径流污染削减技术可以用于道路、城镇广场、居民区等地方的雨水促渗技术；雨水促渗技术是一种削减雨水径流、控制城镇降雨径流污染的技术，同时也具有城镇流域涵养的功能。目前城镇路面基本以硬化路面为主，降雨形成的地表径流携带污染物质迅速进入周围的河流和湖泊，形成降雨径流污染。雨水促渗技术的主要工作原理就是增大地表渗透系数，促进雨水下渗，一方面从量上减少了降雨径流污染，另一方面使进入土壤的地表径流在流动过程中通过滤料、土壤的吸附、转化等作用，污染物得到截留和去除，对城镇降雨径流污染形成一定程度的削减。雨水促渗技术主要包括透水路面、渗透管沟、透水井等技术。

（1）透水路面

城镇市区道路、步行道、广场、停车场等区域一般采用沥青、混凝土作为表面材料。这种表面材料虽然可以起到快速排水的作用，但同时加大了地表径流量，增加了城镇排水系统的负担，尤其是采用合流制的排水系统，大量的雨水进入管网后造成系统中污水出溢江河。透水路面改变、改造表面的渗透性能。透水地面是指城区各种人工铺设的透水路面，如多孔的嵌草砖、碎石地面，透水性混凝土路面等。主要优点是，能利用表层的渗透能力、将雨水转化入地下水系统，同时土壤也对雨水具有一定的净化能力。这种技术实用、简单、便于管理，在城区大量的停车场、步行道、广场等区域可以利用，使用面积的增加可以达到改善城镇雨水的涵养、减少降雨径流污染的作用。在市区公共用地、河道坡岸及滨江带均可以采用。透水性路面的构建形式有两种：一种是使用透水性材料作为路面材料，透水性材料内部含有大量的连通孔隙，从而满足渗水要求；另一种是采用透水结构的方法，在路面拼装时形成透水的结构。在下雨或路面积水时，水能够顺利地渗入地下或存于路基中，一方面透水材料的孔隙能够吸附降雨径流污染中的污染物，另一方面水渗透进入地下土壤中后，其中的污染物也会被土壤颗粒所吸附转化，起到削减降雨径流污染污染的作用。法国 Pagotto 等[75]研究，多孔路面最高可去除 92% 的碳氢化合物、85% 的悬浮固体、78% 的总 Pb，其可将碳氢化合物和重金属的浓度控制在法国饮用水标准之下。

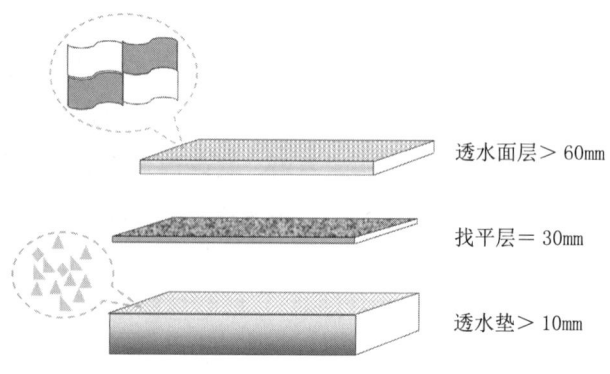

透水面层＞60mm

找平层＝30mm

透水垫＞10mm

图 4-26 透水路面铺设及现场施工图

（2）渗透管沟

在城镇雨水收集管网中采用多孔管材使雨水通过向四周土壤层渗透的收集沟称为渗透管沟。与常规的管沟比较，渗透管沟具有更好的透水性，一方面能够充分利用土壤层的净化能力，另一方面也增加了对降雨的涵养能力。其主要优点是占地面积少，管材四周填充粒径 20 ～ 30mm 的碎石或其他多孔材料，有较好的调储能力。缺点是一旦发生堵塞或渗透能力下降，很难清洗恢复。在用地紧张的城区，表层土渗透性很差而下层有透水性良好的土层、旧排水管系的改造利用、雨水水质较好、狭窄地带等条件下较适用，见图 4-27。

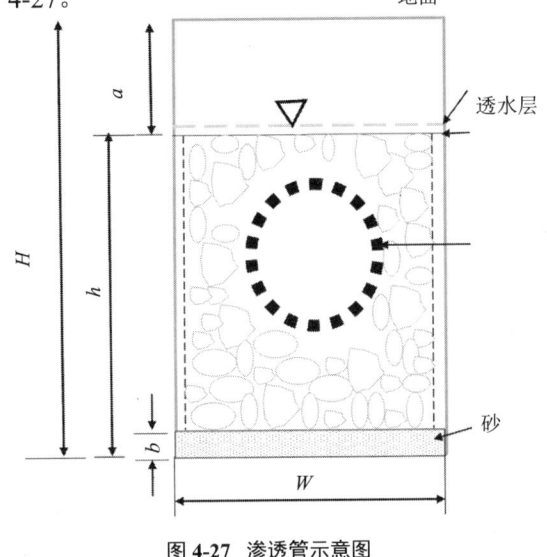

图 4-27 渗透管示意图

（3）透水井

在拥挤的城区或地面和地下可利用空间小、表层土壤渗透性差而下层土壤渗透性好的区域，为了补给地下水、削减降雨径流产生的非点源污染，可以采用透水井，雨水汇集到透水井中，可以在短时间内渗透到下层及周围的土壤中。透水井包括深井和浅井两类，前者适用水量大而集中、水质好的情况，如城镇水库的泄洪利用。城区一般宜采用后者。其形式类似于普通的检查井，但井壁要做成透水的，在井底和四周铺

设 $\Phi 10 \sim 30mm$ 石，雨水通过井壁、井底向四周渗透。透水井的主要优点是占地面积和所需地下空间小；便于集中控制管理。缺点是净化能力低，水质要求高，不能含过多的悬浮固体，需要预处理。适用于拥挤城区或地面和地下可利用空间小、表层土壤渗透性差而下层土壤渗透性好等场合，见图4-28。

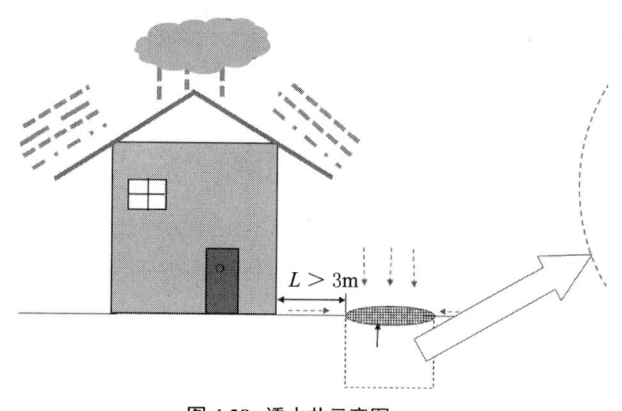

图 4-28 透水井示意图

（4）过滤带

植物过滤带是一种利用地表密植的植物对地表径流中的污染物进行截流的方法，它能够在径流输送的过程中将污染物从径流中分离出来，使到达受纳水体径流水质获得明显的改善。美国学者 Yousef 等[76] 研究植被控制对路面径流中营养物质和重金属的去除效率，该项研究表明，植草渠道对重金属尤其是呈离子态、溶解性的重金属具有较好的去除效果，而且渠道内水流流速越小，对重金属的去除效率越高，对 Zn、Pb、Ni 和 Cd 的去除效率分别为 62%、57%、51%、43%，对磷和无机氮，也有较好的去处效果。Battett 等[77] 也系统地研究了植草渠道对路面径流中污染物的去除效率，其对 TSS、油脂、Zn、Pb 的去除率分别为 54%、91%、73% 和 83%。过滤带防治降雨径流污染主要是通过滞缓径流、沉降泥沙、强化过滤和增强吸收等功能来实现的，能降低各种污染物的浓度。影响缓冲带控制效果的因素主要有缓冲带的宽度、坡度、植被和土壤的入渗性能等，缓冲带在控制降雨径流污染的同时，还可改善区域环境，增加生物多样性，一种有效的径流污染控制方法，能够有效去除路面径流中的 TSS、COD、重金属和油脂等污染物。

4.4.7.3 汇的控制

（1）滞留塘

滞留塘由土壤、植被组成，用来去除暴雨径流中的污染物质，见图 4-29。Grbe[78] 测试了美国威斯康星州麦迪逊市区 16 场暴雨的径流量、悬浮固体浓度及其他污染物浓度，结果表明，湿式滞留池对悬浮固体的去除率可达到 87%，入流中颗粒的分布影响着污染物的去除及颗粒物在池中的沉淀效率。Cmoings 等[79] 研究了位于美国华盛顿州 Bellveue 市的两个湿式滞留池对径流污染物的处理效果，通过对 1996 年 10 月—1997 年 3 月的 15 场降雨径流的研究，发现湿式滞留池对 TSS、TP、Pb、Zn 具有良好的去除效果。

图 4-29　滞留塘现场图

（2）快速滤床

快速渗滤技术适于在湖泊景观带、河流两岸绿化带、城镇绿地等区域广泛使用，达到削减降雨径流污染的目的。湖泊景观带和河流两岸绿化带的滤床还可以作为旁侧系统，净化湖水和河水。滤床是由各种填料组成的床体，污染水体通过由各种填料及其上面附着的生物膜组成的滤床时，一方面滤料具有吸附、截留悬浮物的作用，另一方面水体中的有机物被生物膜中的各种微生物区系强烈地吸附、降解、吸收和氧化，从而起到净化作用。填料可以采用卵石、砾石、石灰石、陶粒、沸石、煤渣等，可根据实际情况自由选取。滤床技术具有出水水质好，负荷高、停留时间短、耐冲击、运行稳定、操作比较简单等优点。某公园采用滤床作为湖滨带净化湖泊周围降雨径流污染，滤床由砾石、石灰石、沸石和卵石按一定比例组合而成，厚 20cm，滤床示意图如图 4-30 所示。滤床技术集降雨径流污染削减与水质改善、景观观赏功能等技术于一体，因地制宜地根据现场情况实现降雨径流污染削减、净化水质、美化环境的预期目标，使降雨径流污染得到了有效控制，城镇环境景观也大大改观，对城镇河流护坡的构建以及降雨径流污染控制的保护和景观的营造具有重要的应用价值。

砾石组成的
快速滤床

图 4-30　快速滤床处理系统

（3）人工湿地

人工湿地系统水质净化技术的原理是，通过在一定的填料上种特定的植物，将污水投放到人工建造的类似于沼泽的湿地上，经沙石、土壤过滤，植物根际的多种微生物活动，使水质得到净化。Helfield[80] 于 1997 年报道了对湿地去除径流污染物效率的研究，结果表明，暴雨径流中湿地中停留 24h，TSS 及附着于其上的污染物的去除率可达 90%。Youself 等人研究发现，暴雨径流在湿地中停留 72h，SS 的去除率可达到95%。在美国的佛罗里达州，已经有许多为处理暴雨径流而设计的、停留时间为 72h 的湿地，它们在控制暴雨径流的污染方面起到十分重要的作用。以一个作为河道水质净化旁侧系统的垂直流人工湿地为例，下行池和上行池的上部铺设 10 ～ 30mm 细砾石厚度分别为 40cm 和 35cm，在湿地床的底部铺设 20cm 厚的 40 ～ 80mm 的粗砾石。在粗砂和粗砾石的中间铺设 20cm 厚的 20 ～ 40mm 的细砾石。排水系统采用 U-PVC穿孔管表面集水、顶部出水。为了防止污水的渗漏对地下水造成污染，以及对其他处理系统造成影响，湿地床的墙面采用水泥砂浆抹面，底部铺设两层 1mm 厚聚乙烯卷材进行防渗处理。在卷材安装完毕后，在其上部回填 10cm 左右的粉质土壤，防止在安装填料和砌墙时扎破卷材。人工湿地系统是一个综合性的生态系统，具有缓冲容量能力强、处理效果好的优点，在此系统中，物理、化学及生物的协同作用使径流中的污染物质能得到较彻底的处理。

参考文献

[1] 王淑莹，代晋国，李利生，等 . 水环境中非点源污染的研究 [J]. 北京工业大学学报，2003，29（4）：486-490.

[2] 王建英，邢鹏远，李国庆 . 浅谈中国农业面源污染的原因 [J]. 现代农业科学，2009，16（2）：135-138.

[3] 张维理，武淑霞，冀宏杰，等 . 中国农业面源污染形势估计及控制对策 I：21 世纪初期中国农业面源污染的形势估计 [J]. 中国农业科学，2004，37（7）：1008-1017.

[4] 赵本涛 . 中国农业面源污染的严重性与对策探讨 [J]. 环境教育，2008：70-71.

[5] 李其林，魏朝富，等 . 农业面源污染发生条件与污染机理 [J]. 土壤报，2008，39（1）：169-176.

[6] 第一次全国污染源普查——农业污染源肥料流失系数手册 . 2009：121-122.

[7] 王海，席运官，陈瑞冰，等 . 太湖地区肥料、农药过量施用调查研究 [J]. 调查，2009（3）：10-15.

[8] 席运官，陈瑞冰，徐欣，等 . 太湖地区麦季氮磷径流流失规律与控制对策研究 [J]. 江西农业学报，2010，22（5）：106-109.

[9] 席运官，王海，徐欣，等 . 太湖流域稻季氮磷径流流失规律与控制对策研究 [C]. 中国环境科学学会学术年会论文集，2009.

[10] 席运官，陈瑞冰，李国平，等 . 太湖流域坡地茶园径流流失规律 [J]. 生态与农村环境学报，2010，26（4）：381-385.

[11] 李国栋，胡正义，杨林章，等 . 太湖典型菜地土壤氮磷向水体径流输出与生态草带拦截控制 [J]. 生态学杂志，2006，25（8）：905-910.

[12] 杨丽霞，杨桂山，苑韶峰 . 施磷对太湖流域典型蔬菜地磷素流失的影响 [J]. 中国环境科学，2007，27（4）：518-523.

[13] 朱普平，常志州，郑建初 . 太湖地区稻田主要种植方式氮磷径流损失及经济效益分析 [J]. 江苏农业科学，2007（3）：216-218.

[14] 郭红岩，王晓蓉，朱建国 . 太湖一级保护区非点源磷污染的定量化研究 [J]. 应用生态学报，2004，15（1）：136-140.

[15] 常闻捷，边博，蔡安娟 . 太湖重污染区麦季养分输入与流失规律研究 [J]. 环境科学与技术，2012，35（2）：8-13.

[16] 胡雪涛，陈吉宁 . 非点源污染模型研究 [J]. 环境科学，2002，23（3）：124-128.

[17] 李兆富，杨桂山，李恒鹏 . 西苕溪流域不同土地利用类型营养盐输出系数估算 [J].

水土保持学报，2007，21（1）：1-4.

[18] Johnes P J. Evaluation and management of the impact of land use change on the nitrogen and phosphorus load delivered to surface waters the export coefficient modeling approach[J]. J Hydrol，1996，183：323-349.

[19] Helen B，Penny J，Robert F，et al. A comparison of diatom phosphorus transfer functions and export coefficient models as tools for reconstructing lake nutrient histories[J]. Freshwater Biol，2005，50（10）：1651-1670.

[20] Zobrist，Reichert P. Bayesian estimation of export coefficients from diffuse and point sources in Swiss watersheds[J]. J Hydrol，2006，329（1-2）：207-223.

[21] Shrestha S，Kazama F，Newham L T H. A framework for estimating pollutant export coefficients from long-term in-stream water quality monitoring data[J]. Environ Modell Softw，2008，23（2）：49-54.

[22] Nandish M M，Keith S R. Estimation of surface water quality changes in response to land use change：application of the export coefficient model using remote sensing and geographical information system[J]. J Environ Manage，1996，48：263-282.

[23] Worrall F，Burt T P. The impact of land-use change on water quality at the catchment scale：the use of export coefficient and structural models[J]. J Hydrol，1999，221：75-90.

[24] Mckissock G，Jefferies C，Darcy B J. An assessment of drainage bestmanagement practices in Scotland[J]. Water and Environment Management，1999，13（1）：47-48.

[25] 章明奎.农业系统中氮磷的最佳管理实践 [M].北京：中国农业出版社，2005：1-45.

[26] 许春华，周琪，宋乐平.人工湿地在农业面源污染控制方面的应用 [J].重庆环境科学，2001，23（3）：70-72.

[27] 尹澄清，单保庆.多水塘系统：控制面源磷污染的可持续方法 [J]. AMB10——人类环境杂志，2001，30（6）：369-375.

[28] 毛战坡，彭文启，尹澄清，等.非点源污染物在多水塘系统中的流失特征研究 [J].农业环境科学学报，2004，23（3）：530-535.

[29] 曹志洪，林先贵，杨林章，等.论"稻田圈"在保护城乡生态环境中的功能Ⅱ：稻田土壤氮素养分的累积、迁移及其生态环境意义 [J].土壤学报，2006，43（2）：256-260.

[30] Dunnt EJ，Culletonn，Odonovang，et a1. An Integrated Constructed Wetland to Treat Contaminants and Nutrients From Dairy Farmyard Dirty Water[J]. Ecological Engineering，2005，24（3）：219-232.

江苏省农村地表集中式水源地
面源污染防控技术与示范

［31］ 刘世梁，傅伯杰．景观生态学原理在土壤学中的应用 [J]. 水土保持学报，2001，15（3）：102-106.

［32］ 郭青海，马克明，赵景柱，等．城市非点源污染控制的景观生态学途径 [J]. 应用生态学报，2005，16（5）：977-981.

［33］ Gilliam J W，Parsons J E，Mikelsen R L. Nitrogen dynamics and buffer zones[M]. In：HaycockNE，Burt TP，Goulding KW and Pinay G. eds. Bufer Zones：Their processes and potential in water protection. Quest Environmental，Harpenden，1997：54-61.

［34］ Tockner K，Pennetzdorfer D，Reiner N，et al. Hydrological connectivity and the exchange of organic matter and nutrients in a dynamic river-floodplain system[J]. Freshwater Biology，1999，41：521-535.

［35］ 晏维金．氮磷在水田湿地中的迁移转化及径流流失过程 [J]. 应用生态学报，2004，33（2）：93-97.

［36］ Jon ES，Karl WJW，James JZ. Nutrient in agricultural surfacerunoff by riparian buffer zone in southern Illinois，USA[J]. Agroforestry Systems，2005，64：169-180.

［37］ 张刚，王德建，陈效民．太湖地区稻田缓冲带在减少养分流失中的作用 [J]. 土壤学报，2007，44（5）：873-877.

［38］ 王震洪，吴学灿，李英南．滇池流域荒台地植被恢复工程控制面源污染生态机理 [J]. 环境科学，2006，27（1）：37-42.

［39］ Klaus Putz，Jurgen Benndorf. The importance of pre-reservoirs for the control of eutrophication of reservoirs[J]. Water Science and Technology，1998，37（2）：317-324.

［40］ 叶建锋，操家顺．生态修复技术在保护水库水源地中的应用 [J]. 环境科学与技术，2004，27（2）：61-63.

［41］ Fiala L，Vasata P. Phosphorus reduction in a man-made lake bymeans of a small reservoir in the inflow[J]. Arch Hydrobiol，1982，94：24-37.

［42］ Burford M A，Lorenzen K. Modeling nitrogen dynamics in intensive shrimp ponds：the role of sediment remineralization[J]. Aquaculture，2004，229（1）：129-145.

［43］ Noemi Ran，Moshe Agami，Gideon Oron. A pilot study of constructed wetlands using duckweed （Lemna gibba L.） for treatment of domestic primary effluent in Israel[J]. Water Research，2004，38：224-248.

［44］ 边金钟，王建华，王洪起，等．于桥水库富营养化防治前置库对策可行性研究 [J]. 城市环境与城市生态，1994，7（3）：5-9.

［45］ 杨文龙，黄永泰，杜娟．前置库在滇池非污染源控制中的应用研究 [J]. 云南环境科学，

1996，15（4）：8-10.

［46］阎自申.前置库在滇池流域的运用研究［J］.云南环境科学，1996，5（2）：33-35.

［47］彭超英，朱国洪，等.人工湿地处理污水的研究［J］.重庆环境科学，2000，22（6）：43-45.

［48］刘礼祥，刘真，章北平，等.人工湿地在非点源污染控制中的应用［J］.华中科技大学学报（城市科学版），2004，21（1）：40-42.

［49］谢龙，汪德爟.水平潜流人工湿地有机物去除模型研究［J］.中国环境科学，2009，29（5）：502-505.

［50］郭跃东，何岩，邓伟，等.扎龙河滨湿地对地表径流氮磷污染物的净化作用［J］.环境科学，2005，26（3）：49-55.

［51］夏汉平.人工湿地处理污水的机理与效率［J］.生态学杂志，2002，21（4）：51-59.

［52］王海珍，陈德辉，王全喜，等.水生植被对富营养化湖泊生态恢复的作用［J］.自然杂志，2002，24（1）：33-36.

［53］Chou W S，Lee T C，Lin J Y，et al. Phosphorus Load Reduction Goals for Feitsui ReservoirWatershed，Taiwan[J]. Environmental Monitoring and Assessment，2007，131（1/2/3）：395-408.

［54］Salinger Y，Geifman Y，Aronowich M. Orthophosphate and calcium carbonate solubilities in the Upeer Jordan watershed basin[J]. J Environ Qual，2002，22：672-679.

［55］杨林章，周小平，王建国.用于农田非点源污染控制的生态拦截型沟渠系统及其效果［J］.生态学杂志，2005，24（11）：1371-1374.

［56］尹澄清，邵霞，王星.白洋淀水路交错带土壤对磷氮截流容量的初步研究［J］.生态学杂志，1999，18（5）：7-11.

［57］刘文祥.人工湿地在农业面源污染控制中的应用研究［J］.环境科学研究，1997，10（4）：15-19.

［58］胡宏祥，朱小红，黄界颖.关于沟渠生态拦截氮磷的研究［J］.水土保持学报，2010，24（2）：141-145.

［59］徐红灯，席北斗，王京刚.水生植物对农田排水沟渠中氮、磷的截留效应［J］.环境科学研究，2007，20（2）：84-88.

［60］Paul J A Withers，Eunice I Lord. Agricultural nutrient inputs to rivers and groundwater in the UK: policy，environmental management and research needs[J]. The Science of the Total Environment，2002（282-283）：9-24.

［61］Pierre Gerard-Marchant，M. Todd Walter and Tammo S. Steenhuis. Simple Models for

江苏省农村地表集中式水源地面源污染防控技术与示范

Phosphorus Loss from Manure during Rainfall[J]. J Environ Qual，2005，（34）：872-876.

［62］Eli Feinerman，Darrell J. Bosch，James W. Pease. Manure Applications and Nutrient Standards[J]. American Journal of Agricultural Economics，2004，86（1）：14-25.

［63］Edwards A C，Withers P J A. Soil phosphorus management and water quality：A UK perspective[J]. Soil Use and Management. 1998，14：124-130.

［64］Smith K A，Chalmers A G，Chambers BJ，et al. Organic manure phosphorus accumulation，mobility and management[J]. Soil Use and Management，1998，14：154-159.

［65］Shortle J S，D G Abler. Environmental policies for agricultural pollution control[M]. CABI publishing，2001.

［66］张维理，徐爱国，冀宏杰，等 . 中国农业面源污染形势估计及控制对策Ⅲ：中国农业面源污染控制中存在问题分析 [J]. 中国农业科学，2004，37（7）：1026-1033.

［67］韩鲁佳，闫巧娟，刘向阳 . 中国农作物秸秆资源及其利用现状 [J]. 农业工程学报，2002（3）：87-91.

［68］樊皓 . 养鸡场粪便污染的综合治理办法 [J]. 中国家禽，1998，20（10）：21-22.

［69］曹勤忠 . 规模化养猪环境污染问题及其治理对策 [J]. 养猪，1999（2）：32-33.

［70］金相灿，叶春，颜昌宙，等 . 太湖重点污染控制区综合治理方案研究 [J]. 环境科学研究，1999，12（5）：1-5.

［71］Vaze J，et al，Pollutant accumulation on an urban road surface. Institution of Engineers Australia，1997，1：265-270.

［72］Eills J B，D M Revitt. Incidence of heavy metals in street surface sediments: solubility and grain size studies. Water Air Soil Pollution，1982，17：87-100.

［73］任树梅，周纪明，刘红 . 利用下凹式绿地增加雨水蓄渗效果的分析与计算 [J]. 中国农业大学学报，2002，5（2）：50-54.

［74］叶水根，刘红，孟光辉 . 设计暴雨条件下下凹式绿地的雨水蓄渗效果 [J]. 中国农业大学学报，2001，6（6）：53-58.

［75］Pagotto C，Legret M，Cloirec P L. Comparison of the hydraulic behavious and the quality of highway runoff water according to the type of pavement [J]. Water Research. 2000，34（18）：4446-4454.

［76］Yousef YA，Hvitved-Jacobsen，T. Removal of comtamiants in highway runoff flowing through Swales [J]. Sci Total Environ. 1987，59：391-399.

［77］Battett M E，Walsh P M. Performance of vegetative controls for treating highway runoff [J]. Journal of Environmental Engineering-ASCE，1998，124（11）：1121-1128.

［78］Greb S R，Bannerman R T. Influence of particle size on wet pond effectiveness [J]. Water Environment Research，1997，69：1134-1138.

［79］Comings K J，Booth D B，Horner R R. Stormwater pollution removal by two wet ponds in Bellevue，Washington [J]. Journal of Environmental Engineering-ASCE，2000，124（4）：321-330.

［80］Helfield J M，Diamond M L. Use of Constructed Wetlands for Urban Streams Restoration：A Critical Analysis [J]. Environmental Management，1997，21：329-338.

江苏省 农村地表集中式水源地
面源污染防控技术与示范

5 江苏省河流型水源地污染防控技术与示范

5.1 河流型水源地污染防控问题识别

江苏省典型乡镇集中式饮用水源地水质监测现状表明，饮用水源地中湖库型达标率最高，地下水型次之，河流型最低。从水源地类型分析超标指标，河流型主要为毒理学指标，分析典型乡镇集中式河流型饮用水源地超标原因，其受上游下泄客水的影响较大，且易受工业废水及生活污水的污染，染物成分较为复杂。针对河流型水源地污染特征因子，河流型水源地污染防控主要目标为处理水质成分复杂的客水污染。

5.2 河流型水源地污染防控思路

客水污染来水量大，污染成分复杂，需进行前置预处理，初步净化水质、沉降泥沙，同时污染负荷也会随沉淀而从水体析出，对后续的生态湿地起缓冲调节作用，常规净水工艺主要针对大分子量（大于 10kDa）有机物的去除较为有效，对于水源水有机物组成主要特征是溶解性低分子量有机物占多数的去除效果则较差，要全面提高有机物去除效果、改善出厂水水质，宜采用能有效去除水分子量有机物水处理工艺。以仿生介质强化生物处理技术为基础，构建了人工介质生物氧化的水质强化净化单元，经过生物氧化实现稳定水质的作用。因此针对河流型水源地的安全防护的主要目标处理客水水质成分复杂的特点进行生物氧化，提出河流型水源地"预处理＋生物氧化＋调蓄水库＋进入水厂净化"的处理思路，形成农村河流型水源地防控构建模式，确保净化后水质稳定达到III类及以上水质标准，为农村河流型水源地污染防控提供技术支撑。

5.3 河流型水源地饮用水生物载体净化试验

5.3.1 试验装置及方法

原水采用实验室模拟配水。所用药品为葡萄糖、硫酸铵、磷酸二氢钾和邻苯二甲酸。其中葡萄糖投加量为 6mg/L，邻苯二甲酸投加量为 10.8mg/L。配水的各项水质指标为：COD_{Mn}：6 ~ 10mg/L，NH_3-N：1.0 ~ 1.5mg/L，TP：0.2 ~ 0.3mg/L，符合《地表水环境质量标准》（GB 3838—2002）Ⅳ类水体要求。

5.3.1.1 工艺装置与流程

本阶段试验在实验室内进行，小试工艺流程为：原水→配水槽→生物载体净化池→外排，如图5-1所示。配得的微污染水人工注入配水槽，配水槽出水由蠕动泵打入生物载体净化池，利用生物载体净化池中的载体富集微生物所形成的生物膜具有的生物降解作用，使原水中有机物和各种营养盐得以有效去除。生物载体净化池出水重力外排。

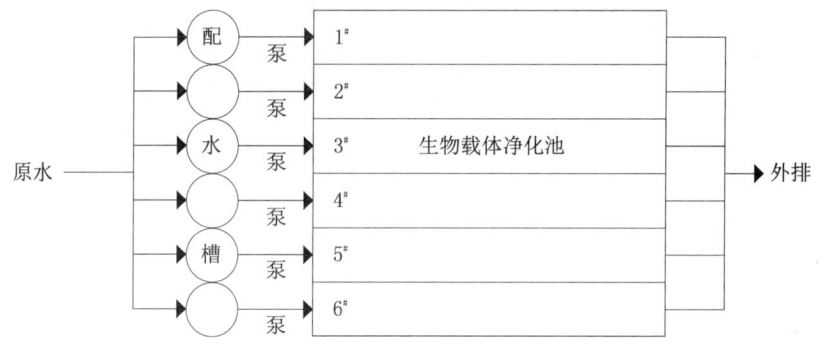

图 5-1　小试工艺流程图

装置实物图见图5-2。配水槽内设有搅拌器以均匀水质；反应器为廊道形，0.5m（长）×0.3m（宽）×0.5m（高），有效容积60L。配水槽和反应器均为不锈钢材质。反应器共6组，编号为 $1^\#$ ~ $6^\#$。装置内不进行曝气。

图 5-2　装置实物图

5.3.1.2 测定项目与方法

COD_{Mn}、NH_3-N、TP 采用国家标准方法[1]，UV_{254} 的测定是将水样经 0.45μm 膜过滤后在 254nm 波长下测其紫外吸光度。分光光度计购自上海天美。采用 HITACHI S-3400N 型扫描电镜进行分析。

5.3.2 生物载体的材质及特性

5.3.2.1 生物载体的外观特性

试验选用了 2 种立体型生物载体：组合填料（Φ150mm）和弹性填料（Φ150mm）；和 2 种无纺布型生物载体：阿科蔓生态基（Aquamats，SDF 型）和生态滤布。生态滤布为自行购置。4 种生物载体的外观特性如下：

（1）组合填料

组合填料如图 5-3 所示。该填料由中心绳、中心盘（骨架）、四周醛化维纶丝束组成。中心盘为塑料片体，四周纤维均匀地分布在片体周围，使纤维的有效面积充分利用，具有比表面积大、挂膜快、老化生物膜易脱落等特点，被广泛地用于水处理领域。各种不同型号的组合填料区别在于软化纤维束的数量、尺寸以及中心环形状的不同。

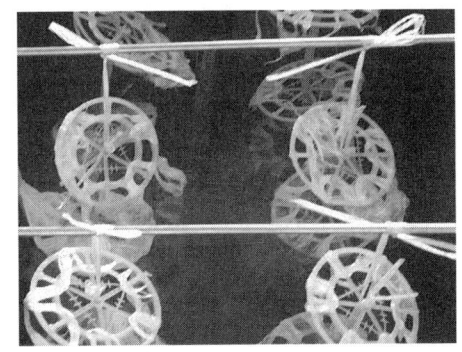

图 5-3　组合填料及其固定于反应器中的情形

（2）弹性填料

弹性填料如图 5-4 所示。它由高分子聚合物，并加以抗氧剂、亲水剂、稳定剂、吸附剂等添加剂，经特殊拉丝制成。弹性填料由丝条穿插固着在中心绳上，呈立体均匀排列辐射状态，使得填料能全方位均匀舒展开，使水中溶解氧、污染物、生物膜得以充分接触。弹性丝表面带有细小毛刺，用以增加比表面积和有利于微生物附着。

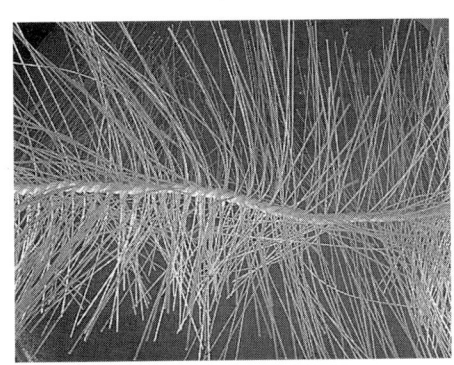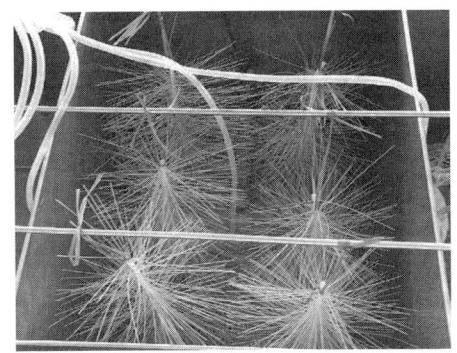

图 5-4　弹性填料及其固定于反应器中的情形

（3）生态滤布

生态滤布见图 5-5。

为市场上常见的一种滤布材料，为无纺布的一种。这种材料是将纺织短纤维或者长丝进行定向或随机撑列，形成纤网结构的一种织物。外观呈绿色，两面编织密实度相同。

图 5-5 生态滤布及其固定于反应器中的情形

（4）阿科蔓生态基（SDF）

阿科蔓生态基是一种用于水的生态净化的无纺布材料。它通过发展生态基上的本土微生物群落，使微生物种类和生物量达到最大化，利用其代谢作用去除水中的污染物。阿科蔓生态基分为 SDF 型和 BDF 型两种。SDF 型阿科蔓生态基（以下简称 SDF）如图 5-6 所示。SDF 呈白色，采用悬挂式安装，安装时要求编织疏松面迎向水流方向，编织密实面背向水流方向，适用于微污染水的处理。BDF 型阿科蔓生态基（以下简称 BDF）是一种仿生水草型材料，呈绿色，质轻于水。BDF 下部有套筒，灌沙封口后可直接投放入水中，下部沉于水底，上部瓣带呈水草式从水底向水面伸展。BDF 不仅起到水处理的作用，而且其仿生水草设计，能与园林景观建设有机结合，即达到水处理效果的同时实现景观效果设计。本阶段实验室试验采用 SDF 型阿科蔓生态基。

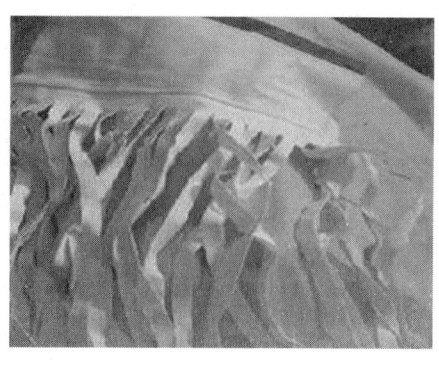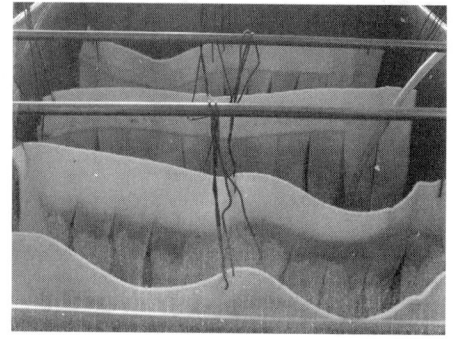

图 5-6 阿科蔓及其固定于反应器中的情形

5.3.2.2 生物载体的微观结构

4 种生物载体的微观结构如图 5-7 到图 5-14 所示，从图 5-7 和图 5-8 可见，弹性立体填料的特征是填料丝直径约为 0.6mm，明显粗于其他填料。填料丝表面结构总体上相对光滑，尺度放大后局部存在着一些凹凸结构，有利于微生物的附着和生长。

由图 5-9 和图 5-10 可见组合填料的填料丝则非常纤细，直径约为 15μm。因此组合填料的比表面积大得多。但是组合填料的缺点是填料丝方向相同，极易相互缠绕结球，显著减少表面积和有效生物量。而且组合填料丝表面十分光滑，几乎见不到任何毛刺和凹凸结构，这对微生物的附着不利。

阿科蔓填料是一种无纺布填料，其表面也存在大量的丝状纤维，由图 5-11 和图 5-12 可见，本试验采用 SDF 型阿科蔓的表面存在大量丝纤维，平均直径 20μm 左右，且丝纤维呈各向异性，交错缠绕，向空间拓展。从分辨率的图片上可见，SDF 型阿科蔓表面存在着零星分布的凸起结构，有利于微生物的附着生长。

生态滤布是一种无纺布材料，通过扫描电镜图 5-13 和图 5-14 可见，与阿科蔓 SDF 相比，本填料表面的填料纤维较为稀疏，纤维的平均直径较 SDF 型阿科蔓略粗，约为 30μm。纤维表面存在少量的凸起结构，凸起数量明显较 SDF 型阿科蔓少。

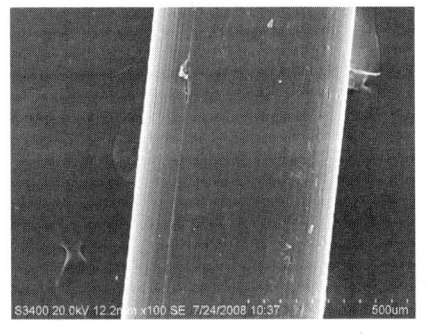

图 5-7 弹性立体填料的扫描电镜

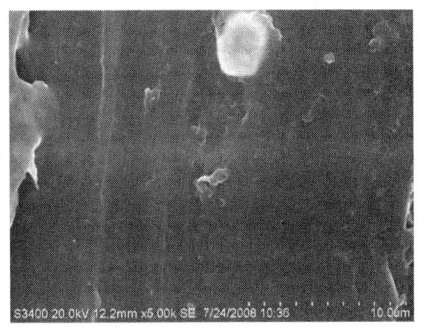

图 5-8 弹性立体填料的扫描电镜

图 5-9 组合填料的扫描电镜

图 5-10 组合填料的扫描电镜

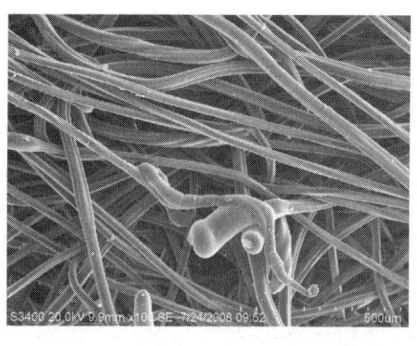

图 5-11 SDF 阿科蔓填料的扫描电镜

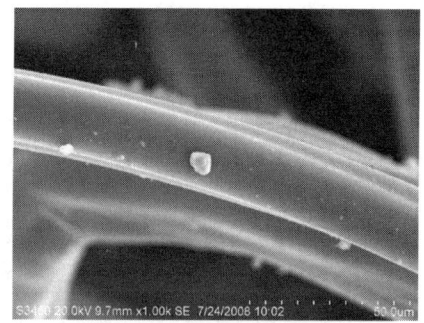

图 5-12 SDF 阿科蔓填料的扫描电镜

图 5-13 生态滤布表面的纤维结构

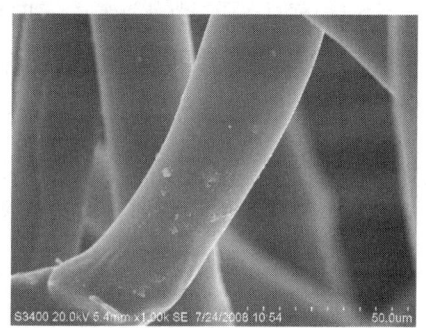

图 5-14 生态滤布表面的纤维结构

5.3.3 微生物载体的筛选

微生物载体的筛选研究的主要内容是对 4 种微生物载体（组合填料、弹性填料、生态滤布、SDF 型阿科蔓）进行筛选，综合考察各填料对 COD_{Mn}、UV_{254}、$NH_3\text{-}N$、TP 等指标的去除效果，以期筛选出对微污染水净化效果最好的载体。

5.3.3.1 试验方法

反应器各组安排如下：1#—组合填料，2#—弹性填料，3#—生态滤布，4#—SDF 阿科蔓，5#—对照池。进水水质情况见表 5-1，水力停留时间为 1d，填料的填充密度分别为：组合填料和弹性填料 100%（图 5-15），生态滤布和 SDF 阿科蔓 $2.0m^2/m^3$。待挂膜成功后隔天对 COD_{Mn}、UV_{254}、$NH_3\text{-}N$ 和 TP 进行测定。

表 5-1 微生物载体筛选过程中的进水水质

指标	$COD_{Mn}/$（mg/L）	$UV_{254}/$（cm^{-1}）	$NH_3\text{-}N/$（mg/L）	TP/（mg/L）
浓度	5.35 ～ 9.97	0.103 ～ 0.158	0.471 ～ 1.470	0.114 ～ 0.283

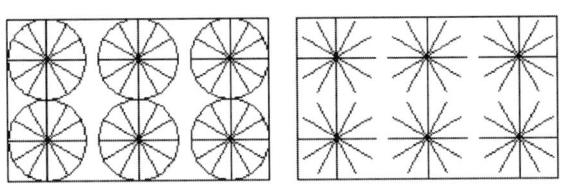

图 5-15　100% 密度布置的组合填料和弹性填料

5.3.3.2 不同载体的净化效能比较

（1）4 种载体对 COD_{Mn} 的去除效果

4 种生物载体净化池和对照池的进出水及 COD_{Mn} 去除率见图 5-16 至图 5-19。由图可见，4 种生物载体池的进水 COD_{Mn} 浓度相近，都在 5.35 ～ 9.75mg/L。出水水质有一定差异。其中组合填料池出水 COD_{Mn} 1.41 ～ 3.04mg/L，去除率 59.34% ～ 82.45%；弹性填料出水 COD_{Mn} 在 1.02 ～ 2.71mg/L，去除率为 64.50% ～ 88.41%；生态滤布池出水 COD_{Mn} 在 1.02 ～ 2.75mg/L，去除率变为 53.30% ～ 88.22%；阿科蔓出水 COD_{Mn} 在 0.86 ～ 3.14mg/L，去除率为 58.12% ～ 84.78%。

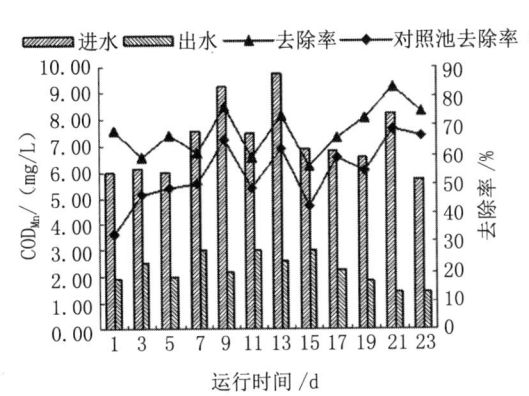

图 5-16　组合填料对 COD_{Mn} 去除效果

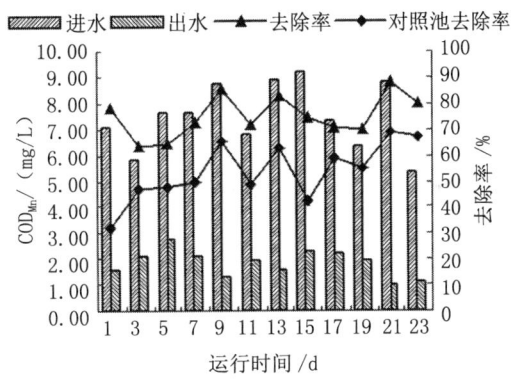

图 5-17　弹性填料对 COD_{Mn} 去除效果

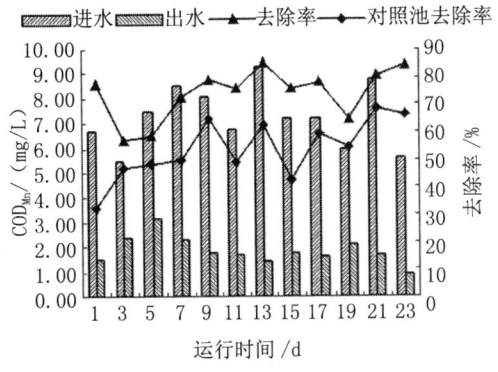

图 5-18　生态滤布对 COD_{Mn} 去除效果

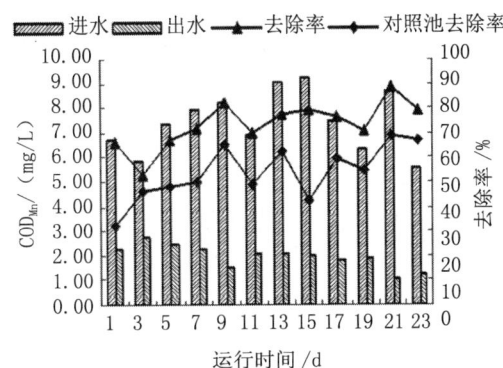

图 5-19　阿科蔓对 COD_{Mn} 去除效果

4 种载体对 COD_{Mn} 的去除效果比较见表 5-2。

表 5-2　4 种载体对 COD_{Mn} 的去除效果比较

载体类型	进水平均 COD_{Mn}/（mg/L）	出水平均 COD_{Mn}/（mg/L）	平均去除率 /%
组合填料	7.18	2.27	67.9
弹性填料	7.46	1.81	75.2
生态滤布	7.45	1.92	73.4
阿科蔓	7.25	1.84	74.0

生物载体富集微生物对有机物的去除效果，与水中的有机物形态有关。而实验室配水中的 COD_{Mn} 主要来自葡萄糖，极易降解，因而其去除率相对于实际水体较高。由表可见 4 种生物载体中，弹性填料效果最好，平均去除率达到 75.2%，而出水浓度也最低。而生态滤布和阿科蔓 SDF 净化效果其次，但相差不大。组合填料净化效果较差。由于弹性立体填料在空间发散分布，有利于水体与填料的充分接触。因此不易造成短流情况，也不会造成填料丝的粘结。因此弹性填料对水源水中高锰酸盐指数的净化效果较优。

（2）4 种载体对 UV_{254} 的去除效果

UV_{254} 代表了水中具有苯环和共轭双键结构的有机物的相对多寡，可作为 TOC 及三卤甲烷前体物的代用参数。4 种生物载体池和对照池对 UV_{254} 的去除率见图 5-20 至图 5-23。由图可见，4 种生物载体池的进水 UV_{254} 相近，在 $0.118 \sim 0.158$ cm^{-1}。处理后，组合填料池出水 UV_{254} 在 $0.040 \sim 0.062 cm^{-1}$，去除率为 56.64% ~ 68.50%；弹性填料出水 UV_{254} 在 $0.026 \sim 0.052 cm^{-1}$，去除率为 59.69% ~ 80.00%；生态滤布出水 UV_{254} 在 $0.035 \sim 0.059$ cm^{-1}，去除率为 54.62% ~ 70.59%；阿科蔓的出水在 $0.031 \sim 0.041 cm^{-1}$，去除率为 62.81% ~ 74.80%。

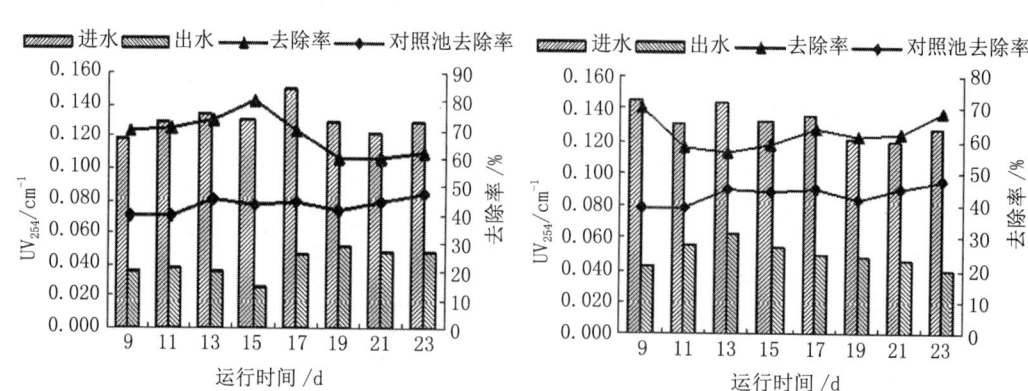

图 5-20　组合填料对 UV_{254} 的去除效果　　图 5-21　弹性填料对 UV_{254} 的去除效果

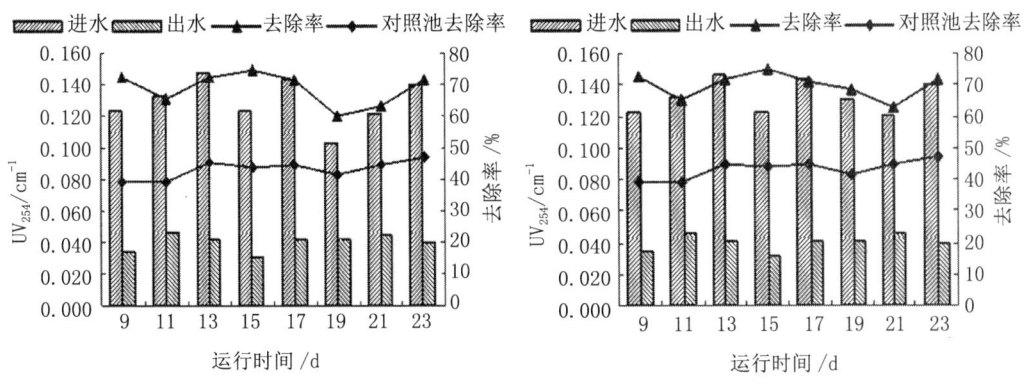

图 5-22 生态滤布对 UV_{254} 的去除效果   图 5-23 阿科蔓对 UV_{254} 的去除效果

4 种载体对 UV_{254} 的去除效果比较详见表 5-3，由此可见，4 种载体对 UV_{254} 的净化规律与对高锰酸盐指数的净化效果并不一致。4 种载体中，SDF 阿科蔓效果最好，达到 69.81%，弹性填料净化效果与其相差较小，也达到 68.0% 的去除率。而组合填料和生态滤布净化效果相差明显，均只有 62% 左右的去除率。UV_{254} 与有机物的分子量特性有关。通常情况下，有机物的分子量越大，水体的 UV_{254} 越高，分子量大于 3 000 以上的有机物是水中紫外吸收的主体[2, 3]。而无纺布填料丝纤维呈各向异性，错杂排列，有利于网捕、富集水中的大分子量物质，因此对 UV_{254} 的净化效果较好。

表 5-3 4 种载体对 UV_{254} 的去除效果比较

载体类型	进水平均 UV_{254}/ cm^{-1}	出水平均 UV_{254}/ cm^{-1}	平均去除率 / %
组合填料	0.132	0.050	62.42
弹性填料	0.130	0.042	68.01
生态滤布	0.133	0.049	62.97
阿科蔓	0.132	0.040	69.81

（3）4 种载体对 NH_3-N 的去除效果

4 种生物载体净化池和对照池对 NH_3-N 的去除率见图 5-24 至图 5-27。由图可见，进水首日的氨氮浓度较低，在 0.52～0.72mg/L。此后进水氨氮相对稳定，在 1.06～1.46mg/L。各组生物载体净化池均保持较好的氨氮去除率。其中组合填料出水 NH_3-N 在 0.214～0.582mg/L，去除率 58.51%～67.74%；弹性填料出水在 0.105～0.363mg/L，去除率 71.72%～84.47%；生态滤布出水 NH_3-N 在 0.220～0.619mg/L，去除率 51.19%～65.51%；SDF 阿科蔓出水 NH_3-N 在 0.182～0.400mg/L，去除率为 71.26%～80.07%。

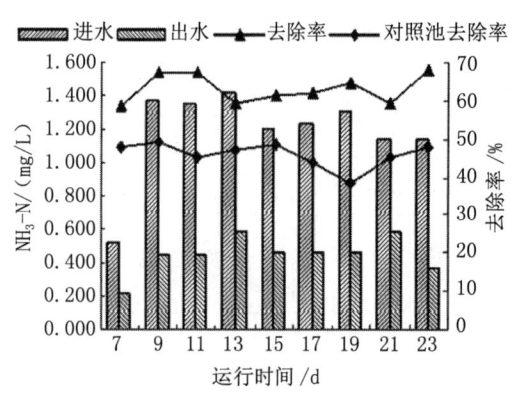

图 5-24 组合填料对 NH₃-N 的去除效果

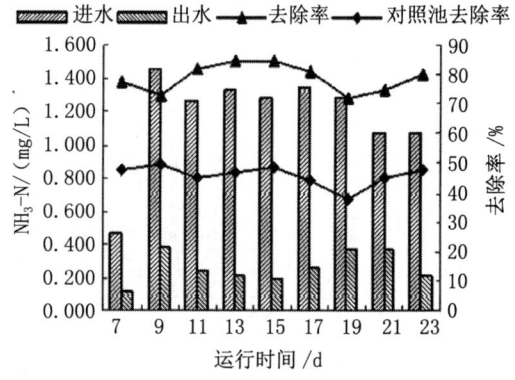

图 5-25 弹性填料对 NH₃-N 的去除效果

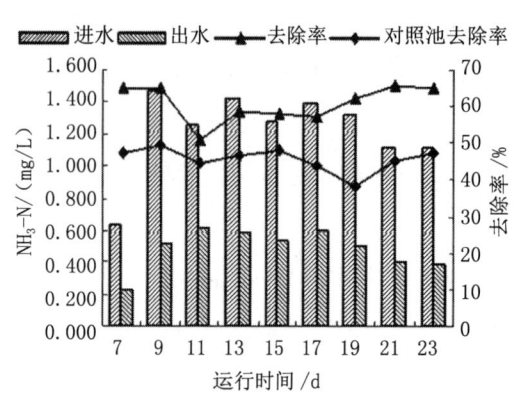
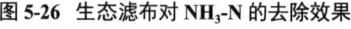

图 5-26 生态滤布对 NH₃-N 的去除效果

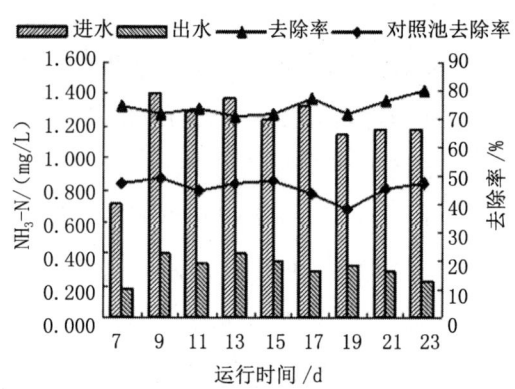

图 5-27 SDF 阿科蔓 NH₃-N 的去除效果

4 种载体对 NH₃-N 的去除效果比较详见表 5-4,可见弹性填料效果最好,平均去除率达 78.8%。阿科蔓效果其次,但相差不大,其原因在于氨氮是小分子污染物质,生物膜与污染物质的接触传质十分重要。而弹性填料的空间发散性较好,生物膜与污染物的接触频率高,不易发生短流。阿科蔓由于表面结构复杂,比表面积相对较大,也能取得较好的净化效果。

表 5-4 4 种载体对 NH₃-N 的去除效果比较

载体类型	进水平均 NH₃-N/(mg/L)	出水平均 NH₃-N/(mg/L)	平均去除率/%
组合填料	1.187	0.448	63.04
弹性填料	1.175	0.258	78.78
生态滤布	1.222	0.486	60.84
阿科蔓	1.206	0.312	74.31

（4）4 种载体对 TP 的去除效果

4 种载体的进出水 TP 浓度和对照池对 TP 的去除率见图 5-28 至图 5-31。由图可见，组合填料的进水 TP 在 0.114 ~ 0.283mg/L，出水 TP 在 0.069 ~ 0.143mg/L，去除率变化幅度为 35.88% ~ 41.85%；弹性填料的进水 TP 在 0.169 ~ 0.261mg/L，出水 TP 在 0.060 ~ 0.125mg/L，去除率变化幅度为 42.79% ~ 65.27%；生态滤布的进水 TP 在 0.176 ~ 0.241mg/L，出水 TP 在 0.105 ~ 0.167mg/L，去除率变化幅度为 30.52% ~ 41.37%；阿科蔓的进水 TP 在 0.158 ~ 0.259mg/L，出水 TP 在 0.078 ~ 0.129mg/L，去除率变化幅度为 38.24% ~ 60.81%。

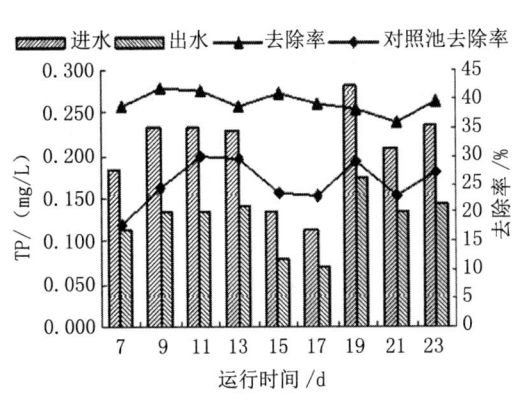

图 5-28 组合填料对 TP 的去除效果　　　　图 5-29 弹性填料对 TP 的去除效果

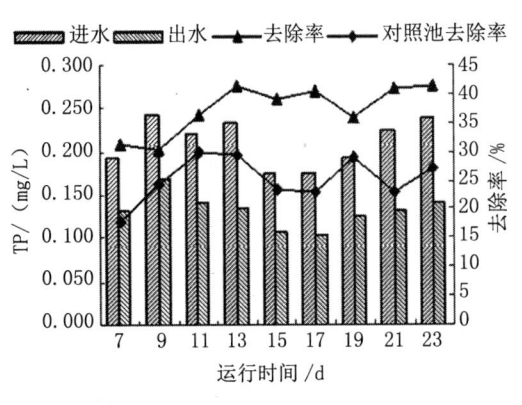
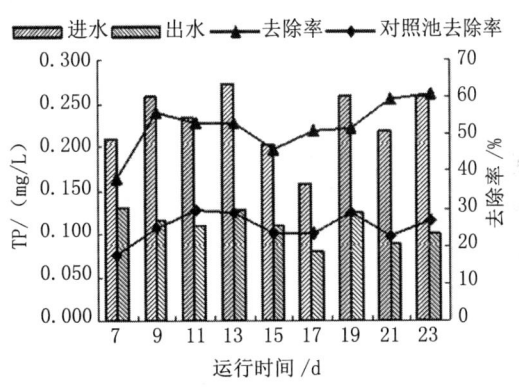

图 5-30 生态滤布对 TP 的去除效果　　　　图 5-31 阿科蔓对 TP 的去除效果

4 种载体对 TP 的去除效果比较详见表 5-5，可见弹性填料效果最好，平均去除率达 57.4%。阿科蔓效果其次，但相差不大。原水中的 TP 通过聚磷菌作用、载体吸附作用而去除，弹性填料发散的空间结构有利于生物膜对 TP 的吸收。而 SDF 阿科蔓相对密实的空间结构则有利于网捕悬浮态的含磷生物碎屑。因此这两者的净化效果较好。

表 5-5 4 种载体对 TP 的去除效果比较

载体类型	进水平均 TP/（mg/L）	出水平均 TP/（mg/L）	平均去除率 /%
组合填料	0.206	0.125	39.29
弹性填料	0.213	0.091	57.44
生态滤布	0.210	0.132	37.41
阿科蔓	0.230	0.109	52.13

5.3.3.3 微生物镜检

肖羽堂等研究了生物接触氧化净化微污染源水的机理，结果表明载体生物膜的厚度很薄，只有污水生物处理中生物膜厚度的 1/10 左右。膜内溶解氧充足、无厌氧层存在，膜内细菌主要是高好氧贫营养性微生物，生物接触氧化净化水质是一个高度综合、好氧的生物作用过程[4]。

微污染水，有机物浓度不高，且存在一定量的无机碳酸盐（碱度）时，在溶解氧充足的条件下，自养型的硝化细菌和异养微生物以好氧生物膜的形式附着于载体表面上，钟虫、喇叭虫、寡毛类、枝角类和软体动物等原生动物和后生动物也栖息在生物膜上，并有蓝藻、绿藻和硅藻等多种藻类，形成一个复杂的生物群落。原水与生物膜接触时，通过微生物的新陈代谢活动和生物吸附、絮凝、氧化、硝化、合成和摄食等综合作用，使原水中氨氮、铁、锰和有机物等逐渐被氧化和转化，达到净化水质的目的[4]。

反应器运行期间，温度控制在 20℃左右。15d 后，载体上覆盖了一层黄褐色的生物膜，有较明显的泥腥味。此时，COD_{Mn} 去除率稳定在 65% ～ 80%，$NH_3\text{-}N$ 去除率稳定在 60% ～ 80%，认为反应器挂膜成功。顺水流方向，进水处载体上生物膜稍厚，出水处载体上生物膜稍薄。镜检观察到的主要微生物类型见图 5-32 至图 5-34。

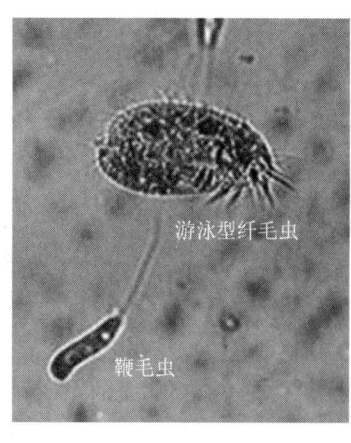

图 5-32 鞭毛虫和纤毛虫

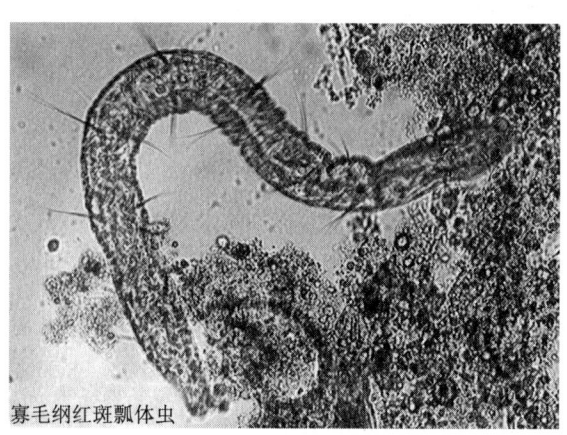

图 5-33 寡毛类动物

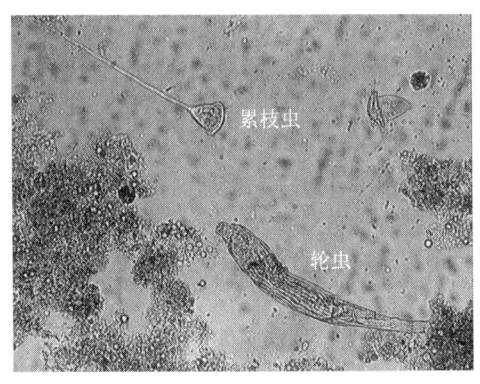
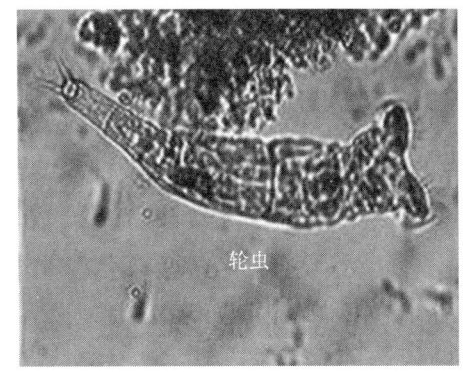

图 5-34　累枝虫和轮虫

4 种载体对 COD_{Mn}、UV_{254}、$NH_3\text{-}N$ 和 TP 的去除效果综合比较见图 5-35。可见，弹性填料对除 UV_{254} 外的其他各指标的去除率均达到最大，而阿科蔓对 UV_{254} 的去除率仅比弹性填料稍大。综合考虑，弹性填料对微污染水的净化效果最佳。

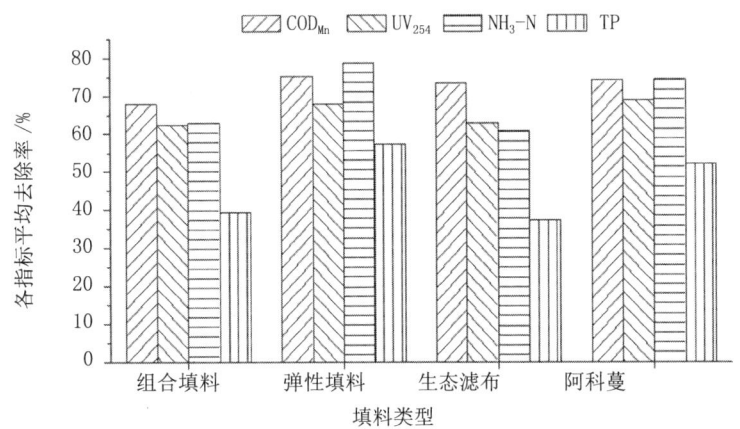

图 5-35　4 种载体的效果综合比较

5.3.4　弹性填料最佳运行工况确定

经过对 4 种微生物载体（组合填料、弹性填料、生态滤布、阿科蔓）的筛选，弹性填料表现出一定的净化优势。因此采用弹性填料作为对象，研究其在水质净化中的最佳运行工况，主要包括水力停留时间和填料填充密度两个因素对水质净化效果的影响，为在示范工程应用提供技术参数、合理选择微污染水处理技术提供方法指导和实用技术。

5.3.4.1　试验方法

该部分主要包括：最佳水力停留时间和最佳填充密度的确定。首先，通过对 100% 密度的弹性填料在水力停留时间为 0.5d、1d、3d、5d 下的运行效果作比较，确定最佳水力停留时间。进水水质情况见表 5-6，待挂膜成功后隔天对 COD_{Mn}、UV_{254}、NH_3-N 和 TP 进行测定。

表 5-6　最佳水力停留时间确定过程中的进水水质

指标	COD_{Mn}/（mg/L）	UV_{254}/（cm^{-1}）	NH_3-N/（mg/L）	TP/（mg/L）
浓度	5.35～7.84	0.094～0.130	0.471～1.453	0.169～0.261

最佳水力停留时间确定后，通过对最佳水力停留时间下的弹性填料在填充密度分别为 50.0%、66.7%、83.3% 和 100.0% 时的运行效果作比较，确定最佳填充密度。反应器尺寸为 0.5m（长）×0.3m（宽）×0.5m（高），弹性填料直径为 0.15m，各填充密度的平面布置方式见图 5-36。进水水质情况见表 5-7，待挂膜成功后隔天对 COD_{Mn}、UV_{254}、NH_3-N 和 TP 进行测定。

表 5-7　最佳填充密度确定过程中的进水水质

指标	COD_{Mn}/（mg/L）	UV_{254}/（cm^{-1}）	NH_3-N/（mg/L）	TP/（mg/L）
浓度	6.03～7.84	0.021～0.130	1.128～1.184	0.206～0.254

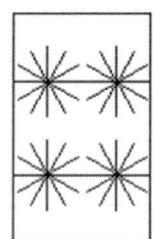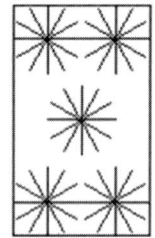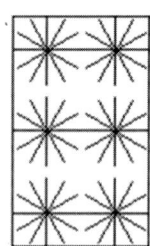

图 5-36　弹性填料各填充密度的布置方式

（从左往右依次为 50.0%、66.7%、83.3%、100.0%）

5.3.4.2 水力停留时间对水质净化效果影响

HRT 是影响污染物去除效果的重要参数，过短的停留时间会造成水力冲刷太大，生物膜流失。适当延长原水停留时间，水质净化效果会相应提高。但 HRT 过大会使构筑物体积及基建费用增大；且对微污染水来说，停留时间过长可能使微生物处于内源呼吸状态，从而影响处理效果。而较短的水力停留时间，其紊流剪切作用有助于控制生物膜厚度，需根据实际情况选择合适的停留时间。

（1）水力停留时间对 COD_{Mn} 去除效果的影响

弹性填料在 4 种水力停留时间下去除效果见图 5-37 至图 5-40。由图可见，HRT

= 0.5d 时的进水 COD_{Mn} 在 5.99 ~ 7.88mg/L，出水 COD_{Mn} 在 1.73 ~ 2.83mg/L，去除率变化幅度为 61.90% ~ 78.06%；HRT = 1d 时的进水 COD_{Mn} 在 5.35 ~ 9.16mg/L，出水 COD_{Mn} 在 1.02 ~ 2.71mg/L，去除率变化幅度为 64.50% ~ 88.41%；HRT = 3d 时的进水 COD_{Mn} 在 5.84 ~ 7.37mg/L，出水 COD_{Mn} 在 1.12 ~ 2.05mg/L，去除率变化幅度为 64.96% ~ 82.49%；HRT = 5d 时的进水 COD_{Mn} 为 6.34mg/L，出水 COD_{Mn} 在 1.10 ~ 2.41mg/L，去除率变化幅度为 62.00% ~ 82.85%。

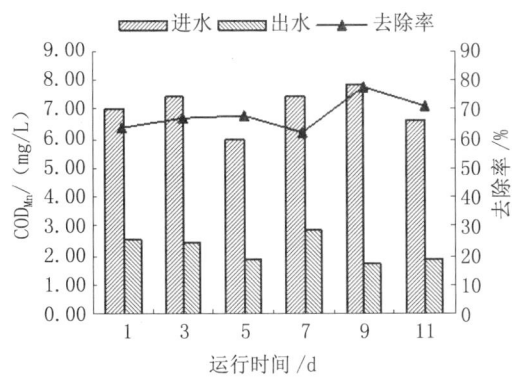

图 5-37 HRT = 0.5d 时的 COD_{Mn} 去除效果

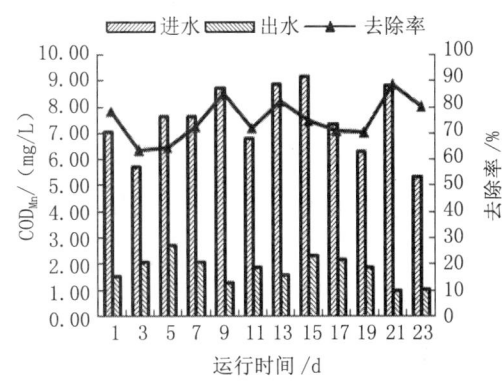

图 5-38 HRT = 1d 时的 COD_{Mn} 去除效果

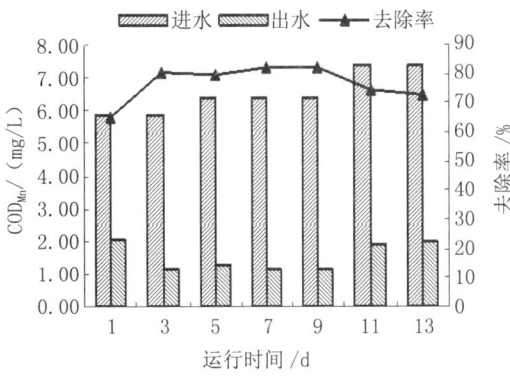

图 5-39 HRT = 3d 时的 COD_{Mn} 去除效果

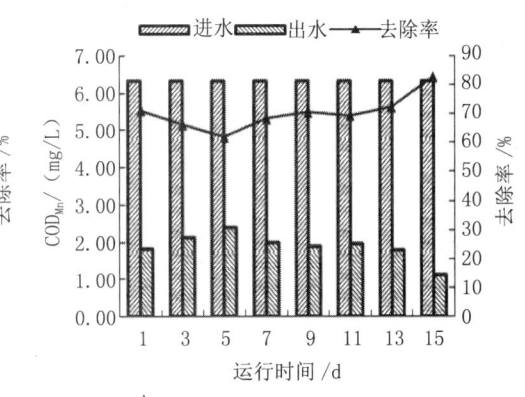

图 5-40 HRT = 5d 时的 COD_{Mn} 去除效果

4 种水力停留时间对 COD_{Mn} 的去除效果比较详见表 5-8，由表可见 HRT = 3d 时效果最好。分析认为，当 HRT ≤ 3d 时，随着水力停留时间增加，有机负荷降低，对有机物的去除起到了一定强化作用；但如果 HRT > 3d，此时负荷过低又不足以提供微生物所需的营养，且污染物与生物膜的接触时间短，不利于有机物的去除。因此，COD_{Mn} 的平均去除率在 HRT = 3d 时出现一个峰值。

185

5 江苏省河流型水源地污染防控技术与示范

表 5-8 4 种水力停留时间对 COD$_{Mn}$ 的去除效果比较

HRT/d	进水平均 COD$_{Mn}$/（mg/L）	出水平均 COD$_{Mn}$/（mg/L）	平均去除率 /%
0.5	7.08	2.24	68.30
1	7.46	1.81	75.16
3	6.53	1.51	76.91
5	6.34	1.88	70.49

（2）水力停留时间对 UV$_{254}$ 去除效果的影响

弹性填料在 4 种水力停留时间下对 UV$_{254}$ 的去除率见图 5-41 至图 5-44。由图可见，HRT = 0.5d 时的进水 UV$_{254}$ 在 0.111 ～ 0.139cm^{-1}，出水 UV$_{254}$ 在 0.038 ～ 0.049cm^{-1}，去除率变化幅度为 56.76% ～ 72.66%；HRT = 1d 时的进水 UV$_{254}$ 在 0.118 ～ 0.150cm^{-1}，出水 UV$_{254}$ 在 0.026 ～ 0.052cm^{-1}，去除率变化幅度为 59.69% ～ 80.00%；HRT = 3d 时的进水 UV$_{254}$ 在 0.119 ～ 0.129cm^{-1}，出水 UV$_{254}$ 在 0.028 ～ 0.048cm^{-1}，去除率变化幅度为 60.66% ～ 78.29%；HRT = 5d 时的进水 UV$_{254}$ 在 0.094 ～ 0.098cm^{-1}，出水 UV$_{254}$ 在 0.021 ～ 0.031cm^{-1}，去除率变化幅度为 67.02% ～ 78.57%。

江苏省 农村地表集中式水源地 面源污染防控技术与示范

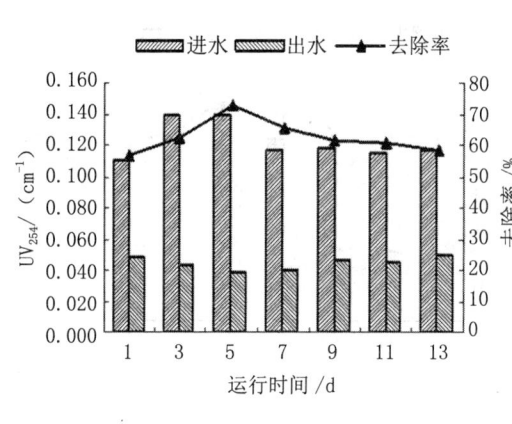

图 5-41 HRT = 0.5d 时的 UV$_{254}$ 去除效果

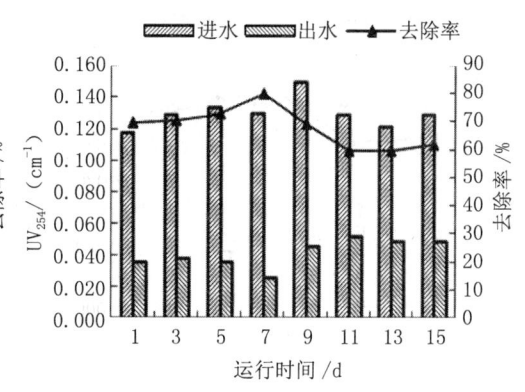

图 5-42 HRT = 1d 时的 UV$_{254}$ 去除效果

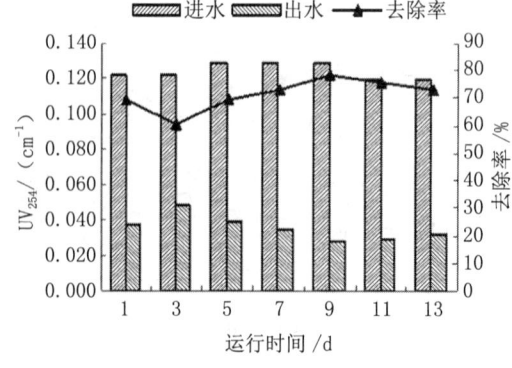

图 5-43 HRT = 3d 时的 UV$_{254}$ 去除效果

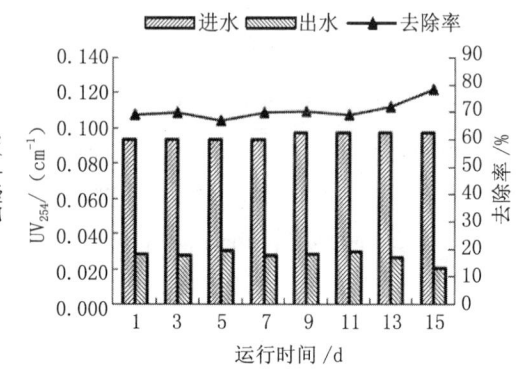

图 5-44 HRT = 5d 时的 UV$_{254}$ 去除效果

4种水力停留时间对UV$_{254}$的去除效果比较详见表5-9，可见HRT＝3d时的去除效果最好。造成这一结果的原因与造成COD$_{Mn}$去除效果差异的原因相似，与有机负荷有关。

表5-9　4种水力停留时间对UV$_{254}$的去除效果比较

HRT/d	进水平均UV$_{254}$/（cm^{-1}）	出水平均UV$_{254}$/（cm^{-1}）	平均去除率/%
0.5	0.122	0.044	62.56
1	0.130	0.042	68.01
3	0.124	0.035	71.43
5	0.096	0.028	70.93

（3）水力停留时间对NH$_3$-N去除效果的影响

弹性填料在4种水力停留时间下对NH$_3$-N的去除率见图5-45至图5-48。由图可见，HRT＝0.5d时的进水NH$_3$-N在0.897～1.262mg/L，出水NH$_3$-N在0.245～0.464mg/L，去除率变化幅度为62.08%～77.49%；HRT＝1d时的进水NH$_3$-N在0.471～1.453mg/L，出水NH$_3$-N在0.105～0.363mg/L，去除率变化幅度为71.72%～84.47%；HRT＝3d时的进水NH$_3$-N在0.891～1.319mg/L，出水NH$_3$-N在0.125～0.475mg/L，去除率变化幅度为63.95%～89.04%；HRT＝5d时的进水NH$_3$-N在1.008～1.014mg/L，出水NH$_3$-N在0.105～0.172mg/L，去除率变化幅度为82.91%～86.62%。

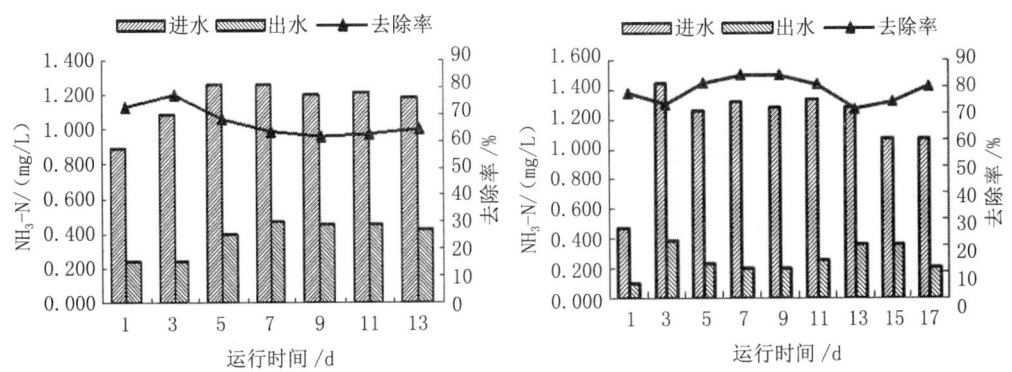

图5-45　HRT＝0.5d时的NH$_3$-N去除效果　　　　图5-46　HRT＝1d时的NH$_3$-N去除效果

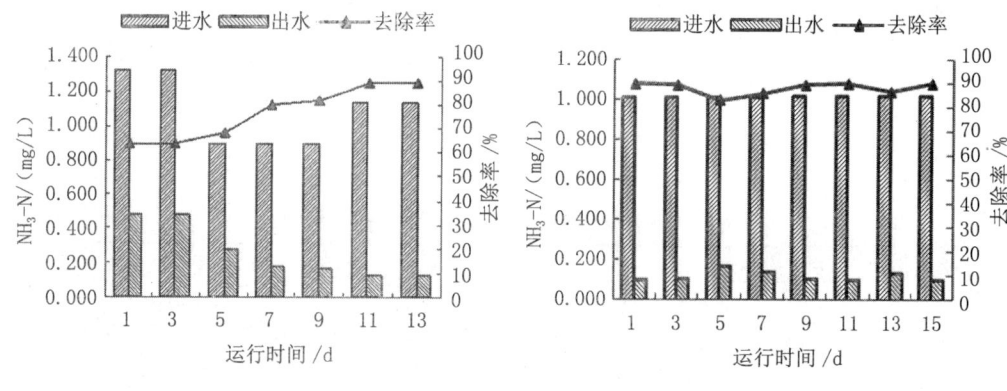

图 5-47　HRT = 3d 时的 NH₃-N 去除效果　　　　　图 5-48　HRT = 5d 时的 NH₃-N 去除效果

4 种水力停留时间对 NH_3-N 的去除效果比较详见表 5-10，可见 HRT = 5d 时的去除效果最好。分析认为，NH_3-N 主要是通过硝化菌和反硝化菌去除，硝化菌的世代周期长，增殖速率慢，较长的水力停留时间对其生长有利，因而 NH_3-N 的平均去除率会随 HRT 的增大而增大。

表 5-10　4 种水力停留时间对 NH₃-N 的去除效果比较

HRT/d	进水平均 NH₃-N/（mg/L）	出水平均 NH₃-N/（mg/L）	平均去除率 /%
0.5	1.160	0.384	67.27
1	1.175	0.258	78.78
3	1.015	0.147	85.05
5	1.011	0.124	87.72

（4）水力停留时间对 TP 去除效果的影响

弹性填料在 4 种水力停留时间下对 TP 的去除率见图 5-49 至图 5-52。由图可见，HRT = 0.5d 时的进水 TP 在 0.206 ～ 0.260mg/L，出水 TP 在 0.073 ～ 0.106mg/L，去除率变化幅度为 51.48% ～ 66.24%；HRT = 1d 时的进水 TP 在 0.189 ～ 0.226mg/L，出水 TP 在 0.060 ～ 0.125mg/L，去除率变化幅度为 42.79% ～ 65.27%；HRT = 3d 时的进水 TP 在 0.169 ～ 0.261mg/L，出水 TP 在 0.114 ～ 0.147mg/L，去除率变化幅度为 35.03% ～ 43.88%；HRT = 5d 时的进水 TP 在 0.194 ～ 0.226mg/L，出水 TP 在 0.193 ～ 0.258mg/L，去除率变化幅度为 -25.39% ～ 8.20%。

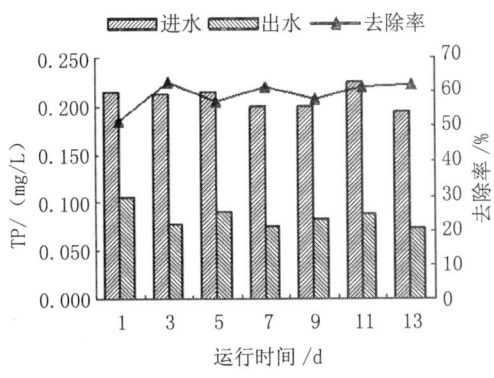

图 5-49　HRT = 0.5d 时的 TP 去除效果

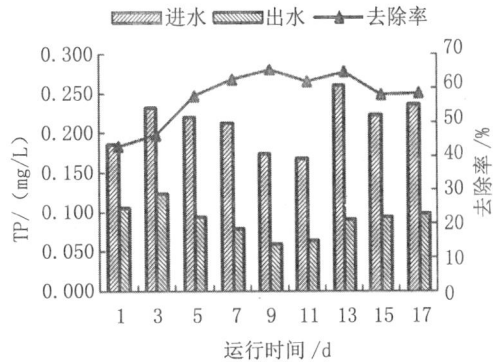

图 5-50　HRT = 1d 时的 TP 去除效果

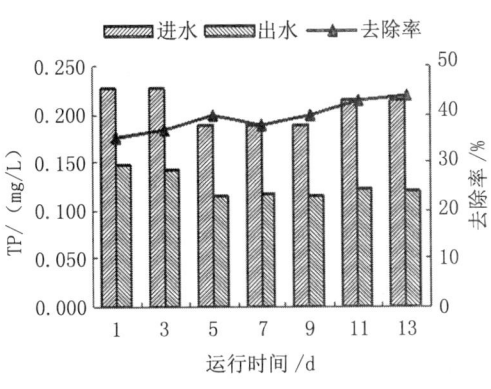

图 5-51　HRT = 3d 时的 TP 去除效果

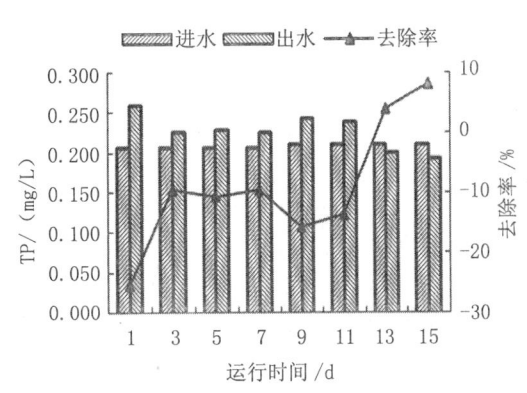

图 5-52　HRT = 5d 时的 TP 去除效果

4 种水力停留时间对 TP 的去除效果比较详见表 5-11，可见 HRT = 0.5d 时的去除效果最好。TP 的生物去除主要是依靠载体的富集作用以及载体上富集的聚磷菌的好氧吸磷和厌氧释磷过程来实现，过长的水力停留时间会导致水中一些区域形成厌氧环境，出现厌氧状态下磷的释放。随着水力停留时间的增加，TP 平均去除率降低，甚至出现了负值。

表 5-11　4 种水力停留时间对 TP 的去除效果比较

HRT/d	进水平均 TP/（mg/L）	出水平均 TP/（mg/L）	平均去除率 /%
0.5	0.209	0.086	59.14
1	0.213	0.091	57.44
3	0.207	0.125	39.40
5	0.208	0.227	-9.00

（5）最佳水力停留时间的确定

4 种水力停留时间对 COD_{Mn}、UV_{254}、NH_3-N 和 TP 的去除效果综合比较见图 5-53。

可见，COD_{Mn} 和 UV_{254} 均在 HRT = 3d 时取得最佳去除效果，而 NH_3-N 的平均去除率随 HRT 的增大而增大，TP 的平均去除率却随 HRT 的增大而减小（在 HRT = 5d 时甚至形成厌氧释磷状态）。综合考虑，确定最佳水力停留时间 3d。

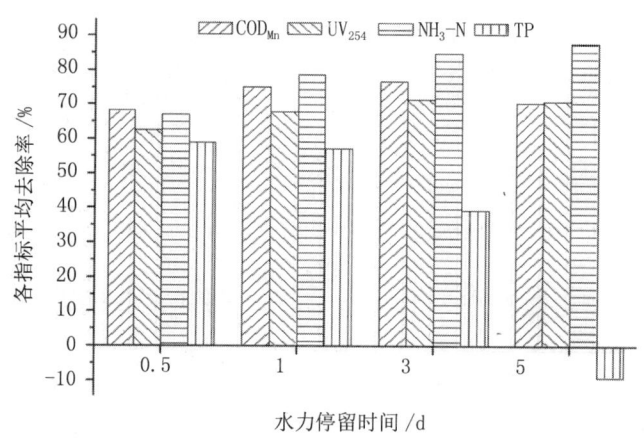

图 5-53　4 种水力停留时间的效果综合比较

5.3.4.3 载体填充密度对水质净化效果影响

载体填充密度也是影响污染物去除效果的重要因素。载体布置过于稀疏，不足以形成足够大的生物量，而影响除污效果；载体布置过于密集，使得载体之间空隙率降低，导致氧利用率、生物膜作用效率、生化絮凝效果降低，且会增加投资。因此需要根据实际情况确定合适的填充密度。

（1）载体填充密度对 COD_{Mn} 去除效果的影响

弹性填料在 4 种填充密度下对 COD_{Mn} 的去除效果见图 5-54 至图 5-57。由图可见，进水 COD_{Mn} 浓度在 6.03 ～ 7.84mg/L。密度为 50.0% 时的出水 COD_{Mn} 在 1.51 ～ 3.98mg/L，去除率变化幅度为 47.46% ～ 80.69%；密度为 66.7% 时的出水 COD_{Mn} 在 1.37 ～ 3.02mg/L，去除率变化幅度为 50.74% ～ 82.56%；密度为 83.3% 时的出水 COD_{Mn} 在 0.86 ～ 2.93mg/L，去除率变化幅度为 51.40% ～ 88.97%；密度为 100.0% 时的出水 COD_{Mn} 在 1.12 ～ 2.05mg/L，去除率变化幅度为 64.96% ～ 82.49%。

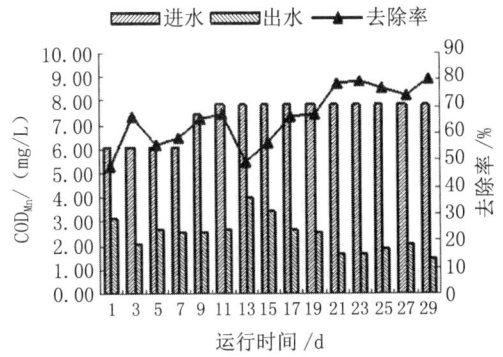

图 5-54 密度为 50.0% 时 COD_Mn 去除效果

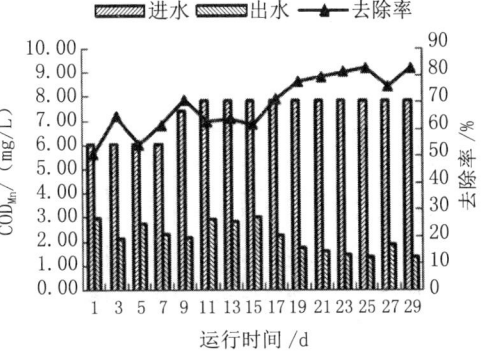

图 5-55 密度为 66.7% 时 COD_Mn 去除效果

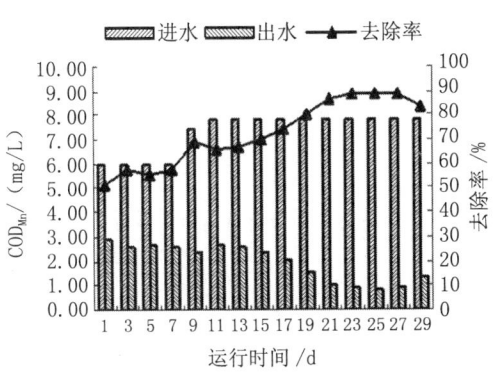

图 5-56 密度为 83.3% 时 COD_Mn 去除效果

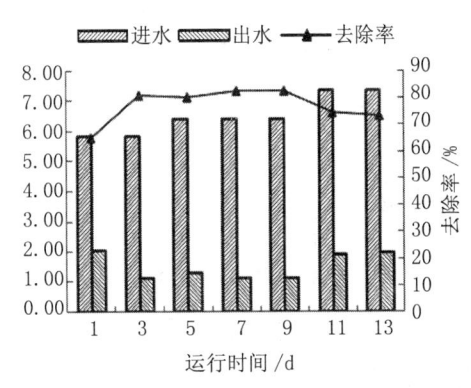

图 5-57 密度为 100% 时 COD_Mn 去除效果

4 种填充密度对 COD_{Mn} 的去除效果比较详见表 5-12，可见填充密度为 100% 时的效果最好。分析认为，载体的填充密度越大，反应器内总的生物量就越大，对有机污染物的去除就越有利。

表 5-12 4 种填充密度对 COD_{Mn} 的去除效果比较

填充密度 /%	进水平均 COD_{Mn}/（mg/L）	出水平均 COD_{Mn}/（mg/L）	平均去除率 /%
50.0	7.33	2.47	65.72
66.7	7.33	2.20	69.21
83.3	7.33	1.95	72.24
100.0	6.53	1.51	76.91

（2）载体填充密度对 UV_{254} 去除效果的影响

弹性填料在 4 种填充密度下对 UV_{254} 的去除率见图 5-58 至图 5-61。由图可见，进水 UV_{254} 在 $0.021 \sim 0.130 cm^{-1}$，密度为 50.0% 时的出水 UV_{254} 在 $0.015 \sim 0.078 cm^{-1}$，去除率变化幅度为 $28.57\% \sim 85.31\%$；密 度 为 66.7% 时 的 出 水 UV_{254} 在

$0.017 \sim 0.050 \text{cm}^{-1}$，去除率变化幅度为 $19.05\% \sim 87.01\%$；密度为 83.3% 时的出水 UV_{254} 在 $0.017 \sim 0.040 \text{cm}^{-1}$，去除率变化幅度为 $19.05\% \sim 89.83\%$；密度为 100.0% 时的出水 UV_{254} 在 $0.028 \sim 0.048 \text{cm}^{-1}$，去除率变化幅度为 $60.66\% \sim 78.29\%$。

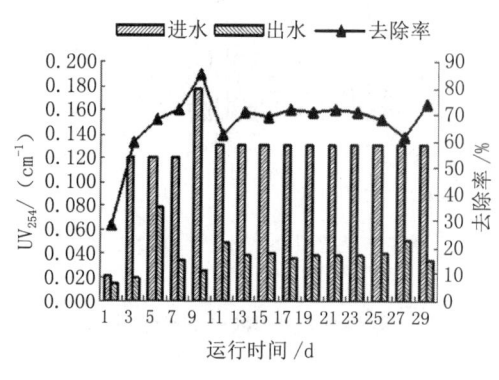

图 5-58　密度为 50% 时 UV_{254} 去除效果

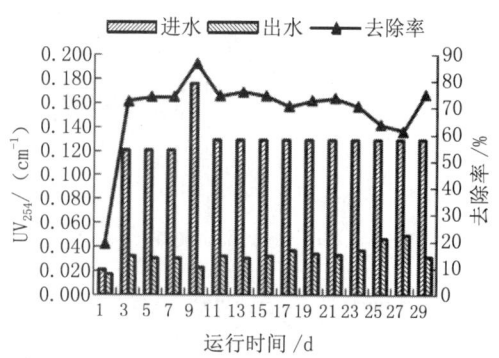

图 5-59　填充密度为 66.7% 时 UV_{254} 去除效果

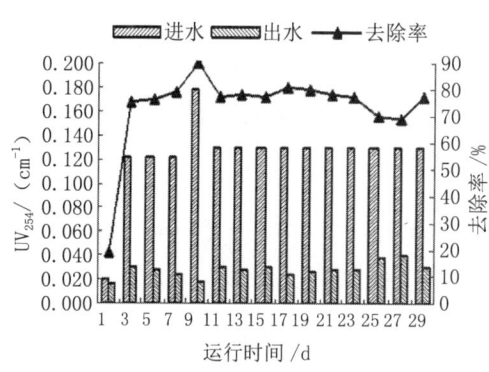

图 5-60　密度为 83.3% 时 UV_{254} 去除效果

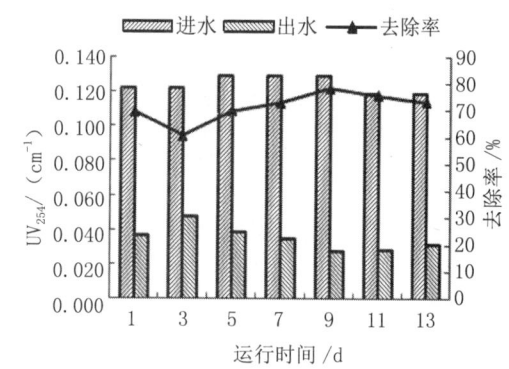

图 5-61　密度为 100% 时 UV_{254} 去除效果

4 种填充密度对 UV_{254} 的去除效果比较详见表 5-9，可见填充密度为 83.3% 时的去除效果最好。虽说载体的填充密度大会使得反应器内总的生物量大，但是密度过大会使得载体间空隙率降低，导致溶解氧不足，抑制了好氧微生物的生长。因此 UV_{254} 的平均去除率在填充密度为 83.3% 时出现了峰值。

表 5-13　4 种水力停留时间对 UV_{254} 的去除效果比较

填充密度 / %	进水平均 UV_{254} / cm^{-1}	出水平均 UV_{254} / cm^{-1}	平均去除率 / %
50.0	0.124	0.038	70.57
66.7	0.124	0.034	73.08
83.3	0.124	0.028	77.56
100.0	0.124	0.035	71.43

（3）载体填充密度对 NH$_3$-N 去除效果的影响

弹性填料在四种填充密度下对 NH$_3$-N 的去除率见图 5-62 至图 5-65。由图可见，进水 NH$_3$-N 浓度在 1.128～1.184mg/L。密度为 50.0% 时的出水 NH$_3$-N 在 0.082～0.764mg/L，去除率变化幅度为 32.25%～93.05%；密度为 66.7% 时的出水 NH$_3$-N 在 0.082～0.549mg/L，去除率变化幅度为 51.37%～97.88%；密度为 83.3% 时的出水 NH$_3$-N 在 0.021～0.424mg/L，去除率变化幅度为 62.44%～98.18%；密度为 100.0% 时的出水 NH$_3$-N 在 0.125～0.475mg/L，去除率变化幅度为 63.95%～89.04%。

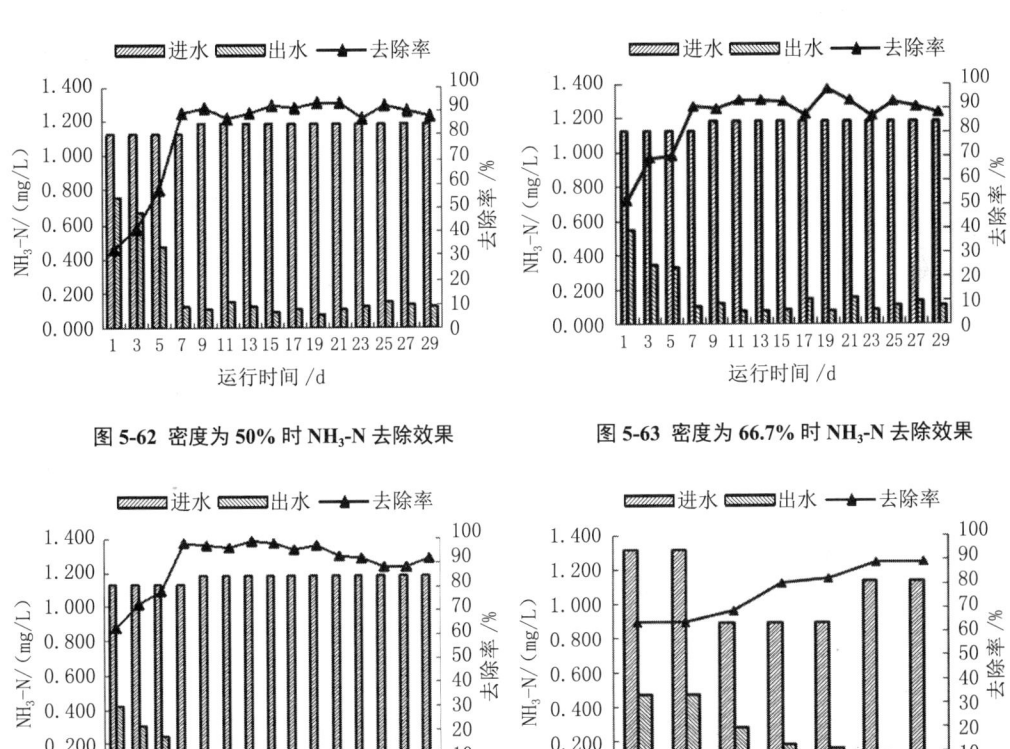

图 5-62 密度为 50% 时 NH$_3$-N 去除效果 　　　图 5-63 密度为 66.7% 时 NH$_3$-N 去除效果

图 5-64 密度为 83.3% 时 NH$_3$-N 去除效果 　　　图 5-65 密度为 100% 时 NH$_3$-N 去除效果

4 种填充密度对 NH$_3$-N 的去除效果比较详见表 5-14，可见填充密度为 83.3% 时的去除效果最好。载体密度过大导致溶解氧不足，抑制了好氧硝化菌的生长，使得硝化过程受到抑制，直接影响脱氮效果。NH$_3$-N 的平均去除率在填充密度为 83.3% 时出现了峰值。

表 5-14 4 种填充密度对 NH₃-N 的去除效果比较

填充密度 / %	进水平均 NH₃-N/（mg/L）	出水平均 NH₃-N/（mg/L）	平均去除率 / %
50.0	1.169	0.221	90.34
66.7	1.169	0.171	91.27
83.3	1.169	0.117	94.51
100.0	1.015	0.147	85.05

（4）载体填充密度对 TP 去除效果的影响

弹性填料在 4 种填充密度下对 TP 的去除率见图 5-66 至图 5-69。由图可见，进水 TP 浓度在 0.206～0.254，密度为 50.0% 时的出水 TP 在 0.137～0.180mg/L，去除率变化幅度为 12.76%～46.98%；密度为 66.7% 时的出水 TP 在 0.148～0.183mg/L，去除率变化幅度为 13.82%～41.82%；密度为 83.3% 时的出水 TP 在 0.126～0.169mg/L，去除率变化幅度为 18.05%～50.42%；密度为 100.0% 时的出水 TP 在 0.114～0.147mg/L，去除率变化幅度为 35.03%～43.88%。

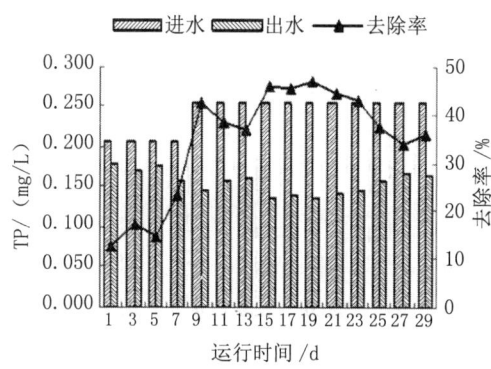

图 5-66 密度为 50% 时 TP 去除效果

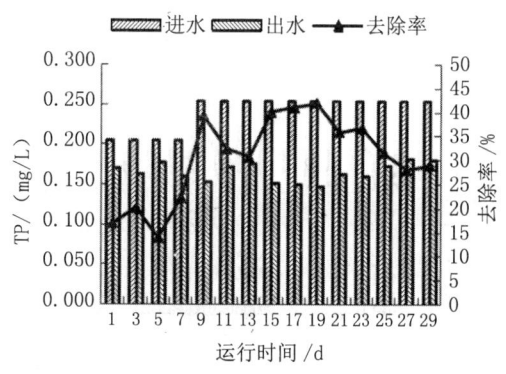

图 5-67 密度为 66.7% 时 TP 去除效果

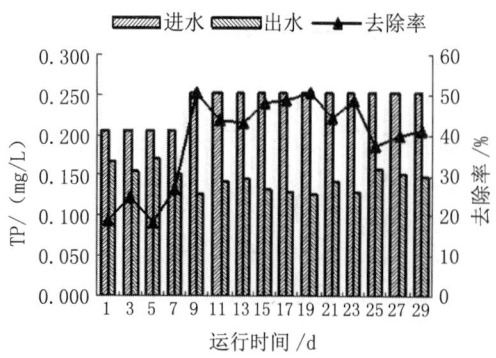

图 5-68 密度为 83.3% 时 TP 去除效果

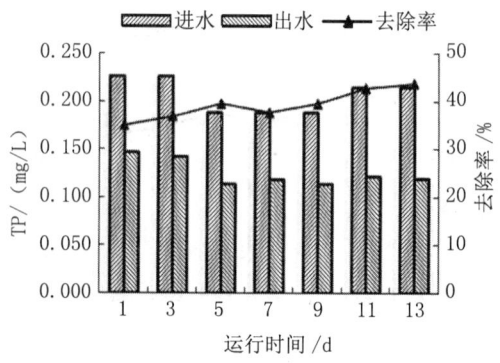

图 5-69 密度为 100.0% 时的 TP 去除效果

4 种填充密度对 TP 的去除效果比较详见表 5-15,可见密度为 83.3% 时的去除效果最好。分析认为,载体密度过大导致溶解氧不足,使得聚磷菌的厌氧释磷过程占优势,直接影响除磷效果。因此 TP 的平均去除率在填充密度为 83.3% 时出现了峰值。

表 5-15 4 种填充密度对 TP 的去除效果比较

填充密度 /%	进水平均 TP/(mg/L)	出水平均 TP/(mg/L)	平均去除率 /%
50.0	0.241	0.156	40.95
66.7	0.241	0.166	35.08
83.3	0.241	0.145	45.02
100.0	0.207	0.125	39.40

(5)最佳填充密度的确定

4 种填充密度对 COD_{Mn}、UV_{254}、NH_3-N 和 TP 的去除效果综合比较见图 5-70。可见,密度为 83.3% 时对除 COD_{Mn} 外的其他各指标的平均去除率均达到最大。在研究的这 4 种填充密度中,综合考虑,取弹性填料的最佳填充密度为 83.3%。

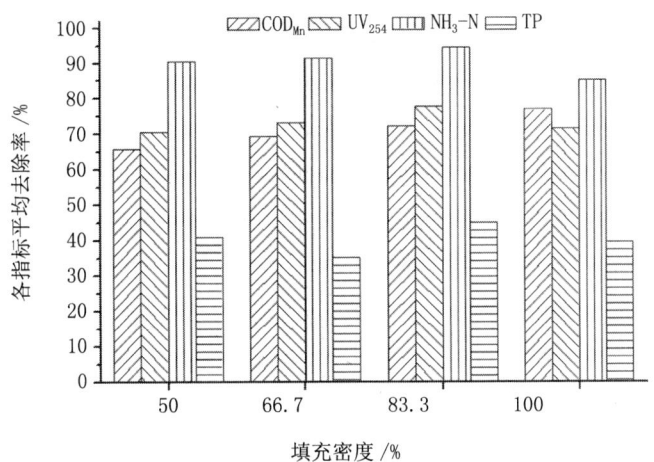

图 5-70 4 种水力停留时间的效果综合比较

采用生物载体对饮用水源水进行自然净化研究结果表明:针对目标水质为地表水Ⅳ类的模拟水体,弹性填料对有机物的净化效果优于其他类型生物载体。运行条件在水力停留时间 3d,填充密度 83.3% 时效果最佳。在该条件下,生态净化工艺对 COD_{Mn}、UV_{254}、氨氮、总磷的净化效率分别达到 72.2%、77.6%、94.5% 和 45.0%,这样最优的参数确定可以为现场中试平台的构建提供重要参考。

5.4 河流型水源地污染防控中试平台

目前长江常熟段水源水质较好，各主要水质指标在年内随水温（或季节）变化呈现出一定规律性，年际变化不明显，水质较为稳定，低分子量有机物为长江常熟段水源水中有机物的主要构成部分，表明长江水资源已受到人类活动的影响。上海、南京、武汉、重庆和成都等人口百万以上大城市都在长江流域，高密度、高强度的产业也在长江流域聚集，这些都对长江水源环境带来了压力。沿江居民生活污水的排放，工矿、企业生产废水的排放以及土壤渗滤和降雨径流带入的土壤有机物，构成了长江水源水中有机物的主要来源，也影响着长江水源水中有机物的分布。因此，选择了江苏常熟长江水源地，建设了饮用水源生态防护中试平台，进行了系统的饮用水源水生态防护技术研究。中试平台以具有水质净化功能的组合型原水调蓄水库为核心，集成了沉淀、人工介质强化生物氧化等多种净化单元，形成了一个有机整体处理系统。

5.4.1 平台平面布置原则

（1）整体性

平台的各处理单元形成一个有机的整体。在总体工艺中，人工介质生物氧化作为生态调蓄水库的前置净化单元，起到微污染水预处理和风险情况下的风险屏障作用，生态调蓄库作为末端单元，在饮用水系统中起着承前（人工介质生物氧化）启后（水厂常规工艺净化）的作用，其主要功能是保持、稳定饮用源水水质。

（2）组合性

平台中人工介质型生物氧化池（简称生物氧化池）与生态调蓄库能够形成不同的工艺组合，不同工艺组合具有灵活配置的能力。

（3）布局紧凑，节约占地面积

考虑到江苏省地少人多，因此水源地水质改善平台应尽量做到布局紧凑，减少用地的浪费。平台的竖向布置主要满足节能要求，尽量达到一次提升，见图5-71。

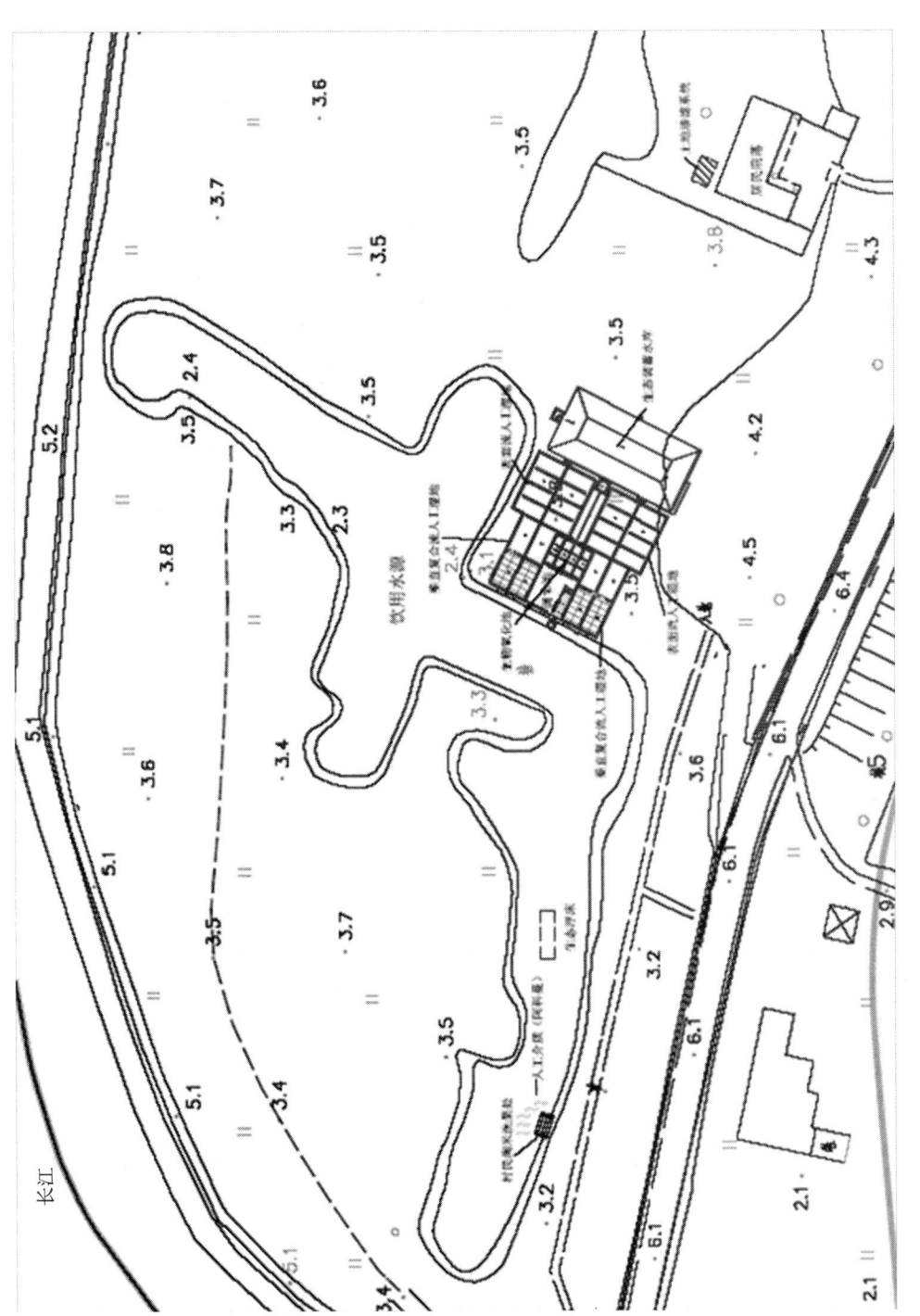

图 5-71 河流型饮用水源地（长江）污染防护中试平台平面图

5 江苏省河流型水源地污染防控技术与示范

5.4.2 平台的单元组成

（1）沉淀调节池

本中试平台前端配置砖石混凝土结构沉淀调节池一套。沉淀调节池有效尺寸为：6.7m×6.7m×1.5m。其中沉淀系统与调节池合建，长×宽×深为：5.0m×2.0m×1.5m，沉淀系统采用重力排沙方式。原水经水泵提升后首先进入沉淀系统沉淀后进入调节池，在调节池内设2台提升泵分别将调节池内原水分别送入人工湿地和生物氧化池。水量通过阀门调节，水表计量。

（2）生物氧化池

砖砌，共4格，单池尺寸长×宽×深为：5.0m×1.5m×1.5m，单池有效体积10 m³（有效水深1.33m）；仿生介质采用组合介质，并可与调蓄水库中试装置系统匹配；池内设布水与出水系统，采用下部进水、上部出水的流动方式，水量可调节。生物氧化池设计停留时间为3d。处理量为13.3m³/d。

（3）生态调蓄水库

原水调蓄水库横向断面的上部宽度为11.2m，下部宽度4 m，水库总长20 m，护坡坡度为1：2，水库深度1.8 m，设计水位1.5m，有效容量200m³；水库中设置生态鱼礁、仿生水草和生态浮床等仿生生境，以优化水流方式并可为鱼类等小动物提供栖息的场所。护坡方式为植物生长型混凝土球（直径250mm）单层连接护坡。

水源水经生物氧化后进入调蓄水库，再通过水泵井泵入水厂净化后，即成为水质稳定可靠的饮用水。

5.4.3 平台的工艺流程

饮用水的生态处理技术目前尚处于研究阶段，本次研究的主要内容就是探索最佳的工艺组合。因此，在处理技术上，本项目应用生物氧化介质，探索处理效果。具体的生物氧化介质上，又分别选取组合填料、弹性填料、无纺布介质（BDF 型和 SDF 型）两种。平台工艺流程图见图5-72。

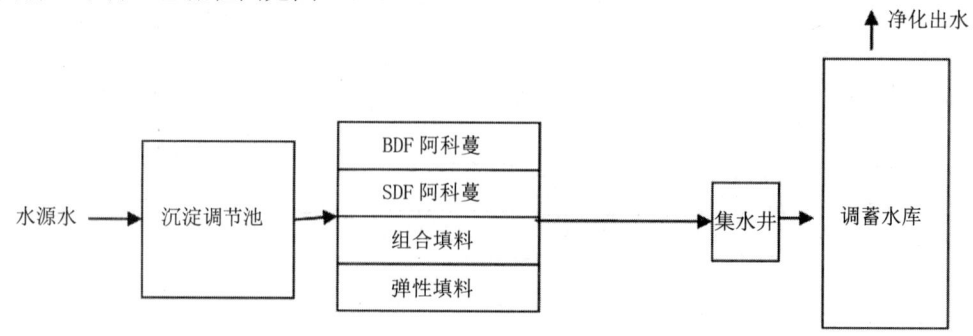

图 5-72 饮用水源地环境水质改善示范工艺流程

5.5 河流型水源地污染防控平台示范

5.5.1 常熟长江水源地概况

常熟市集中式饮用水源地主要分布在长江和尚湖，以长江为水源的主要是三水厂，以尚湖为水源的主要是二水厂。其中尚湖水源地建于1986年5月，工程设计取水量7.5万t/d，现状实际取水量6万t/d。长江水源地建于1997年12月，工程设计取水量60万t/d，现状实际取水量35.6万t/d。以常熟市典型长江水源水（三水厂进厂原水）为研究对象，在长江原水中各水质指标含量及变化特征的基础上，利用分子量分布分级测定为手段，重点开展了有机物组成和特性研究，以期为全面了解和揭示长江常熟段原水水质特性，为后续研究中有针对性地选择和开发高效除污净水工艺，改善水质提高供水安全性，提高必要的理论依据。目前长江水源水水质基本在Ⅱ类地表水标准，个别指标（如：氨氮等）甚至可以达到地表水Ⅰ类标准。长江水源水2005—2007年水温、溶解氧、COD_{Mn}、NH_4^+-N等变化如图5-73至图5-76所示。

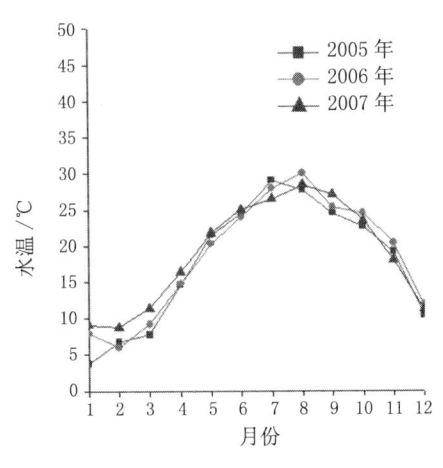

图5-73 月平均水温变化

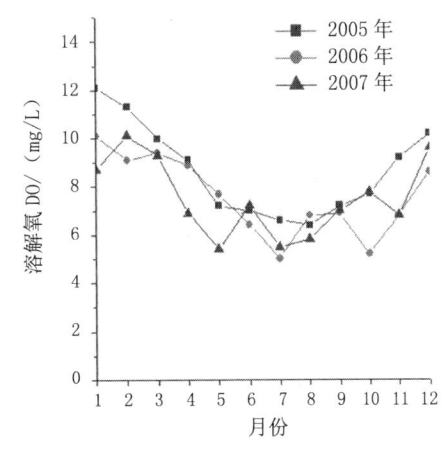

图5-74 月平均溶解氧浓度变化

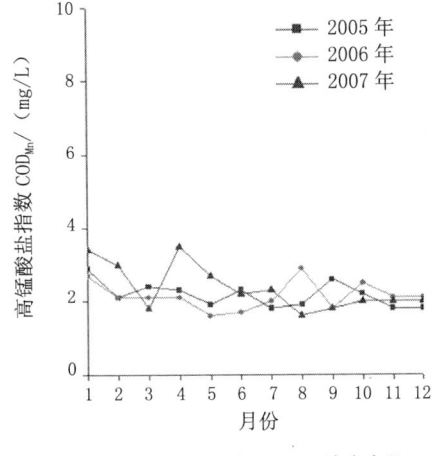

图5-75 月平均 COD_{Mn} 浓度变化

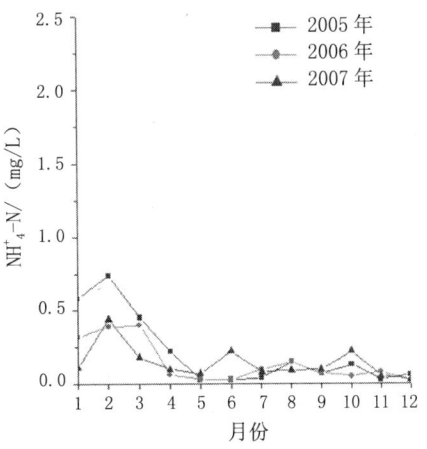

图5-76 月平均 NH_4^+-N 浓度变化

由图 5-77 到图 5-78 可以看出，常熟市长江水源水水温年际变化不大，水温年平均值在 18.5℃左右；但各季水温差异明显，冬季水温在 3.8～11.4℃，春、秋季水温均高于 10℃，夏季水温最高可达 30.1℃，与该地所属北亚热带季风性气候特征相符。长江水源水中的溶解氧含量受水温（或季节）的影响较大，呈现出冬季最高（9～12mg/L）、夏季最低（5～7mg/L）的趋势，一方面，夏季温度高，气压低，水中溶解氧越低；另一方面，水温较高，微生物代谢活动增强，对水中各类污染物质的大幅度降解使得溶解氧含量大幅下降。长江水源水中 COD_{Mn} 含量总体不高，年平均值为 2.2 mg/L；各年月平均变化规律并不一致，这可能主要与当年降雨情况密切相关。长江水源水中 NH_4^+-N 含量也较低，年平均值为 0.16 mg/L，月平均值随时间变化呈现出冬季高、夏季低的趋势，这主要也是与当地水温对微生物降解作用的影响相一致。

长江常熟段水源水进行取样测定 DOC 及 UV_{254} 含量，结果如表 5-16 所示。从表 5-16 可以看出，不同采样时间水源水的 DOC 及 UV_{254} 均变化幅度不大，DOC、UV_{254} 的平均值分别为 2.74mg/L、0.043 cm^{-1} 左右，与周边其他主要水源地（太湖水源水、黄浦江上游水源水）水质情况相比，总体含量水平也处于较低水平，表明长江水源水中各类有机物含量较低、水质较好。

表 5-16　各月 DOC 和 UV_{254} 含量变化

采样日期	DOC /（mg/L）	UV_{254}/（cm^{-1}）
2008 年 5 月	3.069	0.040
2008 年 6 月	2.181	0.038
2008 年 7 月	2.900	0.047
2008 年 8 月	2.810	0.046
平均值	2.740	0.043

水源水中的有机物分子量分布可以反映有机物的特性，且其与水处理的效果有着密切的关系。在 2008 年 5—8 月，对长江常熟段水源水进行取样，测定其有机物分子量分布特性，以期揭示长江常熟段水源水中有机物分子量分布特性。选择 DOC 与 UV_{254} 作为有机物的代表性指标，各分子量区间有机物的分布特性如图 5-75 和图 5-76 所示。

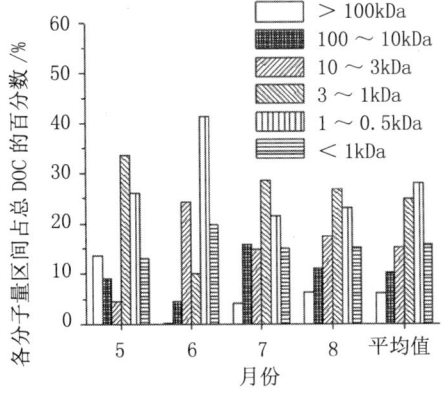
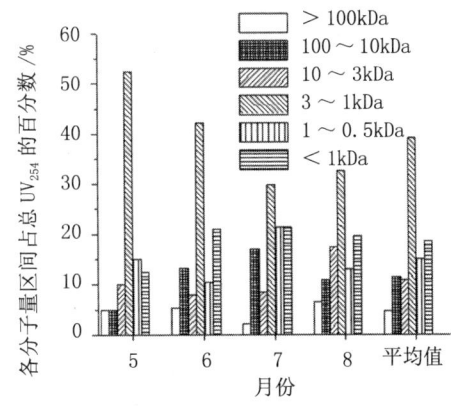

图 5-77　有机物分子量分布区间（DOC）　　　图 5-78　有机物分子量分布区间（UV$_{254}$）

由图 5-77 至图 5-78 可以看出：水源水分子量分布趋向较小的相对分子量，呈现一定的不对称性。但从整体的趋势看，长江常熟段水源水中的 DOC 和 UV$_{254}$ 主要集中在 3～1kDa，1～0.5kDa 及小于 0.5kDa 分子量的有机物（三者 DOC 及 UV$_{254}$ 所占比例之和分别为 68.56% 和 72.81%）。10～3kDa 分子量 DOC、UV$_{254}$ 平均值分别为 15.22%、10.95%；10～100kDa 分子量 DOC、UV$_{254}$ 平均值分别为 10.16%、11.54%，这两部分 DOC、UV$_{254}$ 所占比例相当且比较稳定。而大于 100kDa 分子量 DOC 和 UV$_{254}$ 所占比例很小，仅为 6.06% 和 4.73%。

低分子量有机物为长江常熟段水源水中有机物的主要构成部分，表明长江水资源已受到人类活动的影响。上海、南京、武汉、重庆和成都等人口百万以上大城市都在长江流域，高密度、高强度的产业也在长江流域的聚集，这些都对长江水源环境带来了压力。沿江居民生活污水的排放，工矿、企业生产废水的排放以及土壤渗滤和降雨径流带入的土壤有机物，构成了长江水源水中有机物的主要来源，也影响着长江水源水中有机物的分布。

目前长江常熟段水源水质较好，各主要水质指标基本达到Ⅱ地表水标准。各主要水质指标在年内随水温（或季节）变化呈现出一定规律性，年际变化不明显，水质较为稳定。长江常熟段水源水中的 DOC 和 UV$_{254}$ 主要集中在 3～1kDa，1～0.5kDa 及小于 0.5kDa 分子量的有机物（三者 DOC 及 UV$_{254}$ 所占比例之和分别为 68.56% 和 72.81%），小于 3kDa 分子量有机物是该水源水 DOC 的主要成分。

长江常熟段水源水有机物组成主要特征是溶解性低分子量有机物占多数，常规净水工艺主要针对大分子量（大于 10kDa）有机物去除较为有效，而对低分子量有机物去除效果则较差，要全面提高有机物去除效果、改善出厂水水质，就要采用能有效去除水分子量有机物水处理工艺。这结果可为常熟市及其他以长江水源为进厂原水的水厂净水工艺选择和优化提供基础性数据及理论指导。

5.5.2 生物载体净化示范

5.5.2.1 材料与方法

（1）仿生介质选择

本章研究在小试研究的基础上，选用组合填料（Φ150～80）、弹性填料（Φ150×d0.35）、SDF型阿科蔓生态基和BDF型阿科蔓生态基4种材料，作为生物氧化池中微生物载体的仿生介质。

（2）工艺流程与装置

本中试试验平台建于常熟市第三水厂取水泵房上游50m左右的长江边。人工介质生物氧化单元中试工艺流程为：原水→调节池→前置库→外排，试验源水在调节池中进行初沉，并适当调节水质水量，后泵入生物氧化池，在生物氧化池中通过仿生介质强化生物净化后外排。

生物氧化池为廊道形，共4格，单池尺寸长×宽×深为：4.5m×1.5m×1.5m，单池有效体积10 m³（有效水深1.33m），钢砼材质；每组单池又均分为3格，采用上下流形式连通，以防止水流短路；池内设布水与出水系统，采用下部进水、上部出水的流动方式，水量可调节，无特殊说明中试装置水里停留时间设定为3天；仿生介质装配密度分别为：组合填料和弹性填料83.3%，SDF型阿科蔓生态基和BDF型阿科蔓生态基2.00m²/m³。实验装置照片见图5-79至图5-82。

图5-79 组合填料前置库装置实物

图5-80 弹性填料前置库装置实物图

图5-81 SDF型阿科蔓前置库装置实物图

图5-82 BDF型阿科蔓前置库装置实物图

5.5.2.2 测定项目与方法

（1）常规指标

饮用水中常规水质分析项目主要有色度、浊度、臭和味、pH、总硬度、氯化物、硫酸盐、余氯、细菌和大肠杆菌等。新的《生活饮用水卫生标准》（GB 5749—2006）感观性状和一般化学指标由15项增至20项，增加了耗氧量、氨氮、硫化物、钠、铝，修定了浑浊度。鉴于水源水中有机物和氨氮污染的加剧及水质指标要求的提高，本研究选取 COD_{Mn} 和 $NH_4^+\text{-}N$ 作为常规分析项目，采用《水和废水监测分析方法（第四版）》中国家规定标准方法进行测定，探讨不同仿生介质对常规分析项目的去除效果。

（2）有机污染指标

除常规指标外，本研究还选取了 TOC 和 UV_{254} 作为有机污染的分析项目。TOC 测定采用燃烧氧化—非分散红外吸收法；UV_{254} 的测定是将水样经 0.45μm 膜过滤后在 254nm 波长下测其紫外吸光度。

（3）苯和苯乙烯的分析方法

a. 试剂

二氯甲烷（色谱纯）、苯（色谱纯）、苯乙烯（色谱纯）、1,4-二氯苯。

b. 仪器

Agilent 6890 气相色谱仪，配有氢火焰离子检测器 FID；

色谱柱 HP-624（30.0m×530μm×3μm）弹性石英毛细管柱；

Tekmar XPT 型吹扫捕集器。

c. 色谱条件

毛细管色谱柱：

柱温：60℃（2min）—以每分钟15℃的速度升温—135℃（1min）。

进样口温度：180℃；检测器温度：250℃。

载气：高纯 N_2；H_2：35mL/min；空气 350mL/min；N_2：1.7mL/min。

进样方式：不分流进样。

d. 吹扫捕集条件

吹脱时间 11min，捕集温度 90℃，解析温度 225℃，解析时间 2min，烘烤温度 225℃，烘烤时间 8min，气体为高纯 N_2，吹脱流速 40mL/min。

e. 样品采集

用水样荡洗玻璃采样瓶3次，将水样沿瓶壁缓缓倒入瓶中，滴加盐酸使水样 pH＜2，瓶中不留顶上空间和气泡，然后将样品置于无有机气体干扰的区域保存，在采样后4d内分析。

5.5.2.3 结果与分析

（1）生物氧化池对高锰酸盐指数的去除

高锰酸盐指数（COD_{Mn}）：也称为耗氧量，是反映水被有机物污染程度的一项重要指标。实验期间（2008 年 5—8 月）4 种人工介质进出水 COD_{Mn} 及其去除率见图 5-83 至图 5-86。

①组合填料对高锰酸盐指数的去除效果

由图可以看出，组合填料对原水 COD_{Mn} 的去除效果比较稳定，在进水 COD_{Mn} 值为 4.5～6.7 情况下，其对 COD_{Mn} 的平均去除率为 12.07%，最高时可达 32.13%。运行初期，随着组合填料上生物的不断成熟，其对 COD_{Mn} 的去除率也不断提高；运行后期因为藻类的大量繁殖，水中溶解氧的大量消耗已不能满足微生物生长的需要（＜2mg/L），其对 COD_{Mn} 的去除率也随之有所下降。

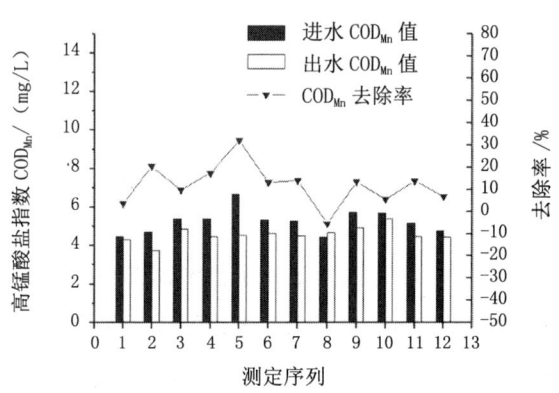

图 5-83　组合填料对 COD_{Mn} 的去除效果

②弹性填料对高锰酸盐指数的去除效果

弹性填料对 COD_{Mn} 的去除与组合填料有着相似的规律，对 COD_{Mn} 的平均去除效果为 12.53%，较组合填料平均去除效果 12.07% 稍高。

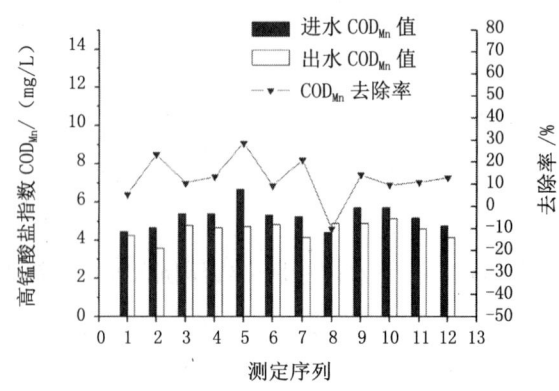

图 5-84　弹性填料对 COD_{Mn} 的去除率

③ SDF 型阿科蔓生态基对高锰酸盐指数的去除效果

SDF 型阿科蔓生态基对 COD_{Mn} 的去除效果波动效大，对 COD_{Mn} 的去除率最高可达 35.88%，但其平均去除率较低，仅为 7.25%。后期，由于藻类的大量繁殖，藻类在生态基上附着生长，影响了生物膜的生长，导致其对 COD_{Mn} 的去除率下降。

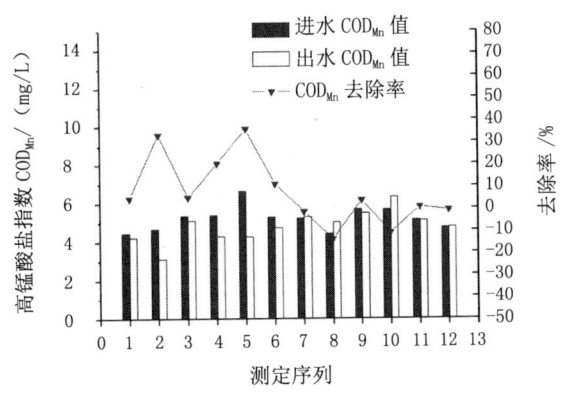

图 5-85　SDF 型阿科蔓生态基对 COD_{Mn} 的去除率

④ BDF 型阿科蔓生态基对高锰酸盐指数的去除效果

BDF 型阿科蔓生态基对 COD_{Mn} 的去除与 SDF 型阿科蔓有着相似的规律。其对 COD_{Mn} 的平均去除效果为 8.96%，较 SDF 型阿科蔓平均去除效果 7.25% 稍高。

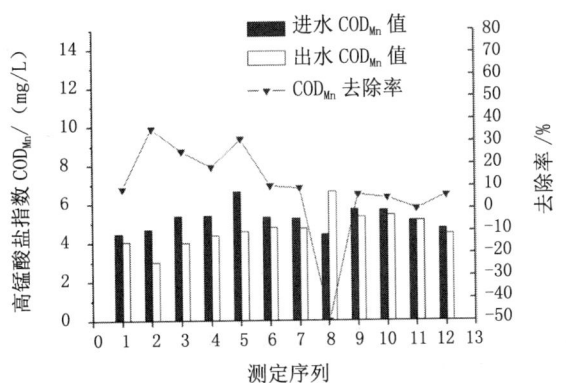

图 5-86　BDF 型阿科蔓生态基对 COD_{Mn} 的去除率

（2）生物氧化池对氨氮的去除

水体中的氨氮主要来自生活污水中的含氮有机物，如粪便等被微生物分解而产生，同时化肥、焦化等工业废水也排放大量的氨氮。氨氮在加氯过程中会与氯反应生成氯氨，使得氯耗量增加而导致消毒副产物生成量增加。实验期间，4 种人工介质对原水中氨氮均有较好的去除效果，见图 5-87 至图 5-90。

①组合填料对氨氮的去除效果

组合填料对氨氮有着较好的去除效果，其对氨氮的平均去除效果为54.04%，最大去除率可达78.15%。从图5-87可以看出：组合填料对氨氮的去除率受进水水质的影响较大。

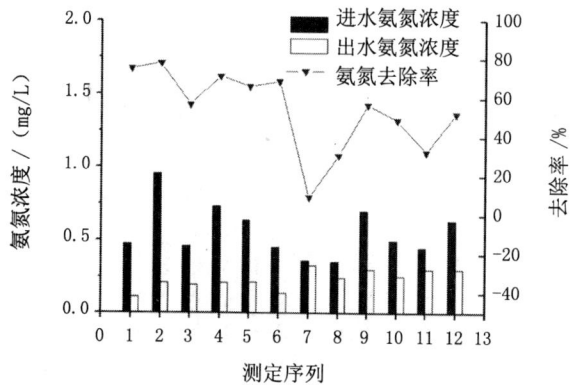

图5-87 组合填料对氨氮的去除效果

②弹性填料对氨氮的去除效果

弹性填料对氨氮有着较好的去除效果，其对氨氮的平均去除效果为50.04%，较组合填料平均去除率54.04%稍差。

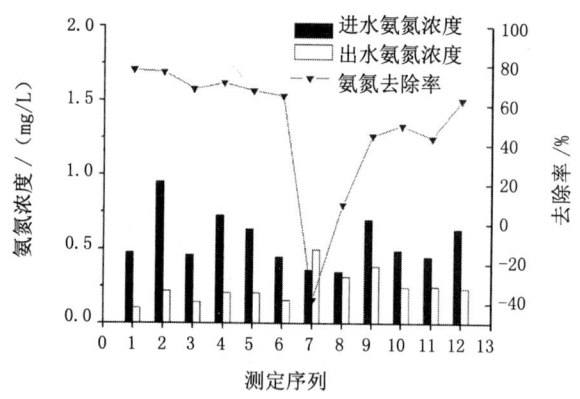

图5-88 弹性填料对氨氮的去除率

③ SDF 型阿科蔓生态基对氨氮的去除效果

SDF 型阿科蔓生态基对氨氮的去除效果波动效大，其对氨氮的平均去除效果为48.01%，较组合填料和弹性填料要低。

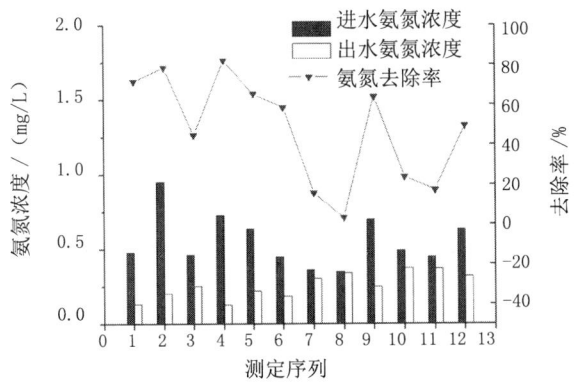

图 5-89 SDF 型阿科蔓生态基对氨氮的去除率

④ BDF 型阿科蔓生态基对氨氮的去除效果

从图 5-88 可以看出：BDF 型阿科蔓生态基对氨氮的去除效果受进水氨氮浓度影响较大，平均去除率为 46.54%。后期藻类的大量繁殖也影响了其对氨氮的去除效果。

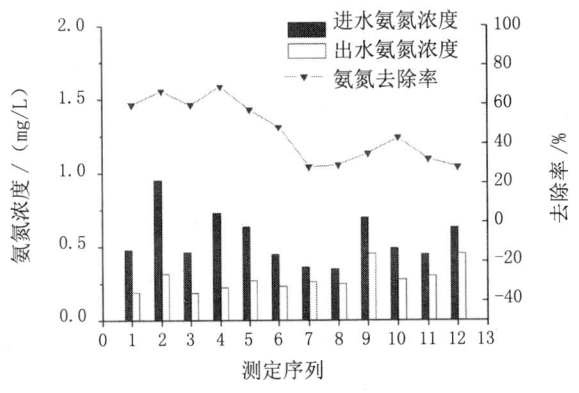

图 5-90 BDF 型阿科蔓生态基对氨氮的去除率

（3）生物氧化对 TOC 的去除

在分析仿生介质去除 COD_{Mn} 基础上，以综合有机指标 TOC 来衡量仿生介质去除天然有机物的效果。4 种仿生介质对原水中 TOC 的去除效果见图 5-91 至图 5-94。

①组合填料对 TOC 的去除效果

由图可以看出，组合填料对原水 TOC 的去除效果比较稳定，平均去除率为 13.40%。

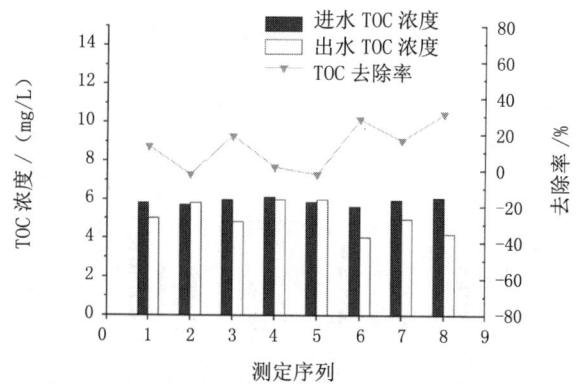

图 5-91　组合填料对 TOC 的去除效果

②弹性填料对 TOC 的去除效果

弹性填料对 TOC 的去除与组合填料有着相似的规律。对 TOC 的平均去除效果为 9.54%，较组合填料平均去除效果 13.40% 要低。

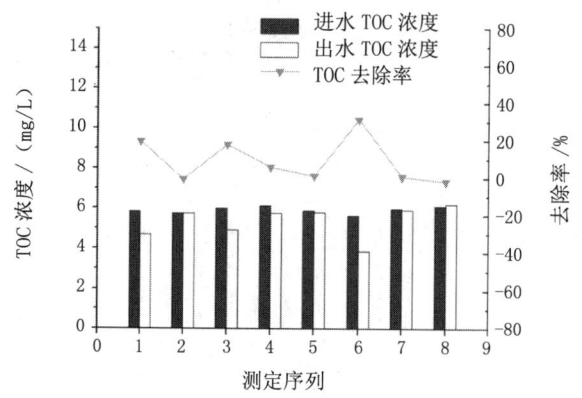

图 5-92　弹性填料对 TOC 的去除率

③ SDF 型阿科蔓生态基对 TOC 的去除效果

SDF 型阿科蔓生态基对原水 TOC 的去除效果比较稳定，平均去除率为 8.90%。去除效果受进水 TOC 浓度的影响较大。

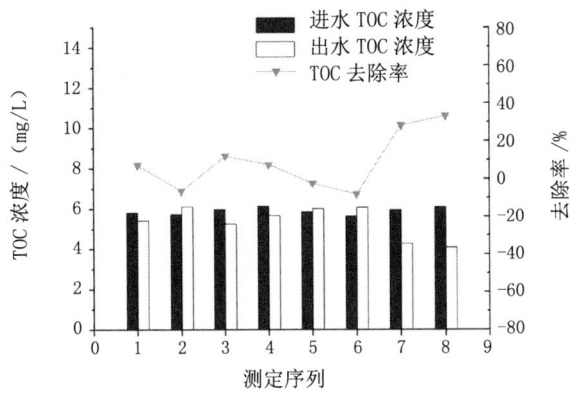

图 5-93 SDF 型阿科蔓生态基对 TOC 的去除率

④ BDF 型阿科蔓生态基对 TOC 的去除效果

BDF 型阿科蔓生态基对原水 TOC 的去除效果比较稳定，其对 TOC 的平均去除率为 8.42%。

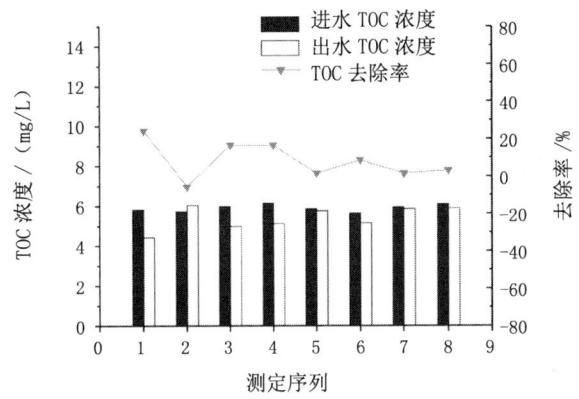

图 5-94 BDF 型阿科蔓生态基对 TOC 的去除率

（4）生物氧化对 UV_{254} 的去除

TOC、DOC 分别体现了有机物和溶解性有机物在水中的总量，而 UV_{254} 则主要用来衡量水中所含有机物的芳香性。研究 UV_{254} 的去除效果对于有机物（特别是消毒副产物的控制）有着重要的意义。4 种人工介质对原水中 UV_{254} 的去除作用见图 5-95 至图 5-98。

①组合填料对 UV_{254} 的去除效果

组合填料对 UV_{254} 的平均去除率为 9.03%，最高时可以达到 21.35%。可见组合填料对 UV_{264} 有一定的去除效果。

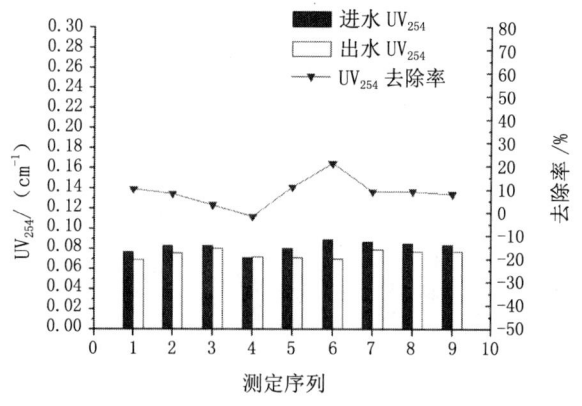

图 5-95 组合填料对 UV$_{254}$ 的去除效果

②弹性填料对 UV$_{254}$ 的去除效果

弹性填料对 UV$_{254}$ 的去除效果较为稳定，平均去除率为 9.60%，较组合填料的平均去除率 9.03% 要好。

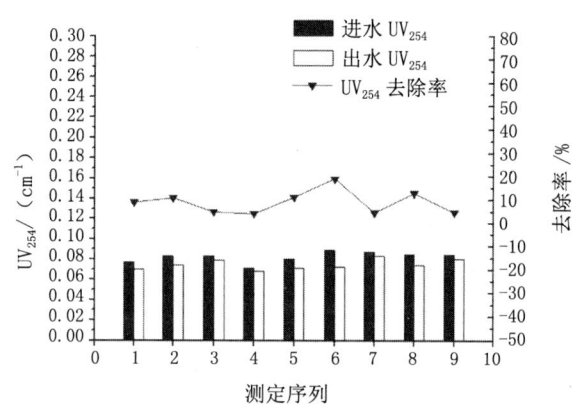

图 5-96 弹性填料对 UV$_{254}$ 的去除率

③ SDF 型阿科蔓生态基对 UV$_{254}$ 的去除效果

SDF 型阿科蔓对 UV$_{254}$ 的去除效率不高，平均去除率为 7.82%。

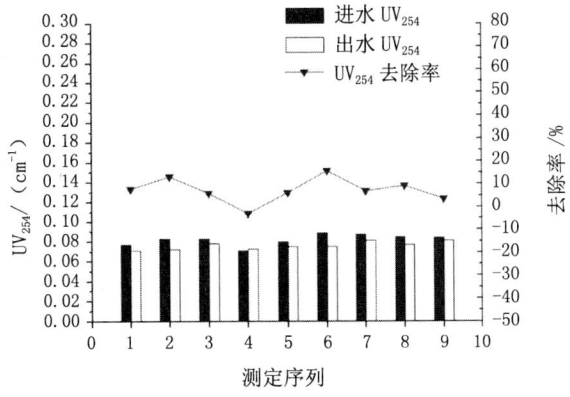

图 5-97 SDF 型阿科蔓生态基对 UV$_{254}$ 的去除率

④ BDF 型阿科蔓生态基对 UV$_{254}$ 的去除效果

BDF 型阿科蔓生态基对 UV$_{254}$ 的平均去除率为 10.90%，较其他 3 种填料高。

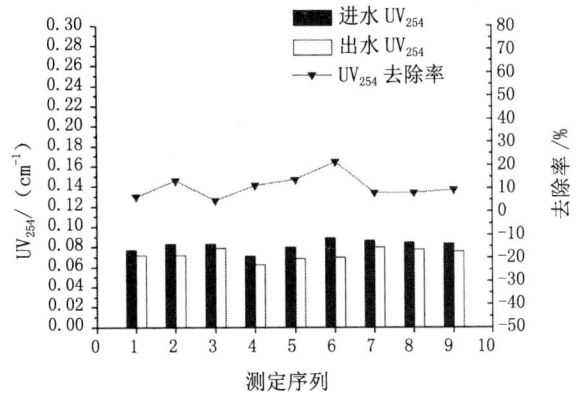

图 5-98　BDF 型阿科蔓生态基对 UV$_{254}$ 的去除率

（5）人工介质生物氧化对典型人工合成有机污染物去除

人工合成有机物一般具有高毒性、难降解的特点，是目前威胁饮用水安全的最主要化学风险物质。其在水中的浓度甚微，无法在 COD、BOD、TOC 等常规指标中得以体现；并且因为种类繁多，也不可能一一监测，世界上许多国家特别是工业发达国家，都根据本国情况规定了有毒有机污染物名单。美国国家环保局（EPA）在 20世纪 70 年代末制定了 129 种优先污染物，有机化合物为 114 种，占总数的 88%。我国在有机污染物方面也进行了大量调查研究工作，中国环境监测总站于 1989 年提出了反映我国环境特点的优先污染物名单，其中优先控制的有毒有机物有 12 类，58 种。本节选取了二氯甲烷、苯、苯乙烯和 1，4－二氯苯等 4 种饮用水中可能含有或受到潜在威胁的典型有机有毒人工合成有机物质为研究对象，在调节池内一次性投加有机物，保持连续进水，模拟水源地有机有毒物质泄漏突发污染事件，考察仿生介质型前置库系统对人工合成有机物的去除及其抗冲击能力。试验期间一次性投加有机物后的配水浓度见表 5-17。

表 5-17 模拟突发性事故各人工合成有机物配水浓度

人工合成有机物种类	浓度 / (μg/L)	地表水源地标准限值 / (μg/L)
二氯甲烷	1 724.44	20
苯	98.84	10
苯乙烯	9.04	20
1，4－二氯苯	57.58	300

① 生物氧化对二氯甲烷抗冲击能力效果

在水中含有高浓度二氯甲烷（1.72mg/L）负荷条件下，各种仿生介质均表现出对二氯甲烷较好的抗冲击能力，如图 5-99 所示。7d 后前置库出水二氯甲烷的浓度均低于检出限。从整体上看，BDF 型阿科蔓生态基对二氯甲烷的抗冲击能力较其他 3 种填料要好。

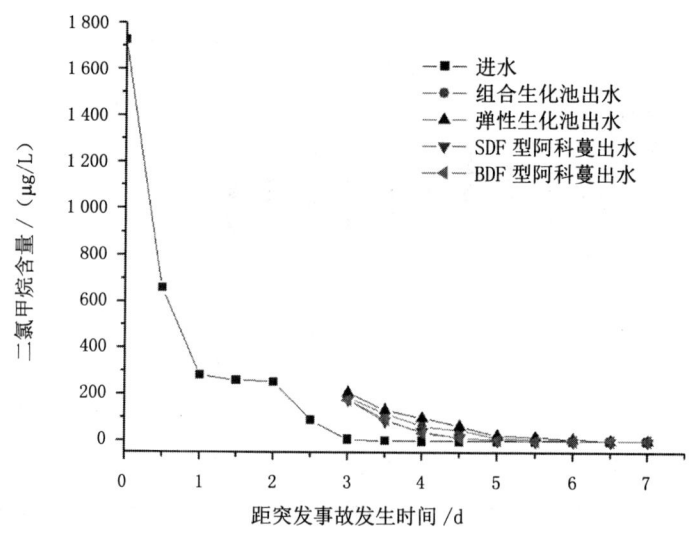

图 5-99 各种填料对二氯甲烷的抗冲击效果

②人工介质生物氧化系统对苯的抗冲击能力效果

由图 5-100 可以看出，在原水中含有苯为 100 μg/L 的初始负荷条件下，3d 后生物氧化池出水苯的最高检出浓度为 5.92μg/L，低于集中式生活饮用水地表水源地特定项目标准限值 10μg/L。可见，人工介质生物氧化系统对苯有着很好的抗冲击能力。

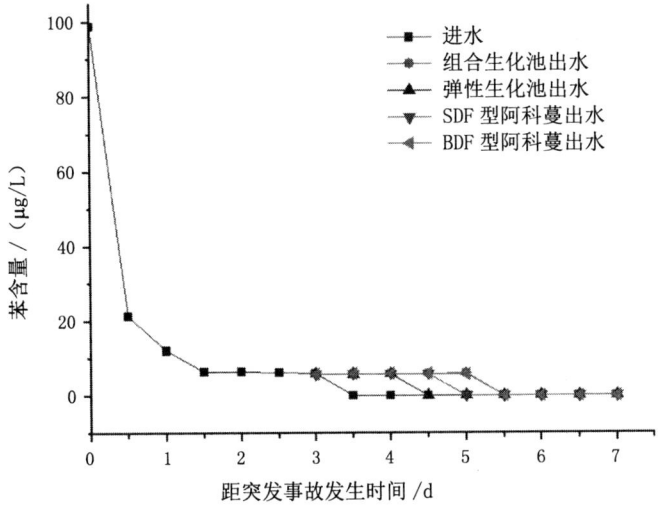

图 5-100　各种填料对苯的抗冲击效果

③人工介质生物氧化系统对苯乙烯的抗冲击能力效果

由图 5-101 可以看出，因苯乙烯的进水浓度较低，经人工介质生物氧化系统处理其出水浓度均低于检出限。

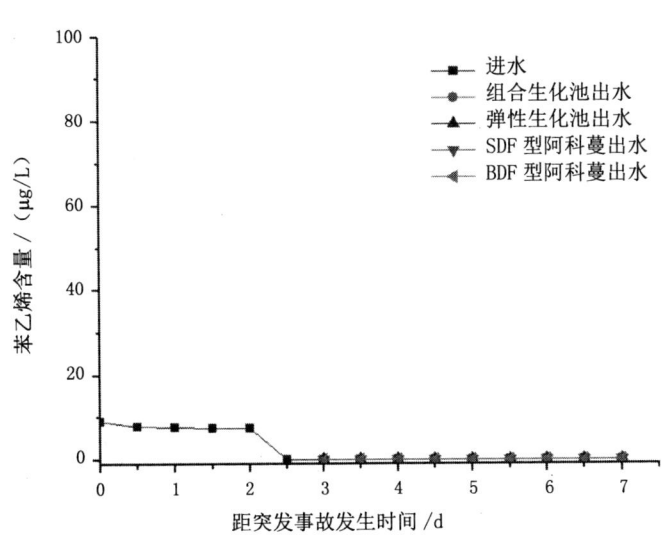

图 5-101　各种填料对苯乙烯的抗冲击效果

④人工介质生物氧化系统对 1，4－二氯苯的抗冲击能力效果

各种仿生介质对 1，4－二氯苯的抗冲击能力，如图 5-102 所示。由图可以看出，人工介质生物氧化系统出水最高浓度为 25.33μg/L，大大低于集中式生活饮用水地表水源地特定项目标准限值 300μg/L。

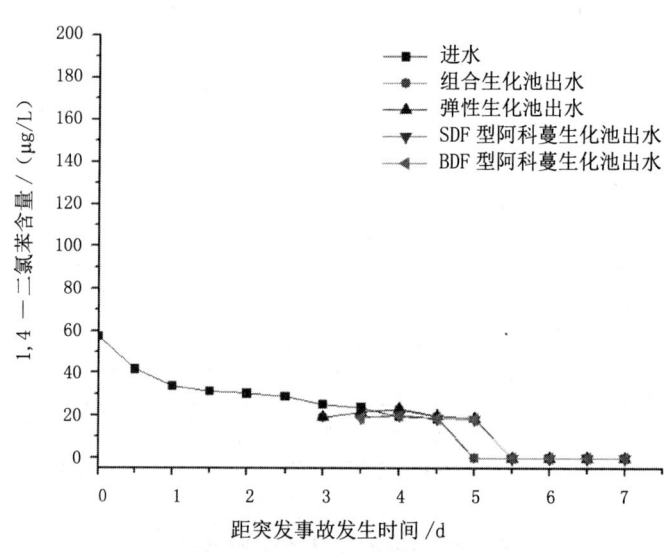

图 5-102 各种填料对 1，4 - 二氯苯的抗冲击效果

总体来看，各种仿生介质均可对各种典型有毒有机物质进行有效的去除，并且显著地抗有毒物质冲击能力，使饮用水源地突发性污染事件的危害得以缓解。另外，阿科蔓生态培养基表现出了较为突出的抗冲击负荷的能力，指主要是由于这种介质本身所具有的特殊的结构特性所决定。

5.5.3 水库贮存净化示范

调蓄水库作为饮用水源水生态防护与水质改善体系的末端，对污染物具备一定的水质改善作用。本节利用构建的生态调蓄库研究其对高锰酸钾、氨氮、TOC 及 UV_{254} 的去除效果。

5.5.3.1 生态水库示范工程构建

生态调蓄水库横向断面的上部宽度为 11.2m，下部宽度为 4 m，水库总长 20 m，护坡坡度为 1：2，水库深度 1.8 m，设计水位 1.5m，有效容量 200m³；护坡方式为植物生长型混凝土球（直径 250mm）单层连接护坡。水源水经生物氧化、人工湿地净化后进入调蓄水库，再通过水泵井泵入水厂净化后即成为水质稳定可靠的饮用水。调蓄水库的主要功能是保障水质稳定，提供水厂合格原水。原水调蓄水库横断面示意图见图 5-103。

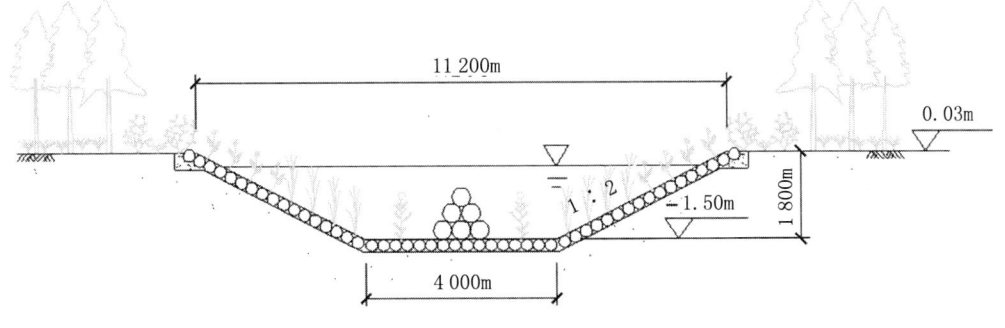

图 5-103　试验调蓄水库横断面示意图

因试验水库采用透水性较好的生态混凝土材料护坡，其护坡及底部下面均需铺设 HDPE 塑胶布膜，以防止水体大量下渗流失。水库底部设置排空管，沿库底标高铺设，安装闸阀，地面设置检查井并留有闸阀操作的空间，排空管可与市政排水管网连接或者单独排出，以便在河道检修和换水等需要时将河道中的水排空。

5.5.3.2　结果与分析

（1）调蓄水库对高锰酸盐指数净化效果

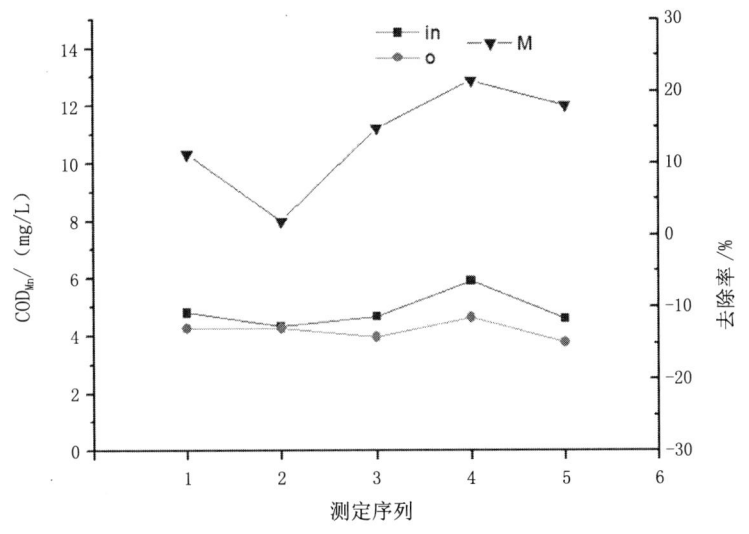

图 5-104　调蓄水库对高锰酸盐指数的净化效果

从图 5-104 可以看出，调蓄水库对高锰酸盐指数的净化效果在 0 ～ 20%，去除效果有一定的波动性，平均去除率达到 12%。调蓄水库对高锰酸盐指数有一定的削减。

（2）调蓄水库对原水中氨氮去除效果

从图 5-105 可以看出：随着调蓄水库运行时间的增长，对氨氮的去除效果呈逐渐增加的趋势。后期氨氮的净化效率在 20% ～ 45%。在较长的停留时间下，水库可明显地降低氨氮的浓度，减少水厂消毒剂使用量。

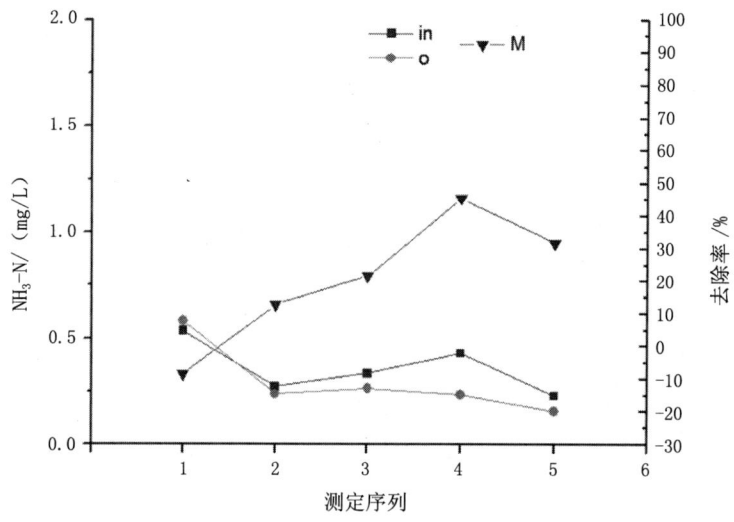

图 5-105 调蓄水库对氨氮的去除效果

（3）调蓄水库对原水中 TOC 的去除效果

从图 5-106 可以看出，除了第 3 点由于进水值偏低导致去除率为负以外，调蓄水库对 TOC 的去除效果基本稳定在 20% ～ 40%，好于高锰酸盐指数的净化效果。

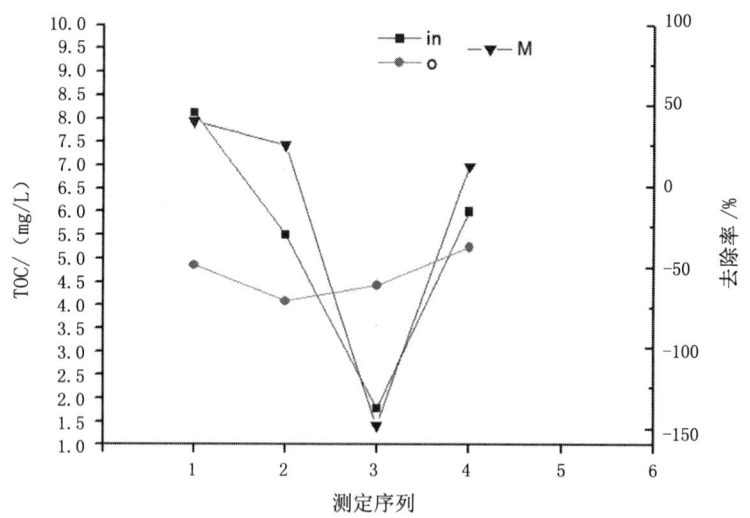

图 5-106 调蓄水库对 TOC 的去除效果

（4）调蓄水库对原水中 UV_{254} 的去除效果

从图 5-107 可以看出：调蓄水库对 UV_{254} 的去除效果稳定在 15% ～ 20%，去除率波动较小。相对而言，调蓄水库对 UV_{254} 的净化效果好于 COD_{Mn}，但是低于 TOC 的净化效果。

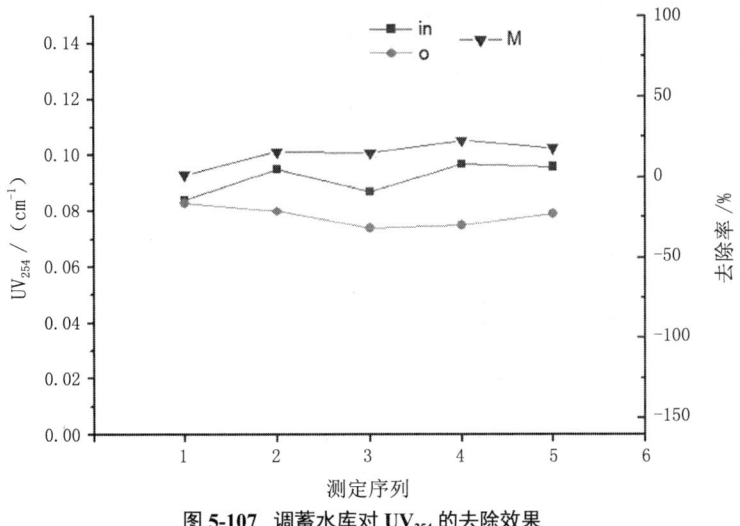

图 5-107 调蓄水库对 UV_{254} 的去除效果

5.5.4 河流型水源地污染防控效果

采用生物载体对饮用水源水进行自然净化研究，结果表明：针对目标水质为地表水Ⅳ类的模拟水体，弹性填料对有机物的净化效果优于其他类型生物载体。运行条件在水力停留时间 3d，填充密度 83.3% 时效果最佳。在该条件下，生态净化工艺对 COD_{Mn}、UV_{254}、氨氮、总磷的净化效率分别达到 72.2%、77.6%、94.5% 和 45.0%，这样最优的参数确定可以为现场中试平台的构建提供重要参考。

现场实验表明，人工介质生物氧化系统对微污染水源水中 COD_{Mn}、NH_3-N、TOC 和 UV_{254} 均有着明显的去除效果；其中对 NH_3-N 的去除效果较好，可达到 50% 以上，而对有机物的去除效率并不理想，可能和现场实验时温度较高，藻类大量生长有关。总体来看，组合填料和弹性填料对水质净化的效果较两种阿科蔓生态培养基要好。

人工介质生物氧化系统对人工合成有毒有机物制的去除及其抗冲击能力的研究表明，各种人工介质生物氧化系统对二氯甲烷、苯、苯乙烯和 1，4 - 二氯苯 4 种饮用水中常见有机毒物均有着良好的去除作用，并且在水源水受到严重突发性污染事故时表现出良好的抗冲击负荷能力和水源水安全保障能力。阿科蔓生态培养基具有的特殊的结构特性使其在抗冲击性能方面表现突出。

调蓄水库作为饮用水源水生态防护与水质改善体系的末端，对污染物具备一定的水质改善作用。其中对氨氮的净化效果最好，达 20% ~ 45%，对 TOC 和 UV_{254} 的去除率在 20% 左右，而对高锰酸盐指数净化效果较低。

以仿生介质强化生物处理技术为基础，采用不同类型介质材料，构建了人工介质生物氧化中试装置，调蓄水库作为水库贮存的一种方式，也是作为饮用水源水生态防护与水质改善体系的末端，组合仿生介质强化净化单元，并将其作为原水调蓄水库系统中的水质净化系统。

江苏省农村地表集中式水源地
面源污染防控技术与示范

参考文献

［1］国家环境保护总局 . 水和废水监测分析方法（第四版）[M]. 北京：中国环境科学出版社，2002.

［2］Edzwald J K. Coagulation in Drinking Water Treatment: Particles，Organics and Coagulants Control of Organic Material by Coagulation and Floc Separation Process，Water Science and Technology. Oxford：Pergamon Press，1993：21-35.

［3］林星杰，杨慧芬，宋存义，等 . UV_{254} 在水质监测中应用的研究 [J]. 能源与环境，2006（1）：22-24.

［4］肖羽堂，许建华 . 生物接触氧化法净化微污染原水的机理研究 [J]. 环境科学，1999，20：85-88.

［5］张力维，汪洁，杨健 . 生物接触氧化预处理技术处理微污染源水研究 [J]. 环境科学与管理，2005，30（3）：34-37.

5　江苏省河流型水源地污染防控技术与示范

6 江苏省湖泊型水源地污染防控技术与示范

6.1 湖泊型水源地污染防控问题识别

湖泊型水源地水位变化小，流速缓慢，易繁殖藻类，流域面积广泛，易受各种污染源的影响，同时易成为周边城镇污水处理厂尾水的受纳水体，尾水水质由一级 B 标准提升到III类水质标准，对照标准可以看出，主要是强化氮、磷和有机物的去除，使得尾水水质稳定，污染特征因子主要为 COD、TN 和 TP，因此湖泊型水源地污染防控主要目标为污水厂尾水的强化脱氮除磷。

6.2 湖泊型水源地污染防控思路

上升流湿地通过人工填充滤料和载体，利用滤料和载体比表面积大，附着生物种类多、数量大的特点，从而使其净化能力成倍增长。尾水中污染物与砾石上附着的生物膜接触、沉淀，进而被生物膜作为营养物质而吸附、氧化分解，吸附作用和氧化分解作用，发挥高效去污能力，使尾水水质得到净化，具有较强的耐冲击负荷能力，保证了出水水质，针对湖泊型水源地特点，强化净化处理，提出湖泊型水源地"上升流＋潜流湿地"组合处理工艺构建方法，形成农村湖泊型水源地防控构建模式见图6-1。通过构建湿地强化净化组合处理工艺，满足水源地保护区来水的水质要求，提高水资源的综合利用能力，为农村湖泊型水源地污染防控提供技术支撑。

比较人工湿地构造类型，污水在单一湿地中无法达到处理要求，不同类型湿地组合成为提高污水处理效率的有效途径，特别是更好的脱氮效果。这种组合型湿地克服了单级湿地中要求所有净化过程都在一个反应器中进行的弊端，充分发挥各自的优点，并互相抵消各自的不足，从而提高了处理效果[1-3]。人工湿地对于磷有很好的去除率，对于氮的去除效果不佳，脱氮主要是依靠硝化细菌的硝化 / 反硝化作用，其过程对溶解氧的需求较为严格，好氧环境利于硝化反应，厌氧环境则利于反硝化过程。根据发挥消化作用，强化脱氮效果，采用两级串联人工湿地处理系统，第一级采用垂直上升流湿地利用来水中溶解氧浓度较高的特点，在硝化细菌的作用下将 NH_4^+-N 转化成

NO_3-N，第二级采用侧向水平潜流湿地其厌氧环境，更利于反硝化细菌将 NO_3-N 转化成 N_2，使氮素完全脱离湿地系统，有利于有机物的去除[4-6]。

湿地类型因地制宜，第一级采用垂直上行流底部滤料粒径大，不易堵塞，而且占地面积小，可有效去除 NH_4^+-N，并生成了大量 NO_3-N，为第二级侧向水平流潜流反硝化作用做好了准备[7, 8]。该组合工艺弥补了单一人工湿地的缺点，挖掘每个湿地单元的处理潜力，发挥各自优势。每个人工湿地处理单元均可独立进水，出水，独立调节运行，方便管理，维护与检修[9-11]。

农村湖泊型水源地防控构建模式见图 6-1。

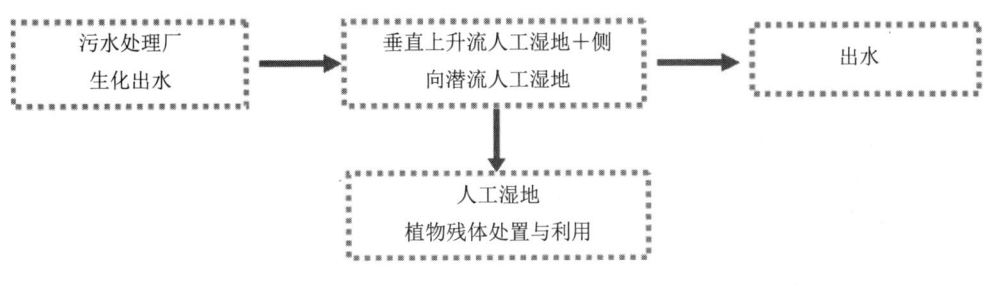

图 6-1 农村湖泊型水源地防控思路

6.3 湖泊型水源地尾水深度处理实验

采用某污水处理厂生化处理尾水，设计中试装置为向上垂直流—水平潜流组合人工湿地，共 6 组。其中垂直流湿地装置为长 1.8m× 宽 0.6m× 高 1.1m，水平流湿地装置为长 2.1m× 宽 0.6m× 高 1.0m，由计量泵将进水打入垂直流湿地后以依靠重力进入水平流湿地，中试装置底部设有曝气管，装置如图 6-2 所示。目前 6 组中试装置进水流量相同，设计处理水量均为 50L/h。

图 6-2　垂直—水平流组合人工湿地中试装置

6.3.1　组合人工湿地尾水污染物去除效果

垂直—水平流组合人工湿地中试装置的基质与植物的组合试验见表 6-1。

表 6-1　基质与植物的组合

组别	基质	植物	种植密度 /（株 /m²）	植物总数 / 株
1	陶粒	美人蕉	11	24
2	陶粒	再力花	11	24
3	沸石	再力花	11	24
4	沸石	菖蒲	11	24
5	砾石	菖蒲	11	24
6	砾石	美人蕉	11	24

自 5 月下旬天气转热，人工湿地中试装置进入启动期。自启动以来，连续运行，各指标均采取国家标准检测方法，检测频率为每日一次，运行期见图 6-3。

图 6-3 运行期组合人工湿地中试装置照片

6.3.1.1 COD 的去除

由表 6-2 可见，试验期间 6 组组合人工湿地装置 COD 平均去除率，由于进水 COD 平均浓度为 35.1mg/L，可进一步降解有机污染物较少，总的去除率较低，在 12.5% ～ 15.1%。相对而言，2# （陶粒＋再力花）、3# （沸石＋再力花）、4# （沸石＋菖蒲）的 COD 去除率较高，均为 15.1%。

1# ～ 6# 组合湿地 COD 进出水变化情况见图 6-4（2010 年 5 月 23 日—12 月 31 日，周平均值）。6 组湿地的 COD 周平均进出水值的变化有一定规律，总体上出水 COD 随进水 COD 波动而波动，仅有个别 COD 周平均出水浓度高于 40mg/L。

表 6-2　COD 去除效果

组别	平均进水 / (mg/L)	平均出水 / (mg/L)	平均去除率 /%
1	37.33	33.78	9.51
2	37.33	28.44	23.81
3	37.33	29.33	21.43
4	37.33	30.22	19.05
5	37.33	29.33	21.43
6	37.33	28.44	23.81

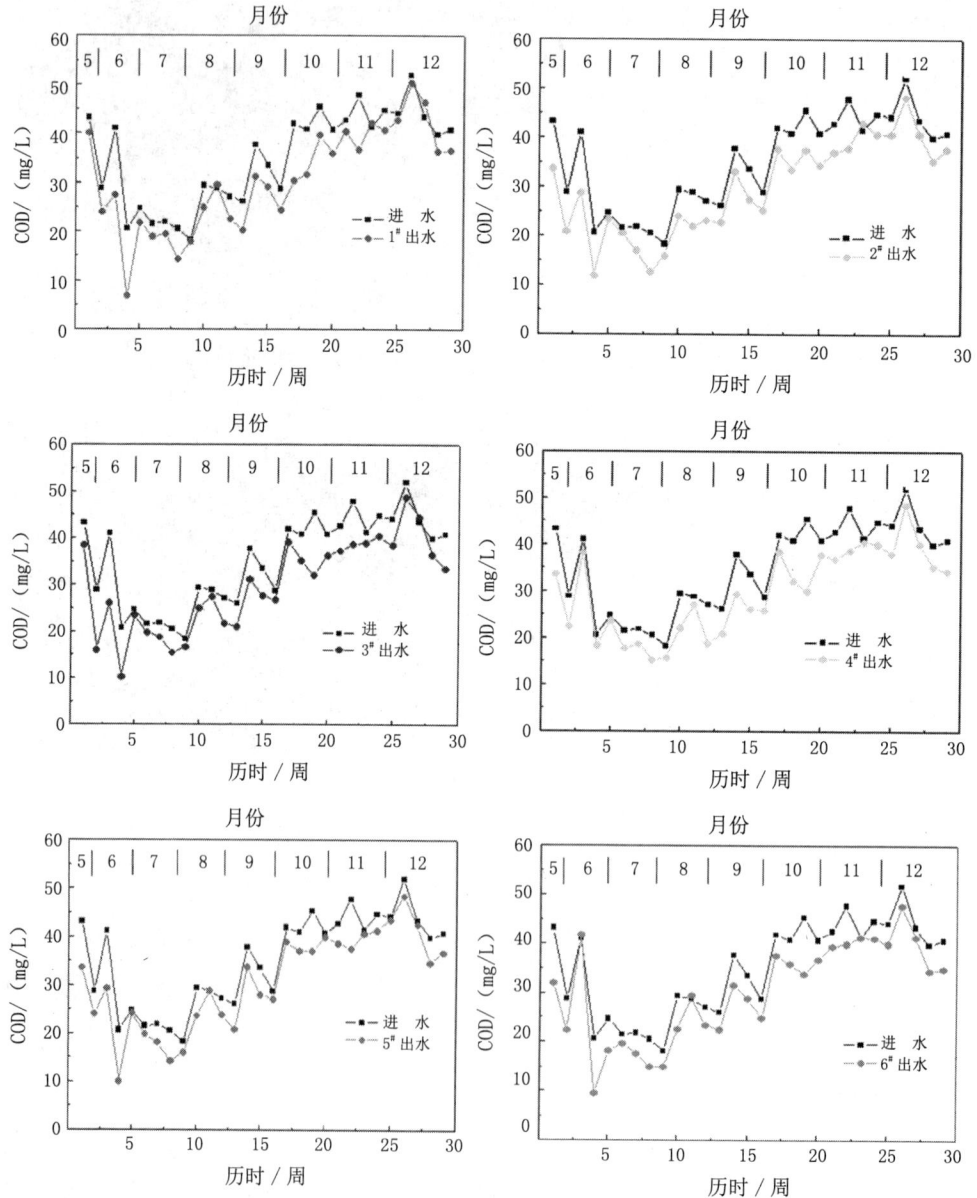

图 6-4　组合湿地 COD 进出水变化图

6.3.1.2 氨氮的去除

由表6-3可见，试验期间6组组合人工湿地装置对氨氮有很好的去除效果。氨氮进水平均值2.15mg/L，出水平均值在0.41～0.66mg/L，平均去除率在69.3%～80.9%。其中1#（陶粒＋美人蕉）效果最好，氨氮去除率达80.9%，其次为2#（陶粒＋再力花），氨氮去除率为75.3%。

表6-3　氨氮去除效果

组别	平均进水 /（mg/L）	平均出水 /（mg/L）	平均去除率 /%
1	2.15	0.41	80.9
2	2.15	0.53	75.3
3	2.15	0.60	72.1
4	2.15	0.62	71.2
5	2.15	0.66	69.3
6	2.15	0.62	71.2

1#～6#组合湿地氨氮进出水变化情况见图6-5（周平均值）。

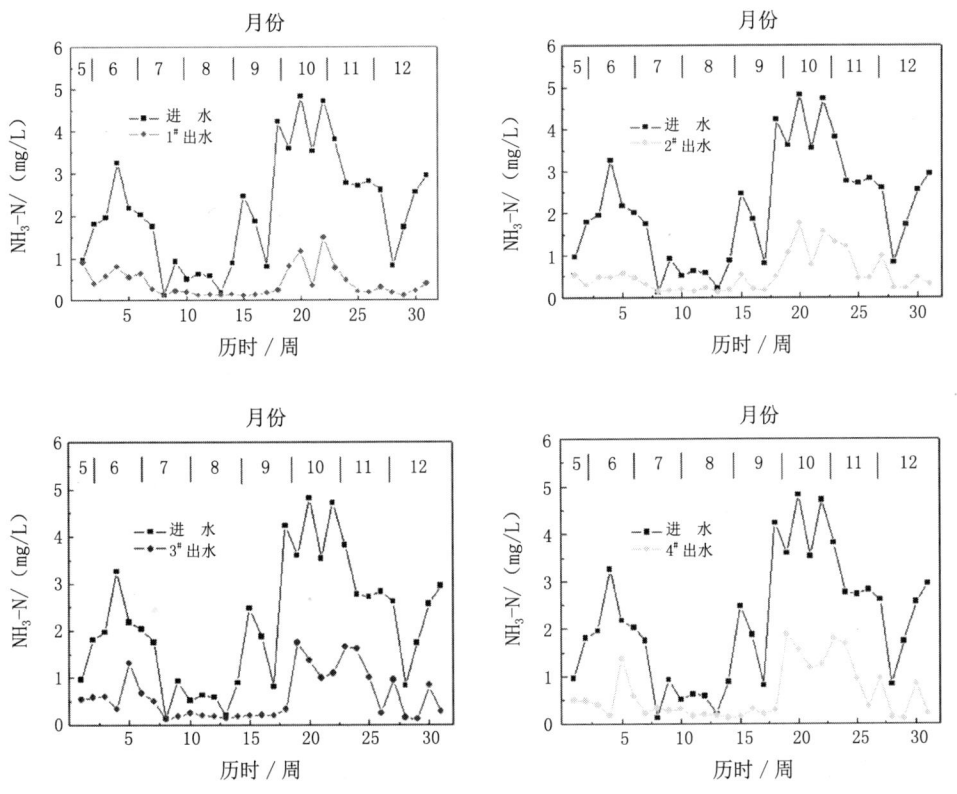

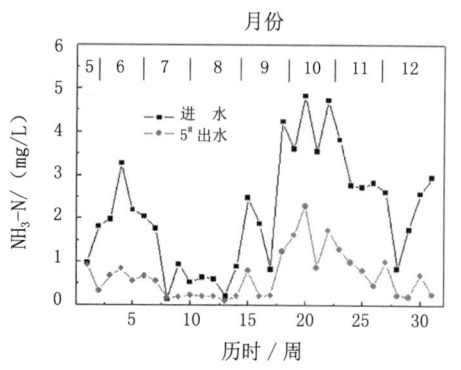 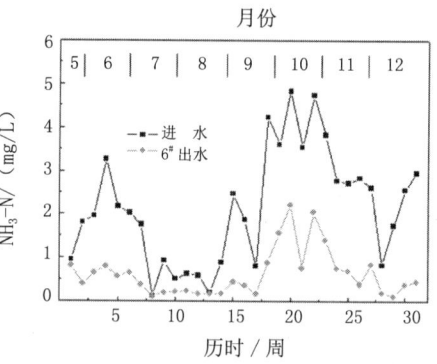

图 6-5 组合湿地氨氮进出水变化图

从图6-5可以看出,6组湿地的氨氮周平均出水值较进水周平均值的波动小一些,夏季高温季节(7—9月)的出水氨氮浓度最低,而10、11月由于进水氨氮较高,出水氨氮也较高,最高不超过 2.5mg/L,其中 $1^\#$ ~ $4^\#$ 出水氨氮低于 2.0mg/L。

6.3.1.3 TN 的去除

由表 6-4 可见,试验期间 6 组组合人工湿地装置对 TN 的去除并不理想,较预期效果有较大差距。TN 进水平均值 20.7mg/L,出水平均值在 17.0 ~ 19.4mg/L。主要原因是硝氮去除效果不佳造成 TN 去除率偏低。其中,$1^\#$(陶粒+美人蕉)高于其他 5 组,去除率达到 17.9%,而 $5^\#$(砾石+菖蒲)去除率最低,仅为 6.3%。

表 6-4 总氮去除效果

组别	平均进水 /(mg/L)	平均出水 /(mg/L)	平均去除率 /%
1	20.7	17.0	17.9
2	20.7	18.4	11.1
3	20.7	18.4	11.1
4	20.7	18.6	10.1
5	20.7	19.4	6.3
6	20.7	18.5	10.6

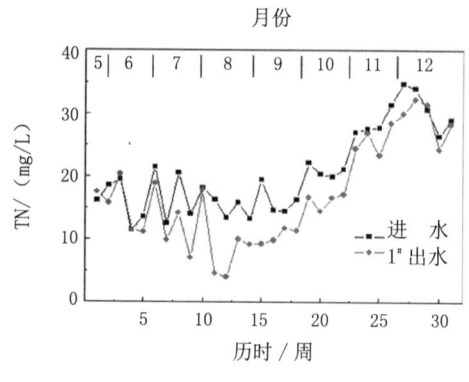 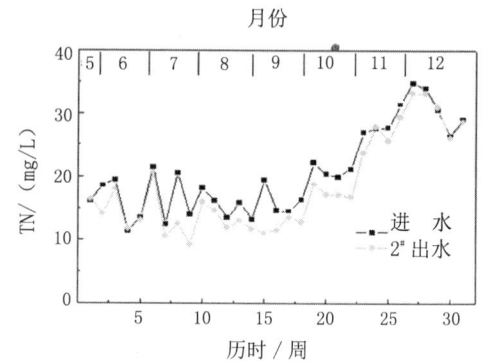

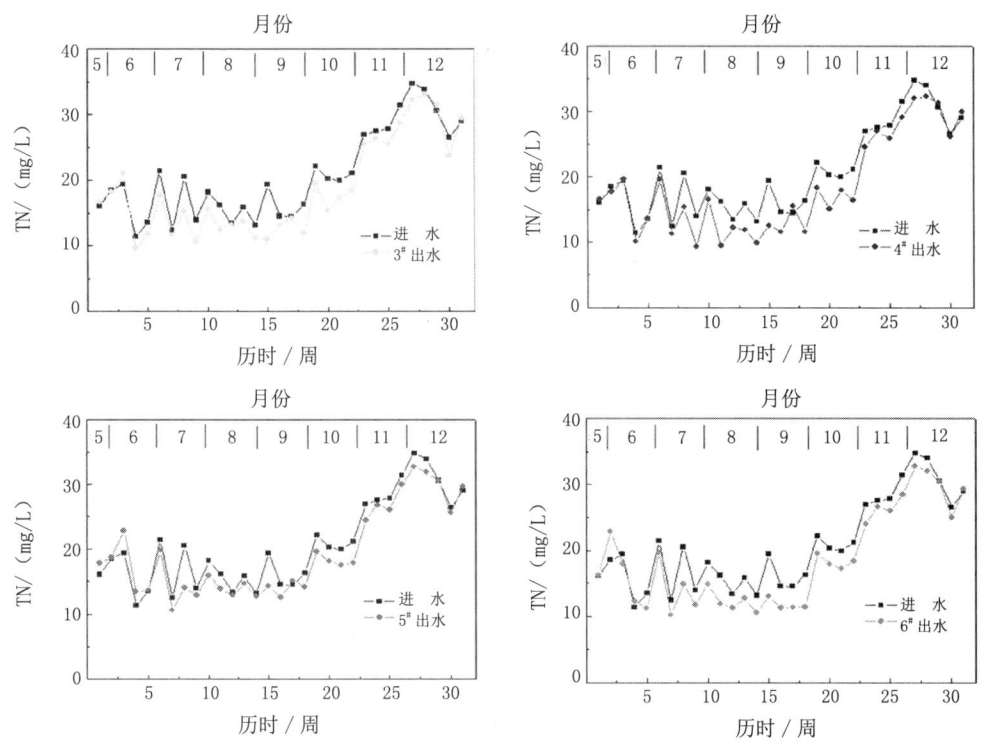

图 6-6 组合湿地总氮进出水变化图

从图 6-6 可以看出，总体上 6 组湿地出水总氮随进水总氮波动而波动，在夏季高温季节（7—9 月）出水 TN 可以控制在 15mg/L 以下。其中 1#（陶粒＋美人蕉）装置在 7、8、9 三个月的出水 TN 平均值为 10.49mg/L，去除率为 34.76%，表明该装置在夏季具有较好的脱氮效果。

6.3.1.4 TP 的去除

由表 6-5 可见，试验期间 6 组组合人工湿地装置对 TP 去除效果较好。TP 进水平均值 0.40mg/L，出水平均值在 0.09～0.28mg/L，平均去除率在 30.0%～77.5%。其中 1#（陶粒＋美人蕉）除磷效果最好，3#（沸石＋再力花）、6#（砾石＋美人蕉）次之，而 4#（沸石＋菖蒲）效果最差。

表 6-5 总磷去除效果

组别	平均进水／（mg/L）	平均出水／（mg/L）	平均去除率/%
1	0.40	0.09	77.5
2	0.40	0.18	55.0
3	0.40	0.20	50.0
4	0.40	0.28	30.0
5	0.40	0.26	35.0
6	0.40	0.19	52.5

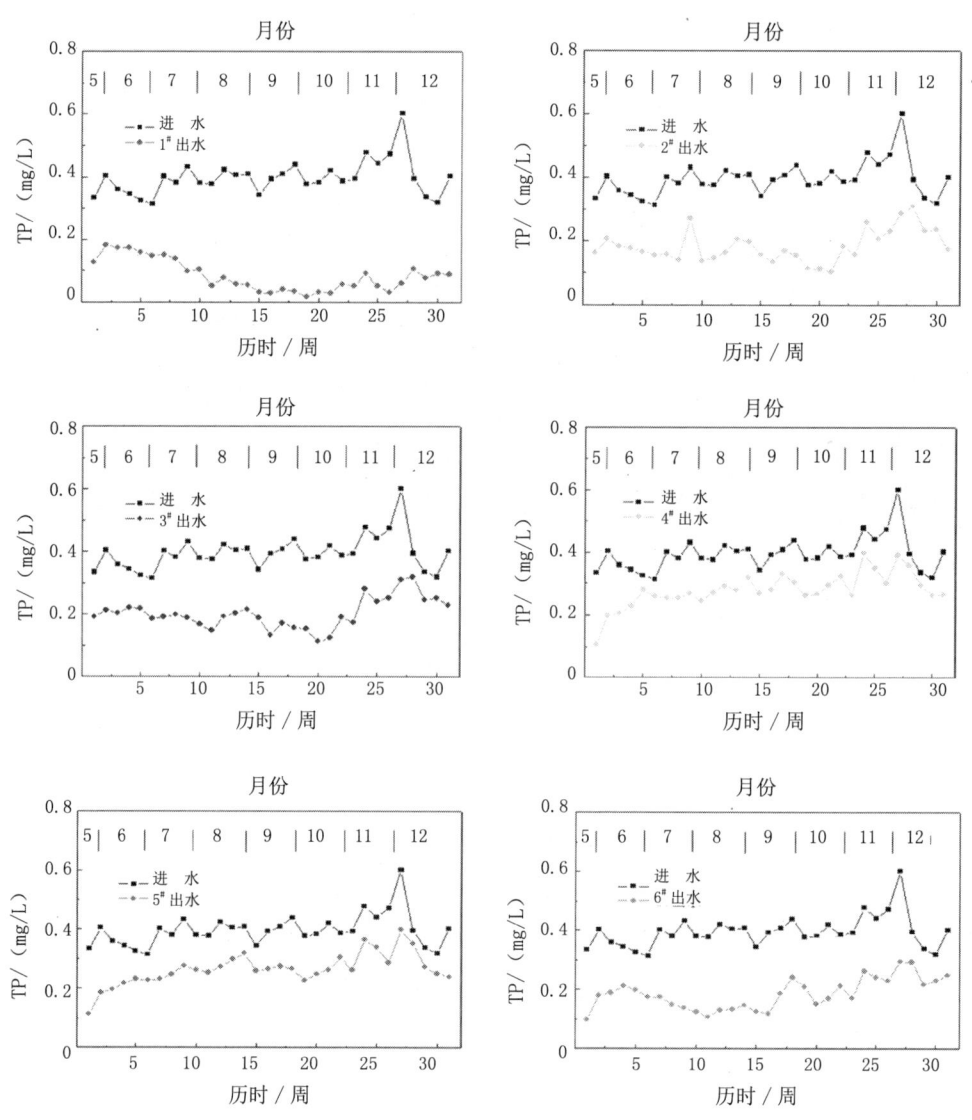

图 6-7　组合湿地总磷进出水变化图

从图 6-7 可以看出，1#组合湿地装置明显比其他 5 组装置除磷效果好，且在 7 个多月的时间里，出水 TP 较平稳，没有明显的上升趋势。进入试验装置原水 TP 浓度并不高，经湿地系统处理后 TP 均优于一级 A 标准的要求。

6.3.2　强化脱氮添加碳源实验

为了改善脱氮效果，通过在生化尾水中加入碳源提高组合湿地装置进水的 C/N 比，强化反硝化作用，以达到改善脱氮效果的目的[12, 13]。增设一只有效容积为 3m³ 的配水箱，用葡萄糖作为外加碳源，进水量维持 50L/h。每天配水 2 次，每次生化尾水量为 3m³，工业级葡萄糖每次的投加量为 500g，即 166.7mg/L，折 COD100mg/L、

$BOD_5$88mg/L，确保$BOD_5/TN \geqslant 3$。2011年4月12日至5月12日的进出水平均值及平均去除率见表6-6。试验期间水温在16.6～23.7℃，由于气温升高植物逐步恢复生长。

表6-6 外加碳源后各污染物去除效果

组别	COD			NH₃-N			TN			TP		
	进水/(mg/L)	出水/(mg/L)	去除率/%	进水/(mg/L)	出水/(mg/L)	去除率/%	进水/(mg/L)	出水/(mg/L)	去除率/%	进水/(mg/L)	出水/(mg/L)	去除率/%
1	113.5	21.27	81.26	2.34	2.05	12.39	20.04	5.11	74.5	0.59	0.2	66.1
2	113.5	18.72	83.51	2.34	1.84	21.37	20.04	4.14	79.34	0.59	0.24	59.32
3	113.5	21.24	81.28	2.34	4.61	—	20.04	6.94	65.37	0.59	0.25	57.63
4	113.5	20.61	81.84	2.34	2.36	—	20.04	5.07	74.7	0.59	0.13	77.97
5	113.5	21.01	81.49	2.34	1.74	27.35	20.04	4.8	76.05	0.59	0.12	79.66
6	113.5	18.53	83.64	2.34	2.65	—	20.04	5.74	71.36	0.59	0.25	57.63

由表6-6可以看出，除NH₃-N外，添加碳源后组合湿地系统对COD、TN、TP均有良好的去除效果，特别是TN的去除率在65.37%～79.34%，远高于添加碳源前的TN去除率（6.3%～17.9%），说明通过反硝化脱氮是系统除氮的主要途径，组合湿地系统可以通过外加碳源来实现生化尾水的深度脱氮。

从月平均TN去除效果来看，2#（陶粒＋再力花）组合湿地＞5#（砾石＋菖蒲）组合湿地＞4#（沸石＋菖蒲）组合湿地＞1#（陶粒＋美人蕉）组合湿地＞6#（砾石＋美人蕉）组合湿地＞3#（沸石＋再力花）组合湿地。从每日的监测数据来看，在外加碳源后，基质和植物对脱氮效果的影响并不大。图6-8为1#～6#组合湿地出水TN变化曲线。

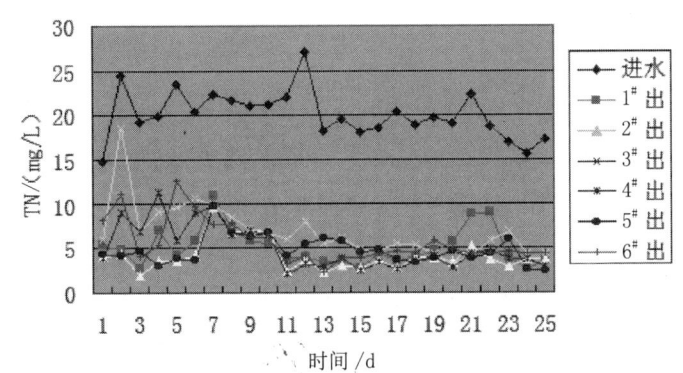

图6-8 组合湿地出水TN变化曲线

试验结果表明，特定尾水水质条件下，组合湿地装置处理出水 COD、氨氮和总磷基本达到了《地表水环境质量标准》（GB 3838—2002）Ⅴ类水标准限值的要求。试验期间组合湿地装置对氨氮和总磷的去除效果最好，氨氮平均去除率均在 69.3% 以上，其中以 1#（陶粒＋美人蕉）为最佳，平均去除率达 80.9%；TP 平均去除率均在 30% 以上，其中以 1#（陶粒＋美人蕉）为最佳，平均去除率高达 77.5%。组合湿地装置对 COD、TN、硝氮的去除效果较差，其中 4#（沸石＋菖蒲）、5#（砾石＋菖蒲）还出现硝氮增加的现象；COD 去除以 2#（陶粒＋再力花）、3#（沸石＋再力花）、4#（沸石＋菖蒲）的 COD 去除率较高，平均去除率均为 15.1%；TN 去除以 1#（陶粒＋美人蕉）为最佳，平均去除率达到 17.9%；硝氮去除以 1#（陶粒＋美人蕉）为最佳，平均去除率为 9.6%。综上所述，从脱氮除磷的角度考虑，1# 组合湿地装置（陶粒＋美人蕉）处理效果最好，但 TN 的去除效率距离试验预期尚有一定差距。

外加碳源可大幅度改善脱氮效果，通过反硝化脱氮是垂直上升流和水平潜流组合湿地系统除氮的主要途径。当 $BOD_5/TN \geq 3$ 时，TN 去除率达 65.37% ～ 79.34%。在组合湿地系统中，对 COD、TN、TP 的去除起主要作用的是垂直上升流湿地。组合湿地尾水深度脱氮技术进行了一个周期的中试研究，对于以高硝态氮为特征的生化尾水，组合湿地对氨氮和总磷的去除效果较好，COD、氨氮和总磷可达到地表水 Ⅴ 类标准，对总氮也有一定的去除，但效果不佳，可添加碳源大幅度提高对硝态氮和总氮去除率。

6.4 湖泊型水源地尾水深度处理技术示范

6.4.1 长沙岛示范工程概况

长沙岛污水处理厂位于太湖中长沙岛上，处理生活污水，设计处理能力 800m³/d，处理工艺采用 A²/O 工艺，执行《城镇污水处理厂污染物排放标准》中的一级 B 标准，尾水在长沙社区居民委员会南侧就近排入太湖水体。现有处理工艺流程如下：污水→格栅→调节池→A²/O 生化池→二沉池→排放。存在的主要问题：一是苏州太湖国家旅游度假区长沙岛污水处理厂所处位置十分敏感，尾水直接进入东太湖，而目前东太湖的富营养化日趋严重。二是目前污水处理厂处理出水指标特别是 TN、NH_3-N 和 TP 不能稳定达到《太湖地区城镇污水处理厂及重点工业行业主要水污染物排放限值》（DB 32/1072—2007）的要求。

人工湿地工程主要建筑物为垂直上行人工湿地、潜流人工湿地。人工湿地工程在满足水质净化的前提下，充分考虑土地的高效使用。同时根据近远期结合，做到节约用地，分区布置，尽可能做到紧凑合理，节省投资，方便管理。

平面设计原则：布局合理，水流顺畅，布局紧凑，尽量减少占地，功能分区明确。

工程推荐方案将规划用地人工湿地处理,分单元处理。人工湿地工程的核心处理工艺,主要由垂直流和潜流人工湿地各占整个工程占地面积的一半,进行合理有效的植物搭配,突出整体景观效果。

6.4.2 长沙岛尾水深度处理示范工程

6.4.2.1 示范工程参数设计

（1）水力停留时间

从设计的角度出发,理论水力停留时间是利用平均流量、系统几何形状、操作水位、初始孔隙度等来估算的。由于潜流湿地的孔隙变化大,其孔隙损失随时间变化而变化,潜流湿地处理系统的水力停留时间很难准确确定。在这种情况下,就只有凭借历史资料与经验获得。实践也表明,实际水力停留时间通常为理论值的40%~80%。

（2）水力坡度

对表面流湿地污水处理系统的水力坡度加以考虑是非常有必要的,以免造成湿地系统发生回水,进水处产生滞留阻塞问题。一般地,潜流湿地中水流动主要依靠进出水处的水头损失,多孔介质中流体的层流运动遵循达西定律。王久贤建议,潜流湿地水力坡度取1%,对以砾石为填料的湿地床取2%。

（3）孔隙度

人工湿地污水处理系统的孔隙度（ε）是指湿地土壤中孔隙占湿地总容积的比。孔隙度是根据实际经验加以估计的。

（4）表面负荷率

各种污染物浓度和负荷的确定,对于湿地处理类型和尺寸的确定非常关键。湿地处理系统通常可以根据某种污染物的每日负荷进行设计。设计者必须准确知道污水中污染物的种类和浓度,日流量乘以某种污染物的浓度即可估计处理负荷,根据该负荷以及推荐的湿地特定污染物负荷率就可选择相应的处理面积。Eastlick推荐的潜流湿地设计 BOD 负荷率为 80 ~ 120 kg/（hm² · d）。

（5）处理单元长宽及其比例

经验表明,人工湿地污水处理单元长度通常定为 20 ~ 50 m。过长,易造成湿地床中的死区,且使水位难以调节,不利于植物的栽培。潜流湿地处理单元由于绝大部分的 BOD 和悬浮物的去除发生在进水区几米的区域,因此也有一些学者建议,潜流湿地处理单元长度应控制在 12 ~ 30 m,以防止短路情况的发生。Kollaard 和 Tousignant 建议,潜流湿地处理单元长度最小取 15 m 为宜,长宽比为 3 ~ 5。

6.4.2.2 参数设计验证

（1）人工湿地设计进水流量 $Q = 800m^3/d$。

（2）设计有效水深 $D = 0.4m$，总深度上行池 0.75。

（3）C' 为湿地床填料介制的特性系数，取为 0.7，即 $C' = 0.7$。

（4）设计水温 15℃。

$$K_{20} = 0.005\,7$$

$$K_{15} = K_{20} \times (1.05 \sim 1.1)^{(T-20)} = 0.005\,7 \times 1.1^{(15-20)} = 0.003\,54。$$

（5）设计坡度 1%，即 $S = 0.01$。

（6）e 为微生物活动的比表面积，取 $e = 15.7m^2/m^3$。

（7）湿地面积定为 $A_S = LW = 1\,600m^2$。式中，L 为湿地长度，W 为湿地宽度。水力负荷 $\alpha = Q/A_S = 800/1\,600 = 0.50m/d = 50cm/d < 62cm/d$，满足要求。

（8）人工湿地植物的输氧能力满足范围要求。

（9）$n = 0.54$，停留时间 $t = (400 \times 0.8 + 400 \times 0.75) \times 0.54/200 = 1.7d > 1.5d$ 满足设计要求。

（10）垂直上升流湿地和水平侧向流池表面积比为 1：1，各为 800m²；长宽比取为 5：1，即长 20m，宽 4m。

（11）植物的选取

水生植物要选择那些净化能力强、抗冻、抗热、耐污能力和抗病虫害、易管理的植物。主要是针对自由表面流人工湿地，如水葫芦、浮萍等。而对于潜流式人工湿地而言，其植物选择主要是从提供系统溶解氧含量能力和微生物附着点来考虑。关于不同植物氮吸收量比较的研究，和同种植物在基质以上与以下的吸氮量的比较研究在国内已经展开。在选择植物时，可以选择吸氮量较大的植物（美人蕉、芦苇等）和在基质上部吸氮较多的植物（紫露草、斑茅等），因为在收割时，一些植物在基质以下的部位被留在系统中，未能将氮从污水处理系统中完全去除。①生态的可接受性，所选用的植物不是有害杂草，对周边自然环境生态遗传的整体性不构成危害；②能适应当地的气候条件，具有一定的抗病虫害能力；③能忍耐污染物和水生的环境条件；④容易繁殖和生长速度快；⑤净化能力强。总之，人工湿地植物的选择日益倾向于具有地区特色、耐污力强、净化率高的品种。

6.4.2.3 参数确定

人工湿地处理污水厂尾水，其主要设计参数如下：

水力负荷：0.5m³/（m²·d）

COD 面积污染负荷：3.875gCOD/（m²·h）

TN 面积污染负荷：1.125gTN/（m² · h）

TP 面积污染负荷：0.15gTP/（m² · h）

湿地植物以美人蕉、香蒲、风车草、再力花为主。

6.4.2.4 处理单元设计

处理污水的人工湿地总共两级，各单元第一级垂直上行流人工湿地，第二级水平侧向流人工湿地，总占地面积分别为 800m² 和 800m²，各单元均可独立进水，出水，方便维修和管理。

第一级人工湿地的滤料层厚度为 100mm，由两层粒径不同的滤料组成，下层滤料厚度为 35cm，为粒径 40 ～ 80mm 的粗砾石，上层滤料厚度为 65cm，为 10 ～ 30mm 的细砾石。上层滤料上种植再力花、美人蕉、香蒲、风车草等挺水植物。湿地基地为 200-0.3-200 克复合土工膜以及 600mm 黏土夯实层防渗，湿地的池壁和隔墙均采用钢筋混凝土结构。

第二级人工湿地的滤料层厚度为 100mm，在侧向水流方向上由不同粒径滤料按一定级配填充而成，上层滤料上种植再力花、美人蕉、香蒲、风车草等挺水植物。湿地基地为 200-0.3-200 克复合土工膜以及 600mm 黏土夯实层防渗，湿地的池壁和隔墙均采用钢筋砼结构，工程效果和平面设计见图 6-9 至图 6-10。

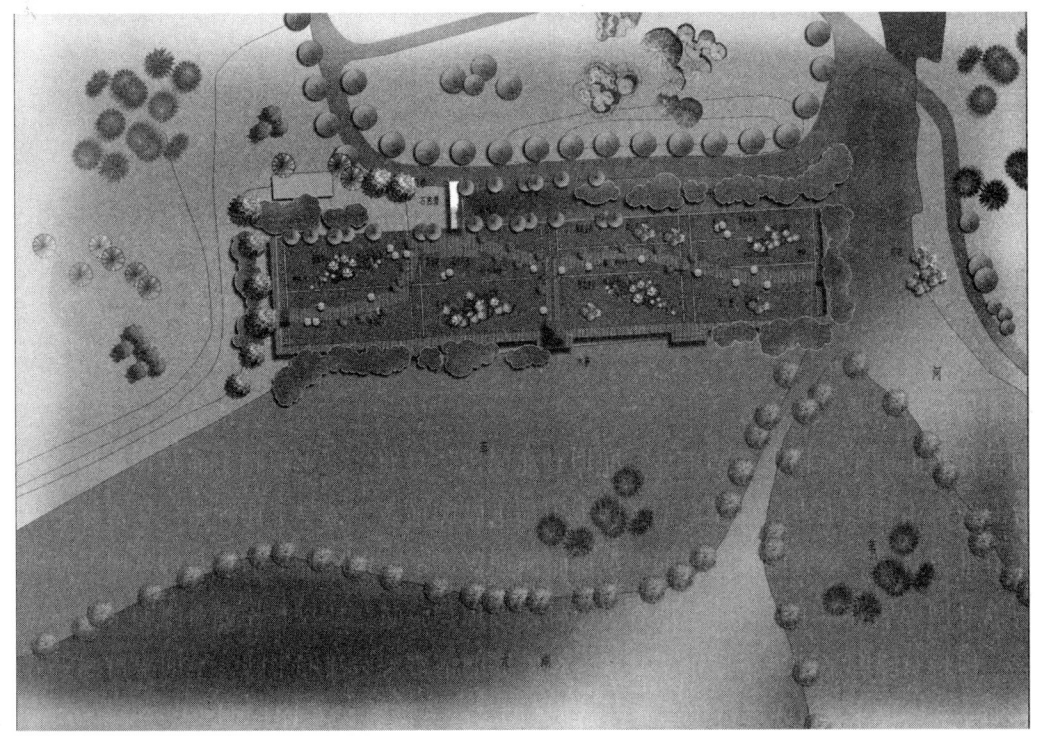

图 6-9　长沙岛尾水深度处理示范工程效果图

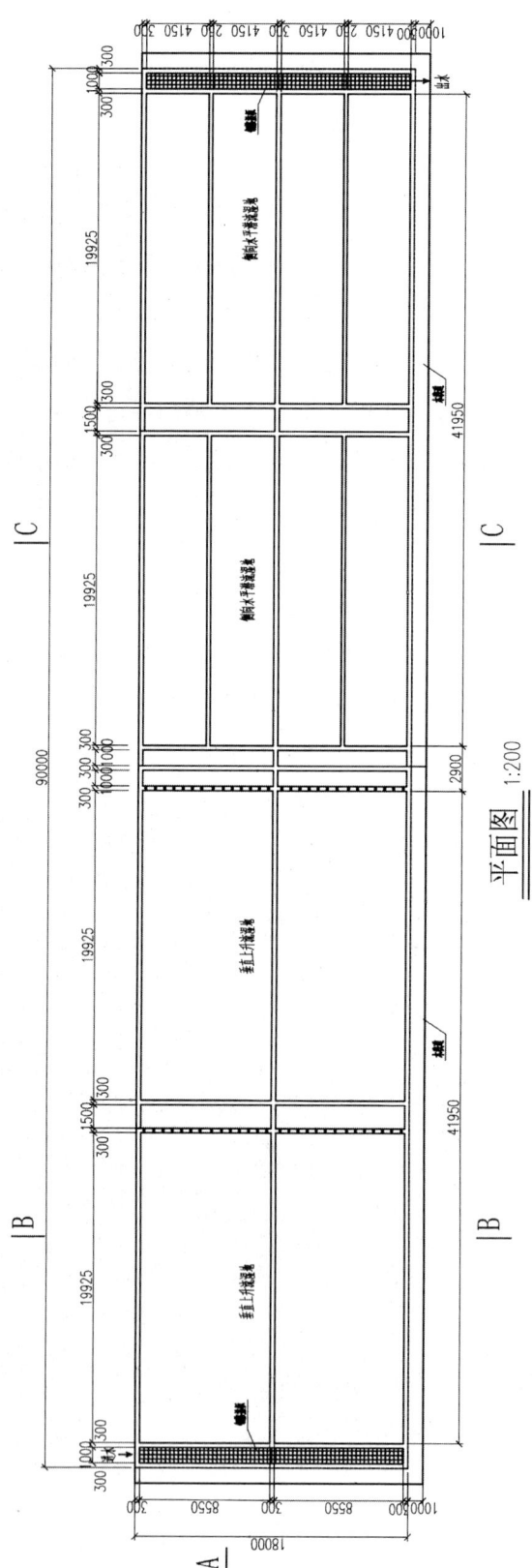

平面图 1:200

图 6-10 人工湿地平面布置图（单位：mm）

6.4.3　湖泊型水源地尾水深度处理示范效果

示范工程投运后污染物排放量将有较大幅度的下降，COD、TN、TP 排放量可减少 2.92t/a、1.46t/a、0.146t/a，平均削减率分别为：16.7%、25% 和 50%，见表 6-7。示范工程总投资 182 万元，污水平均处理水量约为 800m³/d。日常维护人工费 7 500 元 /a，季节性人工费 3 600 元 /a，日常维护管理费 10 000 元 /a。组合人工湿地年总运行费用 21 100 元 /a，水运行费用 0.07 元 /t。示范工程现场见图 6-11。

组合湿地运行费用包括日常维护人工费、季节性人工费、工程日常维护管理费等。工程日常维护人员按 0.5 人，人均工资按 15 000 元 /a 计，共计 7 500 万元 /a。季节性人工费，每年约需使用季节性劳务工约 60 个工日，其劳务费按每工 60 元计，共计 3 600 元 /a，工程每年日常维护管理费用以 10 000 元 /a 计。按以上测算，组合湿地年总运行费用 21 100 元 /a，组合湿地水运行费用约为 0.07 元 /t。

表 6-7　示范工程现场效果

COD			TN			TP		
进水 / （mg/L）	出水 / （mg/L）	去除率 /%	进水 / （mg/L）	出水 / （mg/L）	去除率 /%	进水 / （mg/L）	出水 / （mg/L）	去除率 /%
80	66.5	16.7	18	13.5	25.0	1.0	0.5	50.0

图 6-11　现场图

参考文献

[1] 吴振斌，张晟，张金莲，等 . 人工湿地组合系统除磷的净化空间研究 [J]. 环境科学与技术，2007，30（11）：77-80.

[2] 张晟，贺锋，成水平，等 . 八种不同工艺组合人工湿地系统除磷效果研究 [J]. 长江流域资源与环境，2008，17（2）：295-300.

[3] 蒋岚岚，刘晋，吴伟，等 . 城北污水处理厂尾水人工湿地处理示范工程设计 [J]. 中国给水排水，2009，25（10）：26-29.

[4] 刘洋，王世和，黄娟，等 . 两种人工湿地长期运行效果研究 [J]. 生态环境，2006，15（6）：1156-1159.

[5] 吴振斌，徐光来 . 复合垂直流人工湿地污水氮的去除效果研究 [J]. 农业环境科学学报，2004，23（4）：757-760.

[6] 薛玉，张旭，李旭东，等 . 复合沸石吸氮系统控制暴雨径流污染 [J]. 清华大学学报（自然科学版），2003，43（6）：854-857.

[7] Huett DO，Morris SG，Smith Getal. Nitrogen and phosphorus removal from plantnursery runoff in vegetated and unvege-tated subsurface flow wetlands.Water Research，2005，39（14）：3259-3272.

[8] Gibert O，Pomierny S，Rowe Ietal. Selection oforganic substrates as potential reactivematerials foruse in a denitrifica-tion permeable reactive barrier （PRB）. Bioresource Technology，2008，99（16）：7585-7596.

[9] Park JBK，Craggs RJ，Sukias JPS. Treatment of hydroponic wastewater by denitrification filtersusing plantprunings as theorganic carbon source.Bioresource Technology，2008，99（8）：2711-2716.

[10] Fleming-Singer MS，Horne AJ. Enhanced nitrate removal efficiency in wetland microcosms using an episediment layer for denitrification.EnvironmentalScience and Technology，2002，36（6）：1231-1237.

[11] 佘丽华，贺锋，徐栋，等 . 碳源调控下复合垂直流人工湿地脱氮研究 [J]. 环境科学，2009，30（11）：3300-3305.

[12] Burgin A J，Groffman P M，Lewis D N. Factors regulating denitrification in a riparian wetland[J]. Soil Sci Soc Am J，2010，74：1826-1833.

[13] Peralta A L，Matthews J W，Kent A D. Microbial community structure and denitrification in a wetland mitigation bank[J]. Appl Environ Microb，2010，76：4207-4215.

江苏省农村地表集中式水源地面源污染防控技术与示范

7 江苏省水库型水源地污染防控技术与示范

7.1 水库型水源地污染防控问题识别

水库型水源地水位变化小，流速缓慢，库区面积较大，污染源分散，来源途径广泛，主要为周边农村生活污染、稻田排水和其他面源污染，面源污染主要表现为初期来水污染浓度高，负荷大，需强化净化；后期来水水量大，污染较轻，可直接排放进入水源地，面源水质呈梯度变化。污染特征因子主要为 COD、TN 和 TP，水库型水源地污染防控的主要目标为处理水质梯度变化的面源污染的脱氮除磷。

7.2 水库型水源地污染防控思路

初期面源高污染来水需拦截处理，被截留于前置库进行净化，后期大量来水，通过前置库坝溢流，直接进入水源地，因此前置库在限定可控的水域内，具有对面源的减量控制功能，从而达到削减污染物的目的。此外，植物是生态工法中不可或缺的重要部分，在前置库排水廊道内设置植生带，沉水（浮）水植生带，可利用这些植物吸附有机物、氮盐及磷酸盐等营养盐物质的功能，并利用这种以自然植生的水质净化原理，以期达到水源地水质净化、环境绿化及景观美化等的目的。同时对于直接进入水库的面源，可在入库口划定特定区域，通过强吸附载体的作用进行强化净化的处理。因此，针对水库型水源地的安全防护的主要目标进行生态拦截，提出水库型水源地沟渠净化＋前置库＋水库强化净化组合处理工艺思路，为农村水库型水源地污染防控提供技术支撑。

7.3 水库型水源地前置库净化试验

农村面源污染具有突发性强、污染物种类复杂多变、污染负荷变化大，难采取单一集中处理等特点，初期来水，污染物浓度高，负荷大，需要净化处理，后期来水水量较大，污染程度低可直接排放进入水源地，前置库系统蓄混放清的特点对水源地面源污染防控发挥重要作用[3, 4]。

7.3.1 前置库分区

随着农业面源污染的加剧，水源地来水中氮磷含量显著增加，传统型前置库的氮磷净化效果欠佳，尤其冬季低温条件下铵态氮（NH_4^+-N）、总氮（TN）去除速率远低于夏季，仅为夏季的 1/4 左右[9-12]。因此，依据来水的特点，确定水生植物组合，明确工程的布局布局，因地制宜构建前置库分区净化系统，拟提高来水中氮磷等营养盐去除效果[5-8]。采用透水坝、生物强化等工程技术与传统前置库系统进行组合，充分发挥物理拦截吸附及和生物净化作用，提升氮磷等营养盐的净化效果[13-15]。前置库构建形式较为灵活，从净化功能角度出发，构建前置库分区净化。

（1）物理沉降区

水体中的悬浮颗粒，都因重力和浮力两种力的作用而发生运动，重力大于浮力时，颗粒下沉，一定沉淀空间和水力条件下，水体中固体颗粒污染物可沉淀于某一主要区域。因此，合理的水力停留时间和池深是前置库设计的关键参数。主要对入库的未处理生活污水、降雨产生的地表径流、含农药废水进行处理。通过透水暗堰来调节入库来水的流速，使得来水中的泥沙，悬浮颗粒沉降，去除少量的氮磷营养盐物质，构建物理沉降区。

（2）浅水区（挺水植物净化区）

水中的部分污染物，在特定光照和水温等作用下，少部分可自行降解。一部分可通过气态的形式散失到大气中，如氮氧化物形成氮气外溢[16, 17]。通过物理沉降区后，大部分的泥沙、部分悬浮颗粒得到沉降，但是入库来水中的营养盐物质、有机污染物并未得到有效的去除。在植物净化区内，设置不同类型的水生植物使得悬浮颗粒进一步被吸附、拦截、沉降，使得水体透明度大力提高，利用植物的净化工程，使得水体中的营养盐部分去除，构建植物净化区。

（3）深水区（沉水植物净化区）

根据水深栽沉水浮叶植物、沉水植物和漂浮植物，建立人工浮岛，吸收大量的 N、P 等污染物并加以转化和利用，"植物浮岛"的植物可供鸟类休息和筑巢，下部植物根系形成鱼类和水生昆虫等生息环境，并吸收氮和磷[18-21]。微生物主要起到降解有机物以及脱氮除磷的作用，充分发挥微生物的功能[22-25]。该区可去除来水中大部分营养盐物质及少量的难降解有机污染物。

（4）生物净化区

滤食性动物也是生态系统中的重要组成部分，有效间接减少湖前置库中营养负荷，改善鱼群结构调整目标是能够维持食物网关系的相对稳定，通过食物链关系减少藻类，生物净化区包括两部分，一部分是滤食性动物放养，放养的密度大约为750kg/km²；另一部分是放入人工生物礁，增加了许多微生物的繁殖的空间和生存空间。

（5）强化净化区

经过上述几个分区处理后，入库来水污染物基本可达到饮用水源标准，但农村面源中包含有农药、肥料以及在暴雨径流初期高浓度污水，以及冬季低温条件下植物作用下降，依靠前端处理难以达到稳定去除率。因此在增加强化净化区，采用曝气、多孔填料和介质、组合人工湿地、固定微生物等技术提高污染物去除效果，保证稳定去除率[26]。

7.3.2 前置库净化植物筛选

7.3.2.1 夏秋季植物筛选

水生植物是库区生态系统的初级生产者，是前置库水生生态系统中物质与能量流的主要传递者，其种群数量变动对库区生态及水域环境有着重大影响。另外，水生植物的新陈代谢过程可净化水质、吸收和吸附大量的营养物质和其他物质，水生植物包括挺水植物、漂浮植物、浮叶植物、沉水植物等。结合示范工程开展地区的气候、水文、植被等状况和室内试验结果，选择挺水植物：香蒲、千屈菜、水葱、莲藕、水芹、菖蒲、空心菜、西伯利亚鸢尾和沉水植物：伊乐藻、菹草、轮叶黑藻、苦草、狐尾藻，作为前置库的备选植物，部分为冬季低温条件下生长水生植物。

实验采用静态实验方案，实验在夏秋季节进行。试验装置为容量为40L的塑料桶，上部直径（内径）为39cm，底部直径（内径）为31cm。桶中栽种植物，桶底铺一层洗净的石英砂，以满足挺水植物固根要求。实验从8月中旬开始到9月底结束。植物栽种10天后，每隔3天定期取水样测定水样中的氮磷营养盐含量，计算氮磷的去除率。定期采用自来水补充水量，以弥补因蒸发、植物吸收、取样造成的水量损失。

实验用水采用人工配水，初始水质指标为：TN 1.67mg/L、TP 0.41mg/L、COD_{Mn}6.75mg/L。根据《地表水环境质量标准基本项目标准限值》（GB 3838—2002），实验用水属Ⅳ～Ⅴ类。

TN用碱性过硫酸钾消解紫外分光光度法（GB 11894—1989），TP采用钼酸铵分光光度法（GB 11893—1989）测定。不同植物在静态实验条件下对营养盐的去除效果如图7-1～图7-6所示。

从挺水植物对氮的去除率来看，水芹、香蒲、西伯利亚鸢尾、水葱的效果较好；对磷的去除水芹、西伯利亚鸢尾、香蒲效果较好；从沉水植物对氮磷的去除率来看，伊乐藻、轮叶黑藻、狐尾藻的效果较好。

植物对 NH_4^+-N 去除效果在初期较对 TN 的去除效果好，这主要是因为水体中的 NH_4^+-N 一部分通过植物吸收和挥发作用而去除，大部分则是通过硝化作用和反硝化作用的连续反应而去除，这种反应过程会增加水体中 NO_3-N 的量，从而使 TN 的降解幅度变小。但随着 NH_4^+-N 浓度下降并趋于稳定值后，植物开始以吸收 NO_3-N 为主，从而不断降低水体 TN 含量，导致后期 TN 的去除率逐渐高于 NH_4^+-N。

植物对磷的去除率表现出先升高，后降低的现象。对磷的去除一方面是以磷酸盐沉降并固结在基质上，另一方面是可给性磷被植物吸收。在试验初期对磷的去除效果上升非常显著，这是磷被底部的石英砂吸附而浓度大幅度降低，但也有部分磷会逐渐从石英砂中释放出来，造成后期去除率出现下降的现象。综合上述结果，在夏秋季节可以选择的挺水植物主要为水芹、西伯利亚鸢尾、香蒲；沉水植物主要有伊乐藻、轮叶黑藻、狐尾藻。

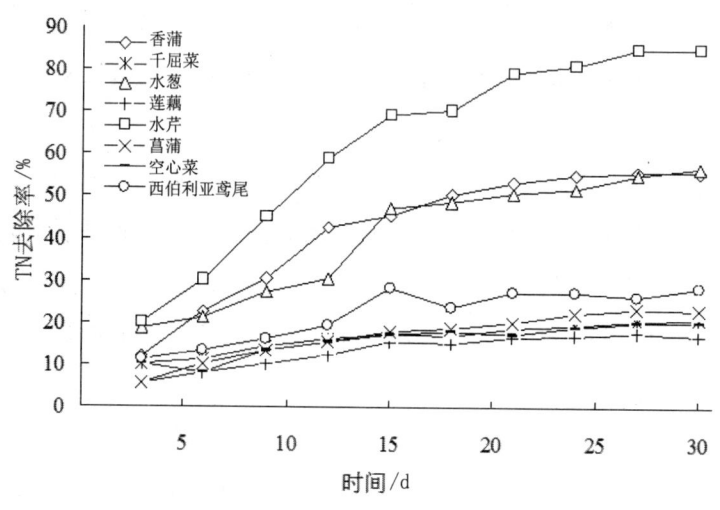

图 7-1　夏秋季节挺水植物对 TN 的去除率

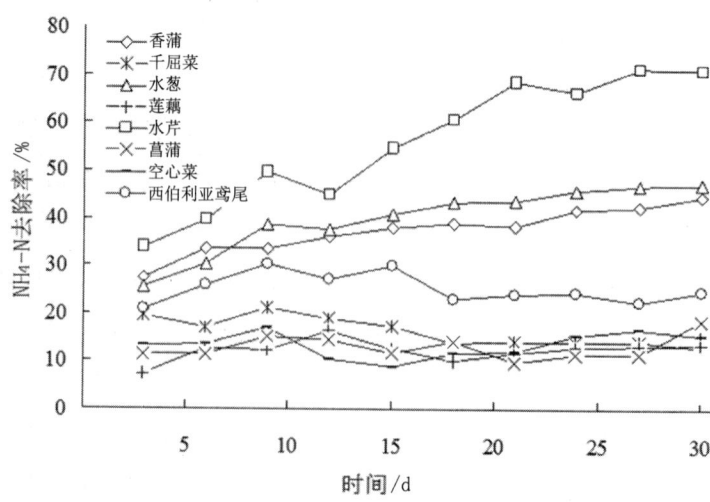

图 7-2　夏秋季节挺水植物对 NH_4-N 的去除率

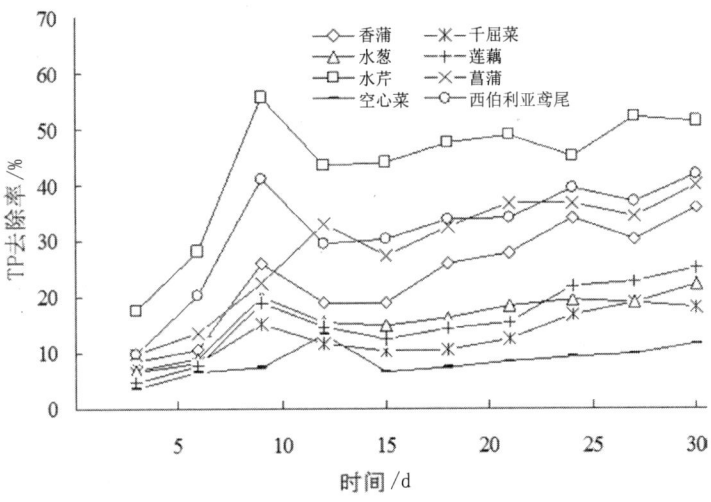

图 7-3　夏秋季节挺水植物对 TP 的去除率

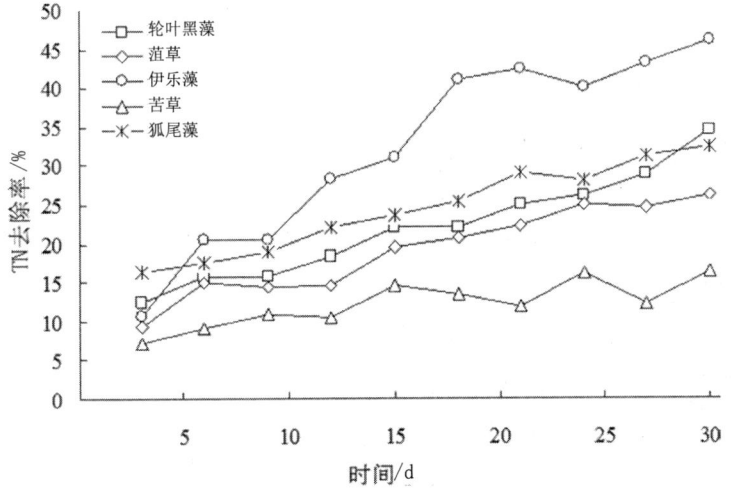

图 7-4　夏秋季节沉水植物对 TN 的去除率

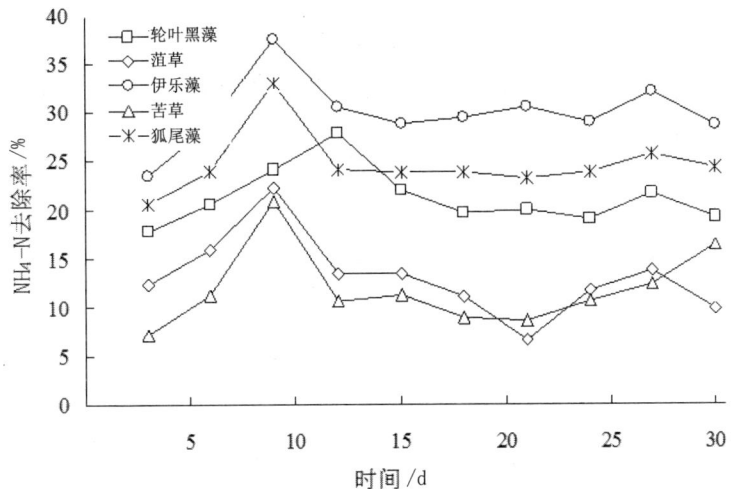

图 7-5　夏秋季节沉水植物对 NH₄-N 的去除率

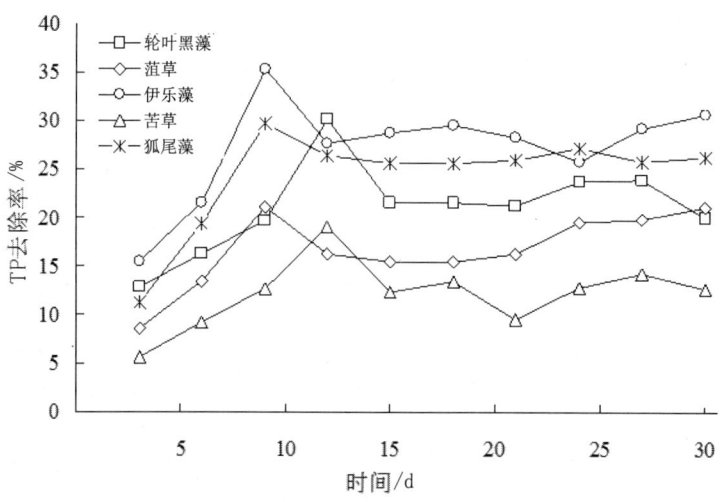

图 7-6 夏秋季节沉水植物对 TP 的去除率

7.3.2.2 冬季植物筛选

非低温情况下植物对水质净化效果已经有了较多研究，植物对水质有着较好净化效果。在冬季，大部分植物已经进入凋落期对水质净化作用不明显，选择合适的适宜于冬季生长植物并研究其对水质净化规律是保证前置库冬季长效运行的重要工作。

以上述夏秋季植物净化效果的研究为基础，选用苏南地区常见的能够耐受冬季低温的水生植物进行冬季生长试验以及净化效果研究。挺水植物：水芹、西伯利亚鸢尾、香蒲；沉水植物：伊乐藻、菹草以及狐尾藻。

（1）冬季植物的生长规律

试验选择在冬季进行，试验时间为 45d，自然条件下水温的波动范围从 0 ～ 5℃。生长的水质条件采用人工配水方式，试验为 $L_9(3^3)$ 的正交试验。本试验采用氮磷比、氮浓度、氮形态来表征不同富营养化水体的特征，以上每个因素各设计 3 个水平。氮形态的水平为硝态氮、混合态氮（铵态氮和硝态氮各占 50%）和铵态氮，各处理组的水质情况见表 7-1。

表 7-1 不同处理组的水质参数

处理组	氮磷比	氮浓度 /（mg/L）	硝态氮 / 铵氮
0			
1	2：1	0.5	100/0
2	2：1	1	50/50
3	2：1	2	0/100
4	5：1	0.5	50/50
5	5：1	1	0/100

处理组	氮磷比	氮浓度 / (mg/L)	硝态氮 / 氨氮
6	5：1	2	100/0
7	8：1	0.5	0/100
8	8：1	1	100/0
9	8：1	2	50/50

试验装置为容量为 40L 的塑料桶，上部直径（内径）为 39cm，底部直径（内径）为 31cm。试验开始时，把植物洗净称重，0～9 号桶中栽种植物，0 号桶中不加营养液，底部铺设洗净的石英砂用于固定挺水植物。为对照样。试验期间用氢氧化钠溶液和稀硫酸调节 pH，使 pH 控制在 7～8，确保水中营养盐浓度波动范围不超过 20%。描述植物生长情况的参数采用相对生长率（R）的概念：

$$R = \left(W_t - W_0\right) \Big/ W_0 \qquad (7\text{-}1)$$

式中：W_t——试验结束后生物量（湿重）；W_0——试验前生物量（湿重）。

试验周期内植物的冬季相对生长率如图 7-7、图 7-8 所示。从图中可以看出，在相同的水质条件及温度条件下，挺水植物中水芹的生长状况最好，香蒲最差；沉水植物中伊乐藻的生长状况最好，狐尾藻的生长状况最差。

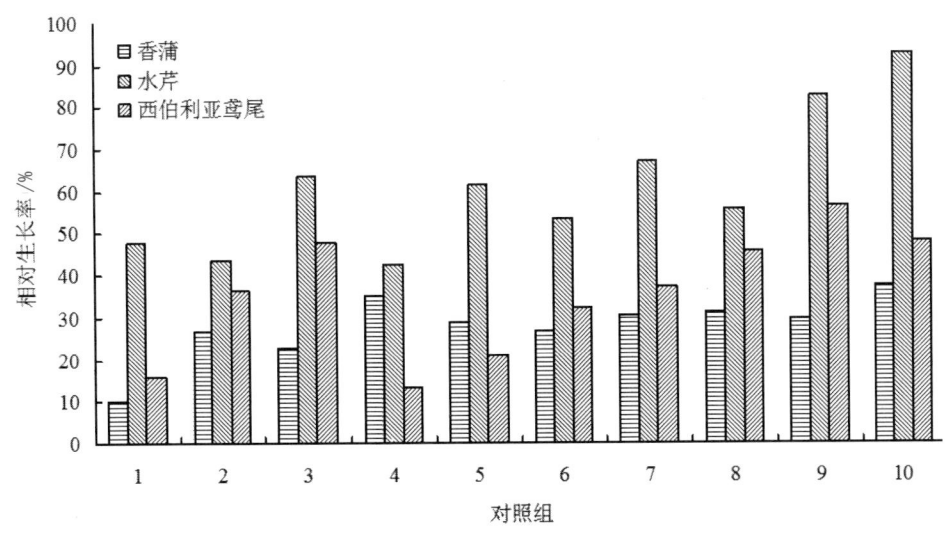

图 7-7 挺水植物冬季相对生长率对比

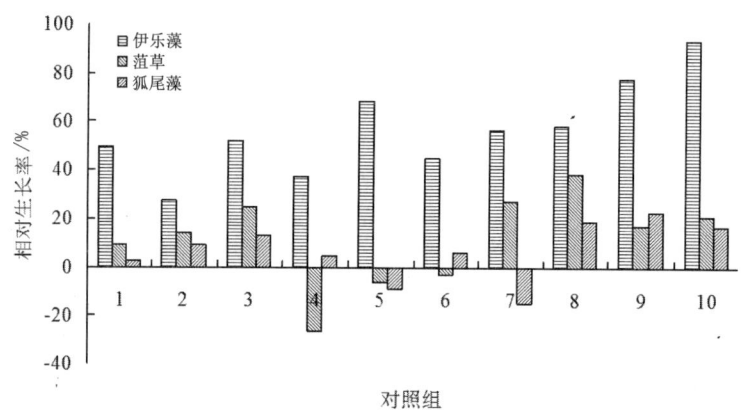

图 7-8　沉水植物冬季相对生长率对比

（2）冬季植物对水质净化效果

实验用水采用人工配水，初始水质指标为：TN 1.67 mg/L、TP 0.41 mg/L、COD_{Mn}6.75 mg/L。根据《地表水环境质量标准基本项目标准限值》（GB 3838—2002），实验用水属Ⅳ～Ⅴ类。

采用静态试验，将植物栽种在盛有一定量自来水的大型塑料桶（挺水植物用洗净的石英砂固定），容量为40L的塑料桶，上部直径（内径）为39cm，底部直径（内径）为31cm。试验用水体积30L，植物质量约100g。所有试验桶均放在室外自然光照的地方，但要避免雨淋。试验期间记录每天的水温变化情况，水温是取3个时间点的平均值（8：00、12：00、20：00），采样前要按照每个试验组的蒸发量先补充蒸馏水。

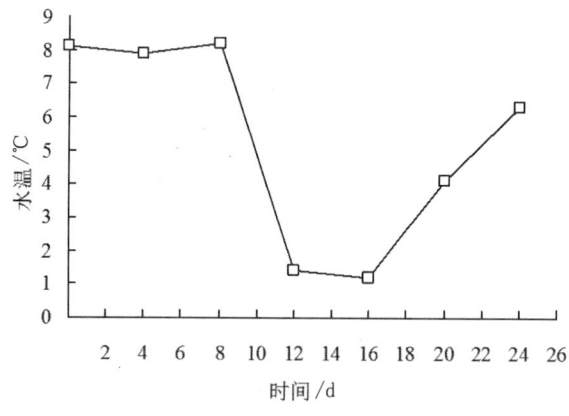

图 7-9　试验期间水温变化

水生植物对水体中 TN、TP 的去除效果如图 7-10 至图 7-13 所示，所选择的水生植物在冬季都能够正常生长，对氮磷营养盐有一定去除效果。

冬季水生植物对营养盐的去除与其生长状况有着较为密切的联系。从图中可以看出，挺水植物对营养盐的去除效果依次为水芹＞西伯利亚鸢尾＞香蒲；沉水植物对营养盐的去除效果依次为伊乐藻＞菹草＞狐尾藻。综合植物的生长状况与对营养盐的去除效果来看，可以在冬季选择水芹作为前置库的净化挺水植物，伊乐藻作为前置库净化的沉水植物。

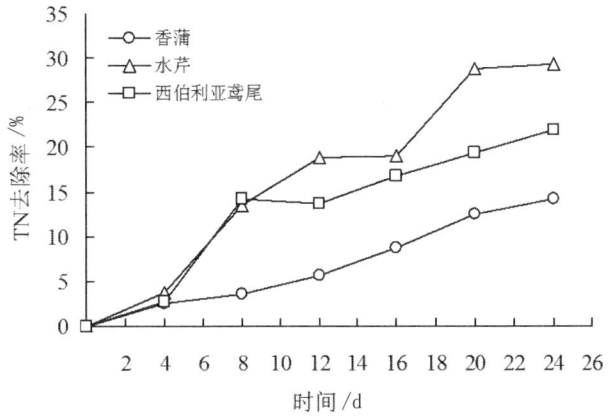

图 7-10 冬季挺水植物对 TN 的去除率

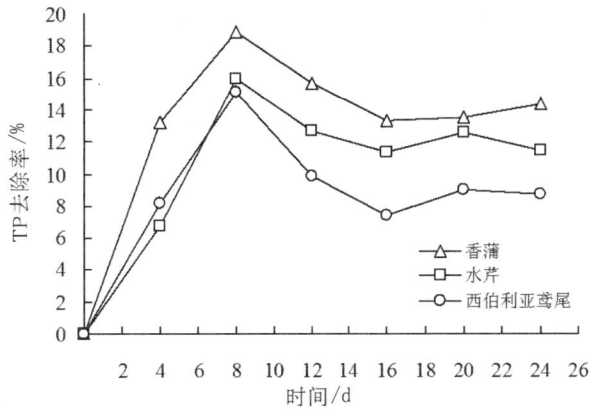

图 7-11 冬季挺水植物对 TP 的去除率

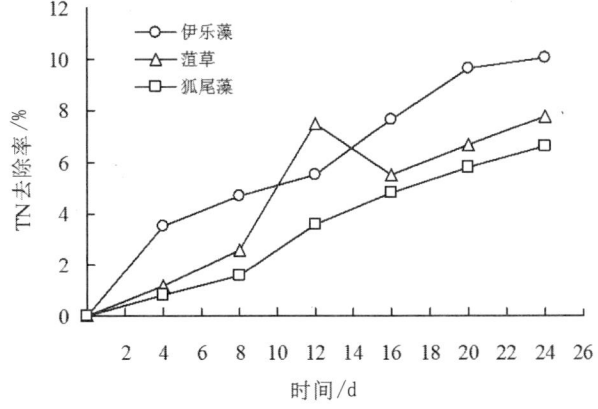

图 7-12 冬季沉水植物对 TN 的去除率

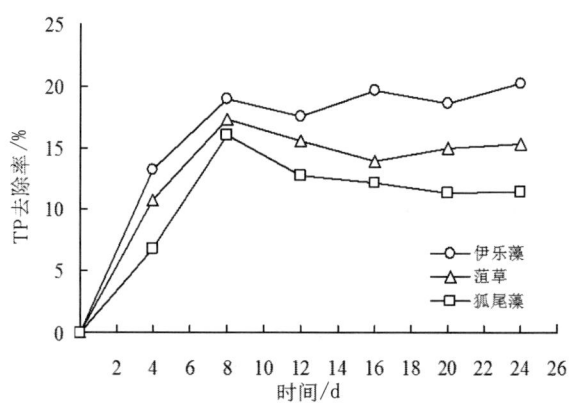

图 7-13 冬季沉水植物对 TP 的去除率

（3）小结

冬季低温条件下伊乐藻可以正常生长，生长速度为 5.22 g/（100g·d）；夏季伊乐藻生长速度缓慢，只有 1.25 g/（100g·d）；春季生长速度最小，为 0.50 g/（100g·d）。考虑伊乐藻在秋冬季节具有良好的生长状态，可作为低温条件下恢复水生植物的选择。

冬季伊乐藻对 TN、TP 的去除效果不理想，需要增加其他的强化净化处理措施作为补充。其中一方面可能是由于伊乐藻的生长对 TN、TP 的需求量减少。另一方面，在冬季低温条件下，细菌活动减弱，进而影响到硝化和反硝化作用，影响到对 TN 的去处效果。

伊乐藻在秋冬季节生长状态最好，在秋季和夏季对水质净化效果好。可将伊乐藻作为常绿水生植被构建前置库系统。在冬季不能单独依靠伊乐藻对水质的净化作用，需要增加其他的一些强化净化措施，弥补伊乐藻在冬季净化效果的不足。

7.3.3 复合型前置库净化室内试验

结合溧阳市塘马水库水质安全保障工程背景及来水中污染物特征，从技术集成角度出发，引入潜流人工湿地和由生物载体填料构建的强化净化分区，改进了传统的前置库系统，因地制宜地构建了复合型前置库分区净化系统。系统中并在实验室尺度下探讨复合型前置库系统及各功能区对面源污染中 SS、氮、磷等净化效果及规律，确定前置库复合系统构建不同分区，明确前置库不同区域对于水质的净化效果，确定了复合型前置库去除污染物最优参数，为前置库示范工程设计依据及优化方案提供科学依据。

7.3.3.1 复合型前置库模型构建

复合型前置库系统由 6 个功能区构成，分别是沉淀区（A）、浅水区（B）、深水区（C）

和（D）、潜流人工湿地（E）、强化净化区（F），其工艺流程图如7-14（a）所示，其中前4个功能区（A，B，C，D）构成传统型前置库系统。考虑到传统型前置库对氮磷的净化作用，引入潜流人工湿地（E）的目的是进一步强化营养盐物质的去除。在经过人工湿地处理后，预计水中氮磷浓度降低到一定程度，可能属于低氮磷条件，引入强化净化区的目的是强化对低氮磷时的水质净化。复合型前置库的室内模型采用有机玻璃自制，其示意图及相关设计参数如图7-14（b）所示。其中，除B区深度为0.20 m外，其他功能区深度均为0.30 m。

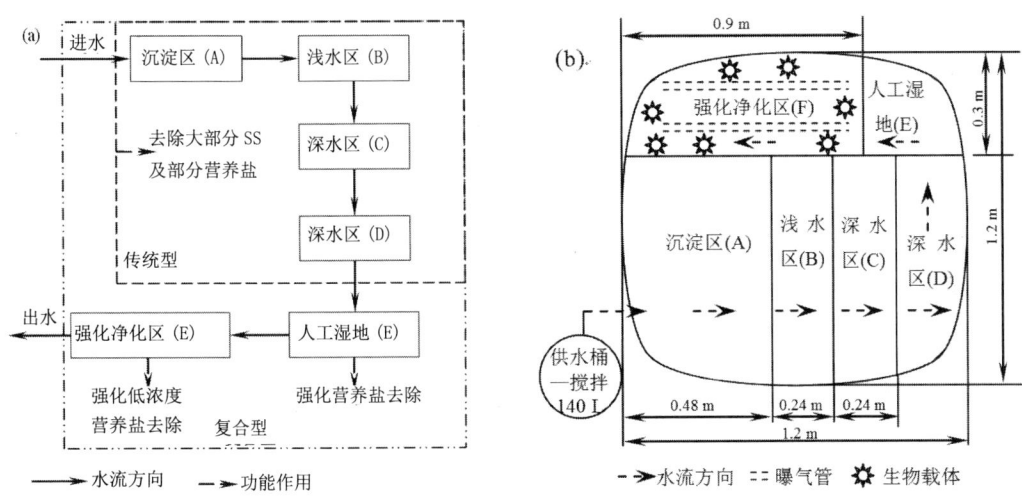

图 7-14 复合型前置库系统工艺流程及结构示意图

考虑到在冬季（12月至次年1月中旬）开展试验，因此在B区、C和D区、E区分别种植较耐寒植物菖蒲、伊乐藻及芦苇，其中，B区植物为菖蒲，C和D区为伊乐藻，E区为芦苇，其相应的种植密度分别为50株/m²、25丛/m²、36丛/m²及55株/m²。而在有生物载体填料构成的F区则水面铺满多孔圆柱形填料（d×h：15 mm×5 mm，并设19个多孔），铺设厚度约为40 mm，并通过潜水泵曝气，强度约为1.8 L/min。

7.3.3.2 实验材料及方法

根据溧阳市塘马水库来水水质（如表7-2所示），相应地配置一定浓度的室内模拟废水，放于内置搅拌装置的140 L供水桶内，并设置搅拌的转速为45 r/min以防止模拟废水浓度不均一及SS沉降。供水桶内的潜水泵以0.28 m³/d的供水流速向前置库室内模型供水。另外，模拟废水中SS采用江苏某湖底泥配置，其性质见表7-3；而氮、磷等营养盐则通过硝酸钠、氯化铵、磷酸二氢钾和葡萄糖分析纯试剂进行配制，控制进水浓度为现场最高来水浓度的 1.5 倍且基本不含有机氮磷。

表 7-2　溧阳市塘马水库来水浓度范围　　　　　单位：mg/L

TN	NH$_4^+$-N	SS	TP	COD$_{Cr}$
2～8	0.8～3	20～50	0.8～2.8	20～90

表 7-3　江苏某湖底泥性质

含水率 / %	有机质 / %	粒径 /μm		
		d$_{10}$	d$_{50}$	d$_{90}$
39.28	2.72	2.236	15.042	53.091

浅水区中种植挺水植物—菖蒲，种植密度为 0.07m^2/ 株。深水区中则栽种浮游植物—伊乐藻，其种植密度分别为 15 株 /m^2 和 30 株 /m^2。通过种植不同植物密度减缓并调节水流流速，加强来水中 SS 的去除，同时，种植的植物能对水体中的营养盐有一定的吸附降解作用。

潜流人工湿地系统中则种植具有一定观赏价值的再力花或美人蕉，去除来水中一定量的氮磷营养盐。

强化净化区内铺设一定厚度的阿科曼填料并在系统内设置曝气系统，强化对氮磷营养盐的去除。阿科曼填料铺满整个强化净化区表面，厚度约为 4cm；曝气方式采用潜水曝气泵，曝气强度约为 1.8 L/min，曝气量为 0.80m^3/（h·m^2）。

试验初期通过为期 1 个月的连续运行直到 F 区生物膜生长及系统出水水稳定，然后对室内配置的模拟废水进行净化处理，每隔 12h 或 24h 采集各功能区出水水样，根据《水和废水监测分析方法》（第四版）[27] 分别测定 SS、TN、NH$_4^+$-N、COD、TP、TDP 指标。其中 NH$_4^+$-N、NO$_3$-N、TDP 为过 0.45μm 醋酸纤维滤膜后测定。水样中颗粒粒径采用激光光透式粒度仪（Mastersize 2000，Malvern Instruments Ltd，UK）测定。为了更有效地表征复合型前置库系统的净化效率，分别设定了总体去除率（η），各功能区单独去除率（δ）、各功能区累积去除率（φ）、各功能区对污染物去除贡献率（λ）及单位面积去除贡献率（ε），计算公式如下所示。

$$\eta = \frac{(C_{out})_F}{C_{in}} \times 100\% \tag{7-2}$$

$$\delta = \frac{(C_{out})_i}{(C_{in})_i} \times 100\% \tag{7-3}$$

$$\varphi = \frac{(C_{out})_i}{C_{in}} \times 100\% \tag{7-4}$$

$$\lambda = \frac{Q_i}{\sum Q_i} \times 100\% \tag{7-5}$$

$$\varepsilon = \frac{\lambda_i}{A_i} \tag{7-6}$$

式中：$(C_{out})_F$——F 区出水浓度，mg/L；

C_{in}——进水浓度，mg/L；

$(C_{out})_i$——某功能区的出水浓度，mg/L；

$(C_{in})_i$——某功能区的进水浓度，mg/L；

i——某个功能区；

A_i——某功能区的面积，m^2；

Q_i——某单元的去除量，mg；

$\sum Q_i$——总的去除量，mg。

量取 40% 的毒死蜱的溶液 7.5mL，加入 140L 自来水中，用电动搅拌机搅拌均匀，形成均一的稳定毒死蜱乳液。太湖流域的农药面源径流中农药毒死蜱目前没有统一的数据，并且，本项目是在实验室中探讨前置库系统对农药的去除效果和机理，所以配制的毒死蜱浓度比正常农田施用时略高，为 1.8mg/L。室内中试模型采用模拟现场试验不同单元分区，不同单元区水流流动方式采用溢流式。进水采用人工自行配水，便于调控不同进水浓度，进水方式则采用潜水泵供水的方式，进水流速可调节。根据太湖流域农药、化肥施用后的平均径流速度（17.5L/h）设置为前置库系统的流速。但由于潜水泵供水不均匀（随供水桶内水量变化而变化），导致不同供水期内其水流流速的不均，因此，进水流速通过平均流速来表示。这样，系统晚上连续进水 8h 后，然后系统不进水，每 1d、3d、5d 取样测定前置库系统不同功能区的水样测定毒死蜱的浓度。

将装有样品的玻璃试管以 4 000 r/min 的速度离心 5min，弃去上清夜，加入 2 mL 甲醇超声萃取 15min，然后以 4 000r/min 的速度离心 5min，收集上清液。再加入 2mL 甲醇超声萃取 10min，离心后合并 2 次上清液，转入旋转蒸发仪于 35℃ 水浴条件下蒸发至干，用甲醇定容到 0.5 mL。

毒死蜱的分析是在配有二极管阵列检测器的 Agilent 1 100 高效液相色谱仪上进行的。色谱柱 ZORBAX-C18（4.6×250 mm，5 μm）；流动相为 0.03% 三氟乙酸和甲醇（20：80，V：V）；流速 0.8 mL/min；柱温 25 ℃；进样量 10μL；检测波长 230 nm。在上述工作条件下进样，采用保留时间进行定性分析，每个样品连续进样 3 次，采用外标法对毒死蜱进行定量计算，以标准溶液浓度（mg/L）为横坐标，峰面积（mAU）为纵坐标作标准曲线，其标准曲线方程为 $y = 18.422\ 6x - 0.651\ 19$（$R^2 = 0.999\ 7$）。

7.3.3.3 复合型前置库去除 SS

图 7-15 为复合型前置库各功能区在不同滞水时间下对 SS 累积去除率的影响及滞水 12h 后各功能区对 SS 去除的贡献率、单独去除率及单位面积去除贡献率。

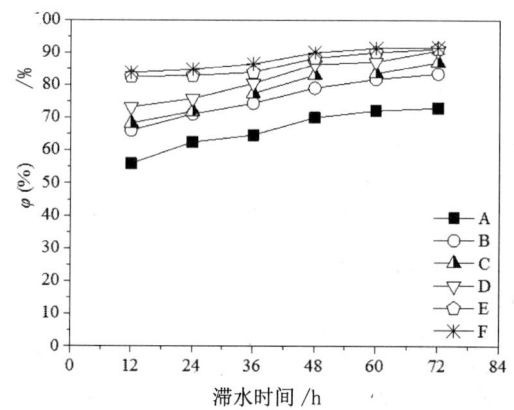

（a）滞水 12 h 后内各功能区的贡献率

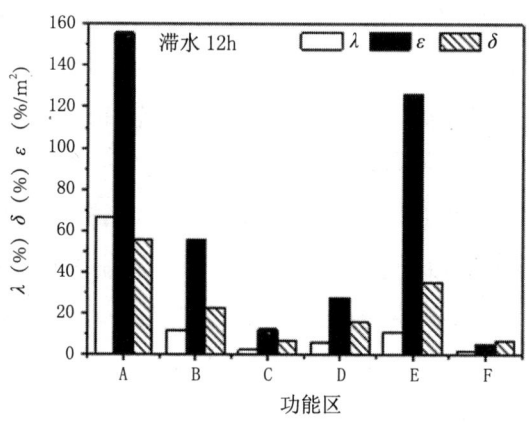

（b）单位面积贡献率及单独去除率

图 7-15　不同滞水时间下各功能区对 SS 的累积净化效果

从图 7-15（a）中可明显看出，复合型前置库系统中 SS 总体去除率随滞水时间的增加而增加，且在滞水 12h 后，SS 去除率可高达 80% 以上，在滞水 48h 后能达 90% 左右，这表明了复合型前置库系统对 SS 起到良好的净化效果，但同时也反映出长时间滞水（＞48h）并未能大幅提高 SS 总体去除率。其次，从图中也可明显看出，各功能区对 SS 的累积去除率与总体去除率呈现相同的规律，随滞水时间的增加而增加，且增幅在滞水时间大于 48h 而减缓。最后，对比传统型前置库（D 区累积去除率）及复合型前置库（F 区累积去除率）可以明显发现，在滞水前 36h 内引入 E 区和 F 区后的复合型前置库能有效地提高 SS 的总体去除率，平均提高了 8.51%；而后的 36h 也能平均提高 3% 左右。

图 7-15（b）则详细分析滞水时间为 12h 时各个功能区对 SS 去除的影响。图中明显看出 A 区在 SS 去除过程中呈现主要作用，其贡献率高达 66.8%；其次是 B 区和 E 区，各自贡献率均高于 10% 且 B 区略高于 E 区，而 F 区最低，仅为 1.48%。而相对区单位面积贡献率而言，A 区仍是最为高效，而 E 区明显高于 B 区，约是 B 区的 2 倍，体现出其高效的单位贡献率。而对于各功能区的单独去除率亦呈现与单位面积贡献率相似的规律，A 区最高，E 区明显高于 B 区。另外，图 7-15（b）中更为明确地反映出了传统型前置库与复合型前置库之间的差异，引入 E 区和 F 区后，其对 SS 去除的贡献率可提高达 12.5%，且主要作用为 E 区。

图 7-16 则从粒径角度具体分析了复合型前置库系统对 SS 去除的效果。

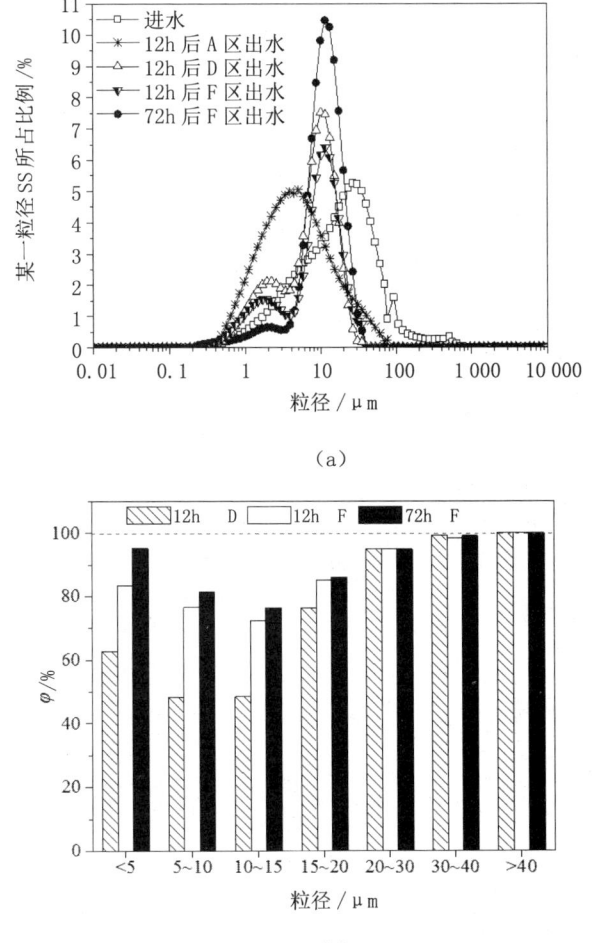

（a）

（b）

图 7-16　复合型前置库对 SS 去除前后粒径分布图（a）及对不同粒径段累积去除率（b）

从系统整体出水粒径来看，从图 7-16（a）中反映出了经过 72h 处理后，出水的 SS 粒径明显减小且主要集中 5～40μm，可占出水 SS 的 90.2%。相比进水 SS 粒径而言，粒径大于 40μm 的颗粒在前置库中能完全被去除，粒径小于 5μm 的颗粒含量也明显减少。另外，图 7-16（a）也反映出不同功能区对粒径去除之间的差异。在滞水时间为 12h 时，A 区出水中大颗粒（＞ 100μm）完全被去除，而颗粒粒径在 30 ～ 100μm 的大部分被去除，5 ～ 30μm 的颗粒部分被去除，而＜ 5μm 完全未被沉降。而经过 B、C、D 区后，颗粒粒径大于 40μm 完全被去除，5 ～ 40μm 颗粒含量明显增加，意味着颗粒粒径小于 5μm 部分被截留；而经过 E 和 F 区后，出水粒径中了 5 ～ 40μm 颗粒含量进一部提高，而＜ 5μm 颗粒含量进一步降低，表征着对颗粒粒径＜ 40μm 进一步截留。此外，在滞水时间的作用下，又促使了该部分粒径的沉降，使得出水粒径以 5 ～ 40μm 为主。当然，相比传统型前置库，复合型前置库能够有效地提高 40μm 以下的颗粒去除。

图 7-16（b）则具体阐明了不同粒径段的 SS 在复合型前置库系统中的累积去除率，可以看出复合型前置库系统能有效地去除粒径大于 20μm 的颗粒，平均去除率可达 97% 以上。而对于小于 20μm 的颗粒受滞水时间、功能区的影响较大，特别是小于 10μm 颗粒。相比传统型前置库系统，E 和 F 区的增加，能大幅地提高小于 15μm 粒径段的净化效果，可提高 24% 左右。而滞水时间对复合型前置库系统而言，其作用并不明显，在多经过 60h 的处理仅对粒径小于 15μm 的颗粒仅提高了 6.8% 的去除率，意味着从 SS 去除角度，复合型的前置库系统可大幅度缩短所需的滞水时间，提高系统的处理效率。同时，也反映了小粒径颗粒在前置库系统中难以净化，特别是在粒径段为 5 ～ 20μm 的颗粒。因此，若要进一步提升复合型前置库系统对 SS 的净化效果，必须提高其在 5 ～ 20μm 颗粒的去除率。

7.3.3.4 复合型前置库去除营养盐

图 7-17 为不同滞水时间下营养盐的总体去除率。

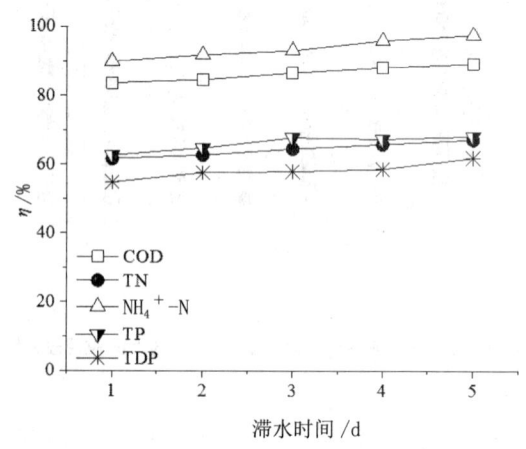

图 7-17　不同滞水时间下复合型前置库对营养盐总体去除率

从图 7-17 可以看出，即使在冬季低温的条件下，复合型前置库对氮磷等营养盐仍具有良好的净化效果，COD、TN、TP 的最高去除率分别为 89.31%、67.21%、68.19%，且随着滞水时间的增加而增加，但增幅较为平缓。对于氮形态中的铵态氮，其极易被复合型前置库去除，总体去除率可高达 97.67%；而对于 TDP，与 TP 净化呈现相似的规律，意味系统中这部分的非溶解态磷（TP 与 TDP 差值）并未随 SS 的沉降而被去除。

图 7-18 为在滞水时间为 1d 条件下，各功能区对营养盐的累积去除率及贡献率。

从图 7-18（a）中可以明显看出，氮磷等营养盐累积去除率随水流沿程的增加而增加。图中也可看出，引入 E 和 F 区后，明显提高了营养盐的去除率，COD、TN、NH$_4^+$-N、TP 去除率可分别提高 5.82%、6.52%、6.34%、9.29%。

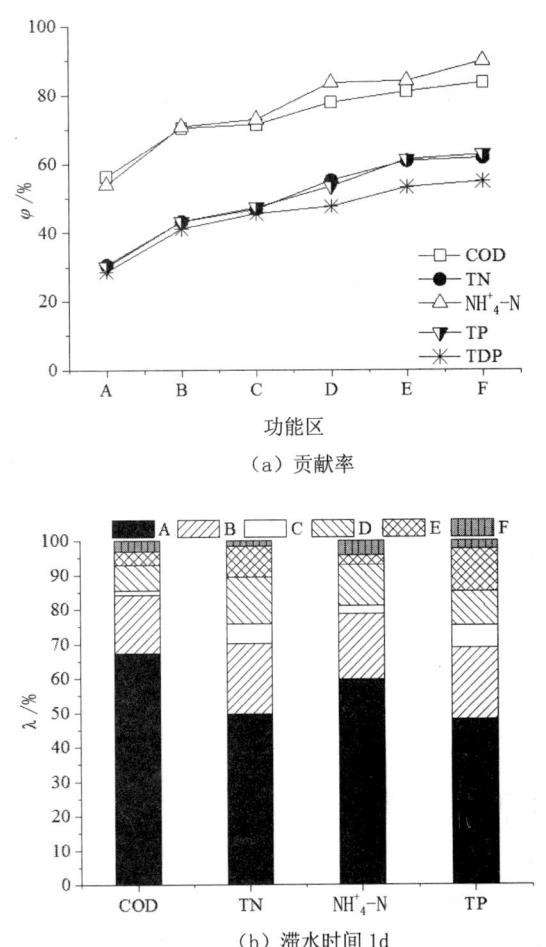

(a) 贡献率

(b) 滞水时间 1d

图 7-18 滞水时间 1d 条件下复合型前置库各功能区的累积去除率

图 7-18（b）反映出了各功能区对营养盐去除的贡献率。从图中可以明显看出，A 区对营养盐的去除其主要作用，对不同营养盐去除贡献率介于 48.0% ~ 67.2%，这

与 SS 在该区的去除率相接近，意味着进水后营养盐可能随着 SS 的沉降而被去除。其次是 B 区，对不同营养盐去除的贡献率接近 20% 左右，其中对 TP 去除的贡献率达 20.9%。除 A 与 B 区外，D 与 E 区在氮磷的净化过程也起到了重要的作用，两者的贡献率之和可占 20% 左右，体现出了湿地系统及高种植密度深水区的对氮磷净化去除的重要作用。而对于 C 与 F 区，其对营养盐的贡献作用较低，两者贡献率平均不及 7%；其中 C 区在 COD、NH_4^+-N 上明显体现不足，贡献率不及 2.5%。另外，相比较传统型的前置库而言，复合型前置库在营养盐去除上并无显著性的提高，特别是在 COD 和 NH_4^+-N 去除上，这可能受到温度等条件的影响。此外，单从贡献率角度不足以反映出功能区实际效果，考虑到各功能区的面积不同，引入单位面积贡献率的概念，结果如表 7-4 所示。

从表 7-4 中可明确地看出 A、B 与 E 区的重要作用，其中 E 区在氮磷的去除上体现出了高效性，在 TP 方面高于了 A 区，TN 方面与 A 区接近。C 和 F 区则分别在 COD、TN 上体现了明显的缺陷，这可能与进入该功能区营养盐浓度及形态有关，复合型前置库对营养盐具有较好净化效果。

表 7-4　不同功能区对营养盐的单位面积贡献率　　　单位：% / m²

功能区	ε（COD）	ε（TN）	ε（NH_4^+-N）	ε（TP）
A	156.76	115.67	139.62	111.97
B	78.59	94.61	87.71	96.99
C	5.74	27.01	10.81	30.14
D	35.53	63.47	55.14	45.43
E	43.97	103.01	32.38	142.04
F	11.51	5.54	15.71	8.58

7.3.3.5 滞水时间的影响

滞水时间（或停留时间）是水处理系统中的重要参数，在前置库系统中亦是如此，特别是对以去除 SS 和 TP 为目的设计的前置库系统[28, 29]，其颗粒磷、SS 的沉降需要较长的时间。但是在本书中滞水时间仅为 12h 就能对 SS 起到良好的去除效果，营养盐方面亦是如此，滞水 1d 条件下氮磷、有机物便取得良好的效果，这可能有以下几方面的原因：①前置库系统中原有的低污染的蓄水对高污染的来水起到一定的稀释缓冲作用；②受 SS 吸附作用；③潜流人工湿地 E 区及沉水植物的作用。其中，稀释缓冲作用往往被研究者所忽略，但在前置库容量设计中均会考虑到，人工湿地净化作用显而易见，因此不在这里赘述。而对于 SS 吸附作用及沉水植物的作用研究较多[30, 31]，其中 SS 的沉降所携带的营养盐，并未实质性的去除，仍残留在 A 区，受到微生物的作用将会释放，造成严重的内源污染。因此，工程措施方面需要对 A 区进行定期的清淤。而对沉水植物其吸收作用不可忽视，即使在冬季也能保持较高的净化作用，对营养盐的平均贡献率为 10% 左右，但受种植密度影响较大。因此需要保证较高的种植密度，同时又需要耐寒植物。上述几个原因使得前置库系统滞水时间大大缩短，可为 1d，当然考虑到其可靠性，可在实际工程中选择较长的滞水时间，可为 2 ～ 3d，以保证其净化效果。另外，单从滞水时间因素设计是不够充分的，在实际工程中应多考虑溧阳塘马水库的实际情况，特别是最大水力负荷、库容及所需达到水质等因素，以达到复合型前置库的最大功效及最优设计。

从各功能区对 SS、氮磷、有机物的贡献率，可以明显地发现 A、B、E 区对 SS 去除起到重要的作用，而 E 区在对有机物的净化效果上相对 A 和 B 区并不明显，这可能受到进入 E 区有机物的浓度及冬季条件有关。湿地系统净化有机物能力常受到温度的影响，低温条件使其系统活性大幅降低，造成其低效性。而对于 C 和 F 区，其并未在有机物、氮磷、SS 净化起到重要贡献，因此在工程应用中可适度降低这两功能区的所占面积（或库积）。另外，从单位面积的贡献率上也可说明 A、B、E 区重要作用，因此在实际工程应用中可适当增加这 3 个功能区的面积（或库容），增强其净化效果。对于 F 区的增加，本质上是进一步增加对水中低氮磷浓度时氮磷去除率，但室内试验的结果表明，其提高程度非常有限，特别是在氮磷的净化上，这可能受以下两方面的影响：①冬天低温度的影响，生物膜的活性较低而造成；②进水水质考虑不足，并未涉及有机氮磷，使得微生物对有机氮磷的贡献被忽略。但是在对铵态氮与有机物的净化上仍有一定的效果，因此，有必要进一步研究进水中含有有机氮磷及夏季时该功能区的功效。另外，对于 SS 中 5 ～ 20μm 粒径的净化作用，可以通过增加沉水植物的种植密度及湿地功能区的面积，进一步降低流速增加沉水植物及湿地填料截留作用。

7.3.3.6 复合型前置库去除毒死蜱效果

毒死蜱（chlorpyrifos），有效成分的化学名称为 O, O- 二乙基 -O-（3，5，6- 三氯 -2- 吡啶基）硫逐磷酸酯，是美国陶氏化学公司（Dow Chemical Co.）于 1965 年开发并研制出来的一种广谱性有机磷酸酯类杀虫剂，毒死蜱潜在危险性不容忽视，对鱼类及水生生物毒性较高，对蚯蚓不安全，能够明显加重蚯蚓的死亡率。示范区内稻田面积为 2 500 亩，随着稻田种植面积的扩大和水溶性农药用量的增加，稻田农药流失已成为农药污染水环境的主要问题。稻田使用水溶性农药的渗滤流失、降雨径流流失和主动排水流失比例很高，在水稻生长前期甚至高达 50%。因稻田种植面积大和水溶性农药用量大，稻田农药流失已成为农药污染水环境的主要问题，在大量使用水溶农药的稻作区，于施药期对稻田排水进行农药残留监测，检出毒死蜱农药成分，因此毒死蜱去除是水源地污染防控的主要对象。

毒死蜱水中降解速度慢，随稻田排水携带极易进入周边水体，这种较低浓度排放，处理效果不佳。应用于污水处理和饮用水净化的深度工艺方法，如采用化学工艺的方法和筛选菌株的方法去除农药成分，还难以适用于农村水源地污染物来源复杂，途径广泛，不易集中收集的特点。因此，针对农村稻田排水中农药成分处理手段少、处理成本高、难以推广应用等诸多难题，从实验室角度探索前置库系统对农药的去除效果和机理，明确不同功能区对毒死蜱的去除贡献。

从图 7-19 可知，当停留时间为 1d 时，毒死蜱进入第一个功能区——沉沙区，浓度就开始急速地从 1.8mg/L 下降到 0.81mg/L，随后依次进入不同功能区，浓度也逐渐下降，分别为 0.45mg/L、0.40 mg/L、0.39 mg/L、0.054 mg/L 和 0.036 mg/L。当停留时间为 3d，前置库系统的沉沙区中毒死蜱浓度下降为 0.03mg/L，随后污水进入第二功能区浅水区，毒死蜱浓度已经降为 0.01mg/L，在随后的几个功能区则检测不出毒死蜱的浓度。当停留时间为 5d 时，前置库系统每个功能区都没检测出毒死蜱含量。毒死蜱在第一功能区——沉降区急速下降的原因，可能是进水中含有 200～600mg/L 的 SS，而这些 SS 可能会对毒死蜱有很强的吸附作用，促使大部分的毒死蜱吸附在 SS 上，随着 SS 一起沉降到沉降区。浅水区、深水区 B 和 C、潜流人工湿地及强化净化区，毒死蜱的浓度下降可能为毒死蜱本身见光的分解；进入深水区，毒死蜱的降解可能是因为沉水植物残体的腐殖质对毒死蜱的吸附和促进毒死蜱的水解；进入潜流人工湿地一方面是填料（主要是砾石）对毒死蜱的吸附；另一方面是植物根系的微生物环境，促进毒死蜱的生物降解。当停留时间为 3d 和 5d 时，毒死蜱的浓度检测不出的原因可能是因为经过停留时间 1d 的处理后，毒死蜱的浓度就变得较低了，再经过 3d 和 5d 的停留时间，毒死蜱在日照非常充足的时候，光降解以至于检测不出毒死蜱的含量。总体来说，当停留时间为 1d 时，进水毒死蜱含量较高情况下，出水浓度依然很低，所以确定停留时间为 1d。

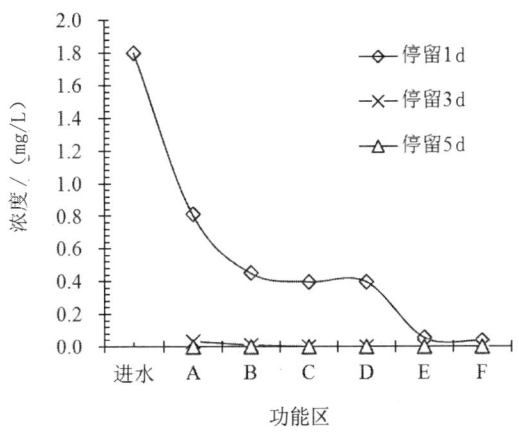

图7-19 毒死蜱在前置库系统不同功能区的浓度改变

由图7-19可知，SS浓度从100mg/L增加到300mg/L时，毒死蜱的去除率从32.23%增加到51.25%；但是当SS增加到300mg/L时，毒死蜱的去除率增速缓慢，从图中也可以看出，SS从300mg/L增加到600mg/L，毒死蜱的去除率从51.25%增加到56.34%。SS浓度和毒死蜱的去除曲线拟合，有较好的线性关系为$y = 0.0493x + 31.819$，$R^2 = 0.843\,4$。可知SS含量和毒死蜱的去除有较好相关性，SS浓度越大，毒死蜱的去除越高，毒死蜱含量较高的污水，可设置前处理池添加适量SS，通过SS吸附毒死蜱，提高去除率。

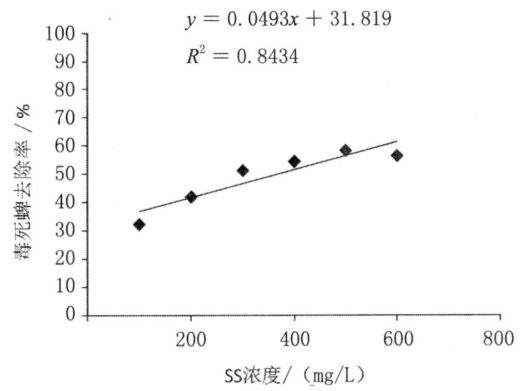

图7-20 SS含量和毒死蜱去除的相关性分析

前置库系统不同功能区对毒死蜱的累积去除率见图7-21，可知前置库系统具有对毒死蜱较好去除效果。各功能区沉降区、浅水区、深水区1和2、潜流人工湿地及强化净化区对毒死蜱的累积去除率分别为55%、75%、78%、78%、97%和98%。

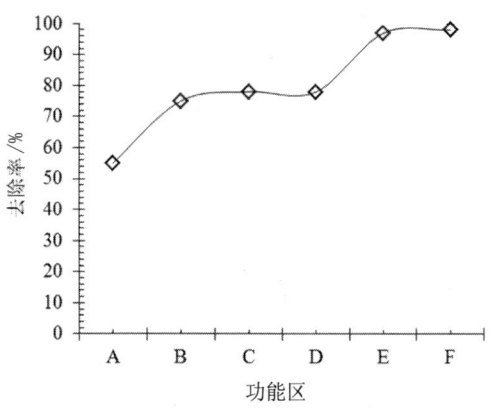

图 7-21　前置库系统对毒死蜱的去除效果

前置库系统对毒死蜱整体的去除效果较好，但每个功能区对毒死蜱的去除的贡献尚未清楚，分析不同功能区对毒死蜱的贡献见图 7-22，6 个功能单元区，分别为沉降区、浅水区、深水区 C 和 D、潜流人工湿地及强化净化区对毒死蜱的去除的贡献率分别约为 56.1%、20.4%、3.1%、0、18.4% 和 1.0%，从贡献率可以看出沉降区对毒死蜱的去除贡献率最大，占到一半以上，其次是浅水区和潜流人工湿地区，分别为 20.4% 和 18.4%。由此可知，沉水植物本身对毒死蜱的吸收或沉水植物残体的腐殖质对毒死蜱水解促进作用和吸附作用使毒死蜱的降解所占的比分非常小（0 ～ 3.1%），有 SS 和填料（砾石）的吸附作用情况下，毒死蜱的去除率则比较高（18.4% ～ 56.1%），因此如果只处理含毒死蜱含量高的农业面源污染时，可适当增加沉降区和湿地区面积的比例。

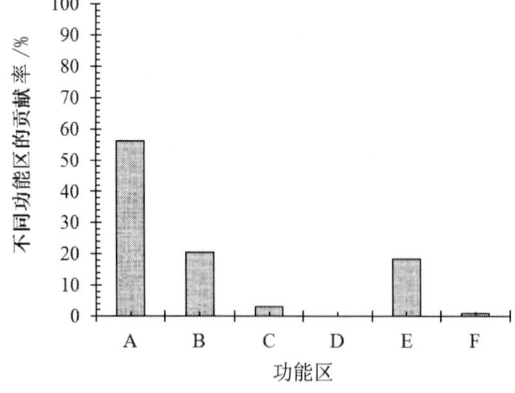

图 7-22　前置库系统不同分区对毒死蜱去除贡献率

植物的存在会使植物根系的周围的微环境发生变化，一方面，可能是由于植物的根系泌氧会使根系周围的氧化还原环境发生变化；另一方面，也可能是根系的存在会使根系微生物的种群发生变化。植物的枯枝落叶会使土壤表层的有机质含量增加，进而改变土壤表层的腐殖质含量，而这些都会对毒死蜱的去除产生影响。因此，实验对比了有无植物对毒死蜱的去除影响。从图7-23可知，上层的时候，有无植物对毒死蜱的去除影响很小，由于取土壤层上层10cm的水，这部分水中的毒死蜱主要是靠光降解，刚运行水中的微生物很少，对毒死蜱去除影响不大。到了中层，有无植物对比，对毒死蜱的去除率分别为30.12%和20.37%，有植物对毒死蜱的降解明显比无植物的效果要好，可能为预先种植3个月的香蒲的枯枝落叶或者土—水界面的微生物对毒死蜱的去除产生了影响。在下层，有无植物对毒死蜱的去除效果更为明显，分别为52.18%和37.13%，明显比中层效果好。因为土壤本身对毒死蜱有一定的吸附效果，加之这层是植物根系最茂盛的地方，可能改变了根区的微环境（改变了Eh和pH或者改变了微生物种群或者同时改变了两者），促进了毒死蜱降解。中层和下层有植物对毒死蜱的去除效果明显好于无植物，是植物的叶的吸附还是落叶导致了腐殖质的增加促进毒死蜱的降解。

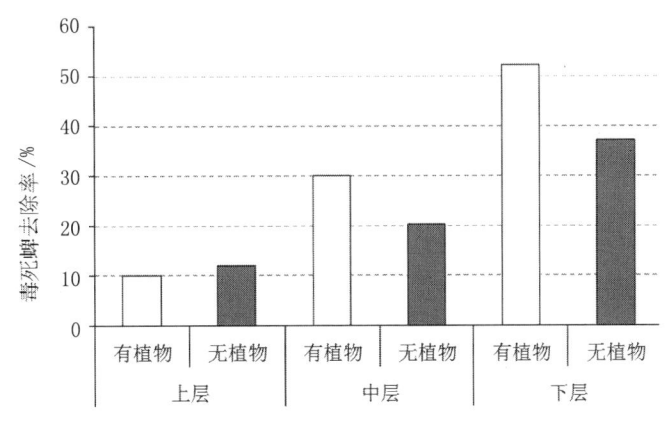

图7-23 有无植物对毒死蜱去除影响

前置库系统对农药毒死蜱具有较好去除效果，经过整个前置库系统处理后，去除率可达98%，说明前置库系统对太湖流域的面源污染中农药成分的去除提供了可尝试的有效途径。对比前置库系统不同功能区分析，发现沉降区和湿地区对毒死蜱去除贡献最大，两者贡献率可达70%～80%。因此，建议面源污染中若SS和毒死蜱成分的浓度较高时，可适当增加沉降区和湿地区面积比例。

7.3.4 复合型前置库设计参数优化

引入潜流人工湿地及强化净化区构成复合型前置库分区净化系统，揭示系统对面源主要污染物的去除效果，复合型前置库去除SS、氮、磷、有机物均具有良好效果，最高可达 91.6%、67.2%、68.2%、89.3%，滞水时间为 1d 时，可达到最高去除率的 92% 左右，2～3d 时，各污染物去除率增加较少并趋于稳定，建议在塘马水库水质安全保障工程应用中滞水时间为 2～3d，保证稳定的净化效果。引入 E 和 F 区后，能有效地提高 SS、氮、磷、有机物的去除效果，分别提高 8.97%、5.82%、6.52%、9.29%，主要来自 E 区贡献，E 区在对小颗粒（粒径小于 15μm）的去除起着关键作用。

基于各功能区的单位贡献率上，建议在塘马水库水质净化工程中适当提高 A、B、D 及 E 区的面积，而适当降低 C 和 F 区的面积，以提高复合型前置库的净化效率及占地面积利用率。

对于 SS 去除主要集中在前置库系统的沉降区，占总去除率的 80% 以上，因此，在实际工程中可以通过设置导流堰、溢流堰等减缓流速，提高对 SS 的去除效率，需进一步提高 SS 去除率，可以提高深水区的种植密度，截留小粒径的颗粒。对于营养盐的去除，受到浓度、停留时间、季节等多种因素的综合影响，对于实际运行的工程，需要通过设置强化净化区，避免因植物季节消亡产生的营养盐去除效率低的问题；另外，需要充分利用现有的沟渠进行改造，对来水进行预处理，防止来水因暴雨稀释成为低浓度污水，影响去除效率。前置库系统在冬季植物作用相对较弱，但是对 SS 的截留及磷的去除仍起到非常重要的作用。因此，在实际工程中需要综合考虑植物的季节搭配以及合理的种植密度。由于中试模型对其不同功能单元面积不易改变，对其不同功能区单元面积并不是最为优化的，且没有讨论植物的种类、种植密度、植物所处的生理期等对系统中营养盐的影响，如何优选植物、合理种植密度均需要做深入的探讨。

7.4 水库型水源地污染防控系统构建

7.4.1 水库型水源地污染防控模式

农村水库型水源地防控系统构建，从小流域着眼，从区域着手，沿着径流汇集的过程进行面源污染控制，掌握面源污染产生的过程与规律是控制的关键。控制目的就在于明确降雨径流污染物的性质和来源；迁移转化的量，污染物的输出特征；影响的主要因子等问题的前提下，削减降雨径流污染量，减小对受纳水体的影响，构建污染物削减系统，以预防为前提、减量为辅助、处理是关键的理念作为指导，以径流污染的形成过程进行逐级控制的技术为途径，以层层削减城镇降雨径流污染量和结合空间地貌和生态、景观和谐为目标，形成因地制宜的农村水库型水源地污染防控模式见图 7-24。

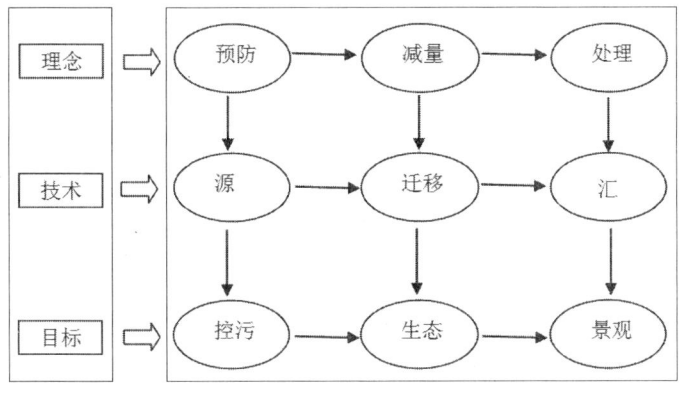

图 7-24 农村水库型水源地污染防控模式

　　"源—迁移—汇逐级控制"的起始在源，即在源区尽可能减少污染物的积聚，对于积聚的污染物尽可能削减，减少径流可携带污染物的量，限制其进入迁移和输出。生活污水分散处理、畜禽固体废物、农业废弃物资源化处理，采用增加入渗技术，如土壤改良、入渗、绿化等来完成，暂时把雨水滞留起来，错开径流峰值，待洪峰过后，再把径流导入前置库进行处理。

　　"源—迁移—汇逐级控制"的主要途径在于迁移控制，步步拦截、处处设防、环环净化，利用平原河网地区废置、荒芜的塘池、河沟、洼地。建立泥沙拦截系统、沉降系统、生态河道、砾石床、生态库塘；生态立体浮床、固定微生物、生态库塘、高密度生物群落。一方面，对径流的滞缓、下渗、存储，增加径流输出的空间路线长度，来达到延缓污染径流输出的时间和减少负荷；另一方面，拦截、沉降、吸附、沉淀等作用把污染物存储、去除、净化在迁移系统中。

　　"源—迁移—汇逐级控制"的最后关卡在于汇控制，是末端控制，其重点在于径流的存储滞留，利用塘系统、湿地和前置库等生态过程来净化污染物。

7.4.2 水库型水源地污染防控系统

　　目前农村地表饮用水源地主要受到农村生活污水污染及农田面源径流污染的威胁。农村生活污染来源分散，难以集中处理；农田面源径流污染季节性变化明显，施肥季节和雨季污染流失量大，旱季条件下污染流失量较小。农村生活污水和农田面源地表径流所携带氮磷等营养盐一方面受雨时冲刷，养分流失量大；另一方面所流失养分，进入农村饮用水源地，引起水质下降，水质趋于富营养化，增加了饮用水源地保护的难度。农村生活污水主要为冲厕排水、盥洗排水及厨房杂排水，基本上不含有重金属等有毒物质，其重要污染物氮、磷等为植物所必备的养分；目前广大农村化肥过量施用，投入强度大，氮肥的利用率仅为 30%～35%，磷肥为 10%～20%，雨时受地表径流冲刷，旱时灌溉后排水，均携带有大量的营养物质，释放氮和磷为主要污染形式，因此在合理收集污染来水，实现养分循环利用回灌农田，同时能有效处理剩余养分，使得进入水源地前强化净化，充分削减，具有重要的现实意义。

立足于资源循环利用及污染有效削减的农村地表水源地生态防护方法。面源流失养分回灌农田得到循环利用，同时又经强化净化充分削减了污染物，实现面源流失养分综合利用与面源污染控制相结合，技术解决方案：农村地表水源地生态防护方法，其特征是包含生活污水无害化收集处理系统、面源流失养分循环利用系统、低污染水强化净化系统，其中生活污水无害化收集处理系统由厌氧过滤墙和好氧过滤墙组成，面源流失养分循环利用系统由浅水氧化塘和前置库组成；所述的厌氧过滤墙和好氧过滤墙均填充煤渣、陶粒滤料；所述的浅水氧化塘水深0.5m左右，作为莲藕、茭白、水芹、茨菇等水生经济作物生长区；前置库水深大于0.5m，包括挺水植物、浮叶植物、漂浮植物、沉水植物、水生动物，特别筛选了冬季的水生植物种群，实现南方地区冬季植物的去污功效；所述的低污染水强化净化系统为现状水塘和沟渠的升级改造，种植不同水生植物，特别是冬季耐寒植物的筛选，同时设置人工强化净化填料，保障南方地区冬季低温条件下生态处理的效果。使用时，将农村生活污水通过管网或者沟渠依次进入厌氧过滤墙和好氧过滤墙，好氧过滤墙出水与农田排水混合依次进入浅水氧化塘和前置库，作为农作物用水和农田灌溉用水以实现氮磷资源的循环利用，前置库出水进入低污染水强化净化系统进一步净化后排入水源地。集农村分散型生活污水处理、养分回灌农田循环利用、低污染水沿程强化净化为一体，既有单项技术的研发，又体现了各单项技术的集成，系统的优点如下：

（1）通过资源循环利用的形式有效削减进入农村地表水源地或湖库的营养物质，同时实现了面源污染控制和面源流失养分综合利用。

（2）整个系统串联组合，流程简单。生活污水无害化收集处理系统的投资建设和运行费用低，日常管理维护简便；面源流失养分循环利用系统、低污染水强化净化系统的构建可结合现有池塘沟渠升级改造，筛选冬季耐寒植物和布设人工强化净化填料，保障南方地区冬季低温条件下，生态处理的效果。

（3）整个方法直观可行，功能定位清晰。各系统既可各自发挥功能，也可整合为一个完整的系统，分别发挥无害化处理、养分循环利用、氮磷营养物强化净化等功能。

利用现有条件因地制宜地构建了农村地表水源地生态防护系统，可以有效削减进入农村地表水源地的营养物质，同时实现面源流失养分回灌农田的循环利用，可实现稻田排水35%～55%的回用率，氮磷养分流失量减少25%～38%，满足农村地表水源地水质防控的要求，见图7-25和图7-26。

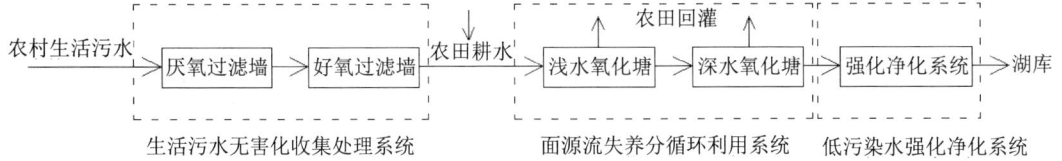

农村生活污水 → 厌氧过滤墙 → 好氧过滤墙 →农田耕水→ 浅水氧化塘 → 深水氧化塘 → 强化净化系统 → 湖库

农田回灌

生活污水无害化收集处理系统 　　　　面源流失养分循环利用系统 　　低污染水强化净化系统

图 7-25　农村水库型水源地防控系统流程

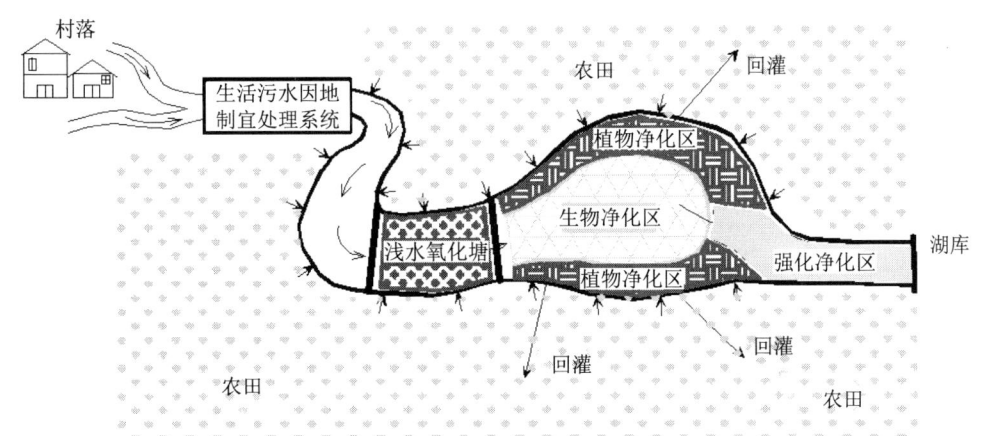

图 7-26　农村水库型水源地防控系统

7.5　水库型水源地污染防控技术示范

7.5.1　塘马水库水源地概况

塘马水库位于溧阳市北部丘陵地区的后周河上游，是一座以防洪、灌溉为主，结合居民供水、渔业生产等综合效益的中型水库。乡镇调整后，塘马水库隶属别桥镇境内，为溧阳市第二大水库。新组建的别桥镇位于溧阳市北郊——长荡湖畔，北邻金坛，属半圩区半丘陵地貌，全镇区域面积 128.3km²，人口 6.98 万人，辖 2 个居委会，18 个行政村，现有各类企业 218 家，是全国 500 家小城镇试点镇。多年平均降水量为 1 083.7mm，最大年降水量 1 465.2mm，最小年降水量 641.3mm（1978 年）。因梅雨水和台风的影响，全年约 64.6% 的降水量集中在 5—9 月份。6—7 月梅雨和 6—9 月的台风雨常造成本地区的严重涝灾。最大 24h 降水量 264.0mm（节制闸站），全年平均降水日数为 121.7d。塘马水库位于溧阳市北部丘陵地区的后周河上游，集水面积 39.9 km²。该库于 1959 年 2 月动工兴建， 1962 年 5 月竣工。现工程标准为：50 年一遇设计洪水位 12.12m，1 000 年一遇校核洪水位 12.79m，总库容 1 236 万 m³。

随着环太湖水环境综合整治工作的全面推进，塘马水库已被纳入环太湖水环境治理范围。塘马水库的相关管理部门从以前主抓水利建设为主，转变至水利建设、库区湿地修复与保护建设并重的格局。按照溧阳市政府下达的《关于印发塘马水库等 5 个集中式饮用水水源地生态环境保护工作的行动方案的通知》（2008 年），塘马水库水源地生态环境保护工作的行动方案主要内容包括：

退渔还库。塘马水库管理处要依法与其发包出去的库边精养鱼塘承包者解除合同，收回精养鱼塘。别桥镇政府同时要会同市水利局、塘马水库管理处聘请有关专家对塘马水库库体内适宜放养的鱼种比例进行论证，并按专家意见投放鱼种，实行自然养殖。同时要对塘马水库集水范围内的其他精养鱼塘采取措施，做到逐步退渔，杜绝污染进入库体内。

退耕还林。别桥镇政府要会同市林业局对塘马水库集水区范围内土地进行科学论证，建立水库四周的绿色生态护坡，延库岸 300m 范围内，植树造林，保护和提高山体植被覆盖率，防止水土流失。特别要对塘马水库管理处所出租的 1040 亩土地进行科学论证，调整种植结构，种植部分生态林或经济林，引导上游农民积极推广测土配方施肥技术，发展绿色、有机农产品。

塘马水库集水范围内所有规模畜禽养殖场能迁出的必须迁出，难以迁出的，必须进行无害化处理。对水库库区及集水范围内居民生活垃圾的处置。别桥镇、竹箦镇政府要真正实现生活垃圾集中处置模式全覆盖。同时，要消灭露天粪坑，加快生态户厕建设。库区滩涂及上游汇水区域要适度种植吸收氮磷较好的水生作物，对来水及库体水进行净化。

水源地区域内新建项目要严格按《江苏省人民代表大会常务委员会关于加强饮用水源地保护的决定》（省人大常委会公告第 146 号）和《溧阳市饮用水水源地环境保护规划》实施。建设项目必须严格落实环保预审、环境影响评价和"三同时"制度，实行环保"一票否决制"。加大对建设项目监管力度，及时制止存在污染隐患的建设项目，防止新建项目对水体的影响。

7.5.2 塘马水库水源地主要水环境问题

示范区人口大约 1 300 人，农田面积 2 500 亩，畜禽养殖 1 万头左右，主要是鸡和鸭，鱼塘 80 亩。详细调查了研究区内种植业、畜禽养殖和水产养殖的情况。调查的种植业的内容包括土地种植的种类，种植的面积、肥料施用情况、农药施用情况等；调查的畜禽养殖的内容包括畜禽养殖种类、养殖的数量（包括生长各阶段的以及年末的存、出栏量）、畜禽养殖场的类型以及污染物排放的形式、排放去向、受纳水体等；调查的水产养殖的内容包括水产养殖的类型、养殖的面积、养殖过程中投放饲料、药物等的情况以及污染物排放形式、排放去向和受纳水体等，并初步计算出了各类农业面源的污染物（COD、氨氮、总氮、总磷）产生量，研究区中 COD、氨氮、总氮和总磷排放量分别为 105.2 吨 / 年、8.45 吨 / 年、19.13 吨 / 年、5.61 吨 / 年，不同指标污染源的贡献度（见图7-27）可以看出COD、TN、TP的来源均表现为畜禽养殖所占比重均最高，因此是畜禽养殖是区域污染物的主要来源。

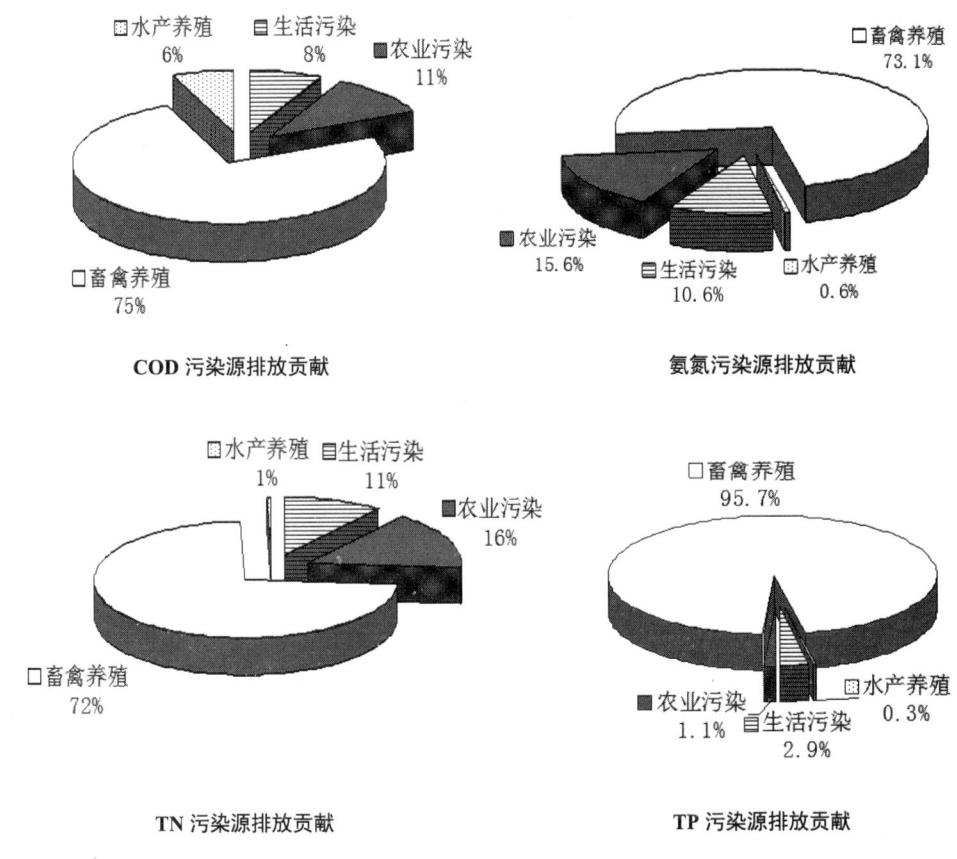

图7-27 各类污染源产生污染物贡献百分比

由两季小麦种植过程中降雨径流总氮、硝态氮浓度分析结果表明（图7-28），常规施肥条件下，在每年2月、12月小麦施肥期间，径流水中总氮、硝态氮的浓度均处于麦季最高水平；过了施肥期后，径流水中总氮、硝态氮的浓度随时间的推移逐渐下降，至小麦收割前，平均降幅达86.9%和89.3%。试验表明，每次降雨径流中营养物质的浓度与施肥量和施肥时间有直接的关系，施肥期间产生径流后污染物浓度达到最高峰。

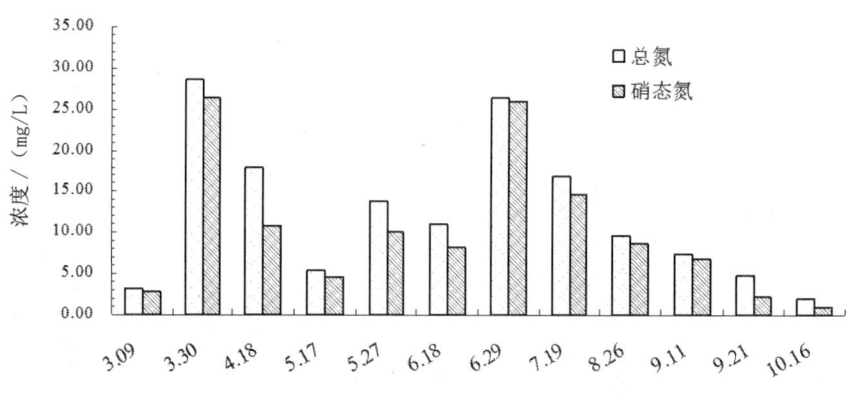

图 7-28　麦季污染物随径流变化关系图

田间试验研究了水稻田面氮素、磷素的动态特征。见图 7-29 和图 7-30，结果表明，施肥后随着径流时间径流水中氨氮、总氮浓度明显升高，污染物浓度达到最高，污染物排放浓度随着时间的推移，氨氮浓度下降很快，总氮下降相对平缓，表现出不同的下降趋势，但峰值在大致 25min 出现。另外，不同的施氮量的作用下，等量的磷肥所产生的田面效应表现不同，且大体表现为施氮量多者，田面水磷含量也相应多的现象。从环境污染角度考虑，控制氮素、磷素田面流失主要时期为施肥后 1 周内。

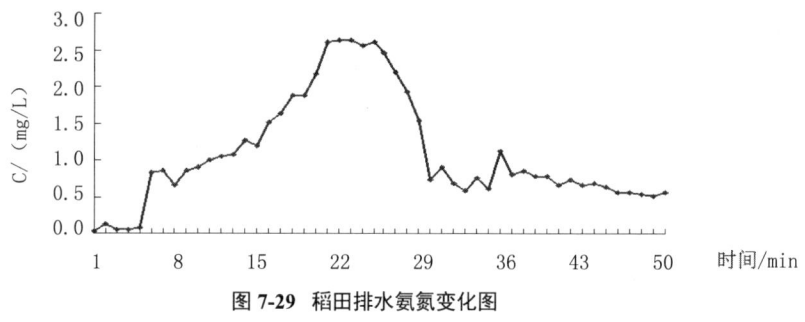

图 7-29　稻田排水氨氮变化图

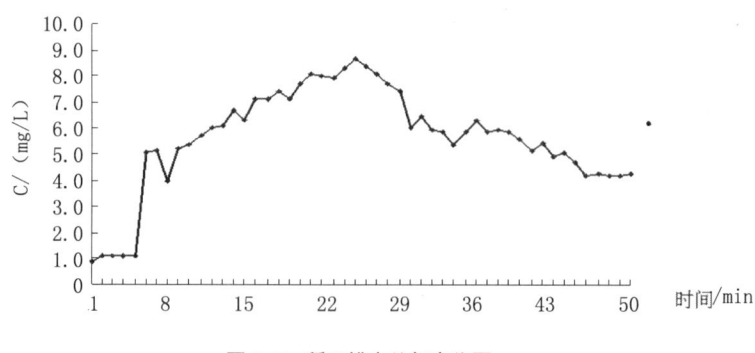

图 7-30　稻田排水总氮变化图

示范区内稻田面积为 2 500 亩，稻田使用水溶性农药的渗滤流失、降雨径流流失和主动排水流失比例很高，在水稻生长前期甚至高达 50%。随着稻田种植面积的扩大

江苏省农村地表集中式水源地

面源污染防控技术与示范

和水溶性农药用量的增加，稻田农药流失已成为农药污染水环境的主要问题。必须引起高度重视。在大量使用水溶性农药的稻作区，于施药期对地下水和地面水进行农药残留监测，以确定水溶性农药的实际污染程度。示范区稻田不同时间的农药使用情况，其中农药的主要成分为：毒死蜱；异丙威、叶蝉散、灭扑威、异灭威；三唑磷；噻嗪酮、扑虱灵；烯啶虫胺；井冈霉素；吡蚜酮、吡嗪酮；三环唑、三唑苯噻、克瘟灵；乙酰甲胺磷；丙溴磷；苯醚甲环唑、噁醚唑、敌菱丹；丙环唑；甲氨基阿维菌素苯甲酸盐；混灭威；氟铃脲；己唑醇和阿维菌素、杀虫素、白螨净、阿佛菌素。

每年 2 月、12 月小麦施肥期间，径流水中总氮、硝态氮的浓度均处于麦季最高水平；过了施肥期后，径流水中总氮、硝态氮的浓度随时间的推移逐渐下降，施肥期间产生径流后污染物浓度达到最高峰，控制氮素、磷素田面流失主要时期为施肥后 1 周内。示范区域污染特征因子主要为 COD、TN 和 TP，TN 指标接近Ⅳ类水，每年第三季度各项指标全年最差。稻田使用水溶性农药的渗滤流失、降雨径流流失和主动排水流失比例很高，在大量使用水溶性农药的稻作区，施药期对稻田排水进行农药残留监测，检测到毒死蜱 1.42×10^{-9}。

7.5.3 塘马水库水源地污染防控示范

塘马水库水源地污染主要为周边农村生活污水、稻田排水和其他面源污染。面源污染主要表现为初期来水污染浓度高，负荷大，需强化净化；后期来水水量大，污染较轻，可直接排放进入水源地，面源水质梯度变化。污染特征因子主要为 COD、TN 和 TP，因此水库型水源地安全防护的主要目标为处理面源水质梯度变化的脱氮除磷技术以及对稻田排水农药成分的去除。

针对面源水质梯度变化的脱氮除磷技术以及对稻田排水农药成分去除，采用前置库及生物强化净化，前置库主要功能是蓄浑放清、净化水质。净化作用主要有两个方面：首先，减缓水流，沉淀泥沙，同时，颗粒态的营养物质、污染物质也随之沉淀；其次，利用前置库生态系统，吸收水体的营养物质。经前置库岸坡地形适当修整，构建较完整的前置库生态系统。前置库生态系统包括湿生植物带、挺水和浮水植物带、沉水植物带与底栖动物带 4 大功能区。库岸植物带构筑一道绿色屏障，减少地表径流中携带的污染物流入水体。不同的水生植物、底栖动物和鱼类，连接食物链网的各个环节，完善前置库内生态系统结构，通过水生动物、植物的联合作用与调控，使前置库能够形成一个可自我维持、达到良性循环、具有生命力的水生生态系统。设计的前置库系统包括 5 部分：①物理沉降区；②植物；③深水区；④生物净化区；⑤强化净化区，形成一个削减面源的前置库系统。

7.5.3.1 沿程沟渠示范

农田低浓度面源污水生态净化设施，利用现有的农田沟渠，沿水流方向依次设有经济型水生植物带，经济型水生植物带种植的水生植物为慈姑或茭白。对农田低浓度面源污水的生态净化功能，可有效削减其氮、磷含量；充分利用现有的农田沟渠空间；节约了土地资源；设施结构简单；便于建设和后期维护；建设成本低；种植经济型水生植物，可有效降低运行维护成本，沿程沟渠净化示范工程长 4.5km，宽 2 ～ 3.5m，详见图 7-31 至图 7-34。

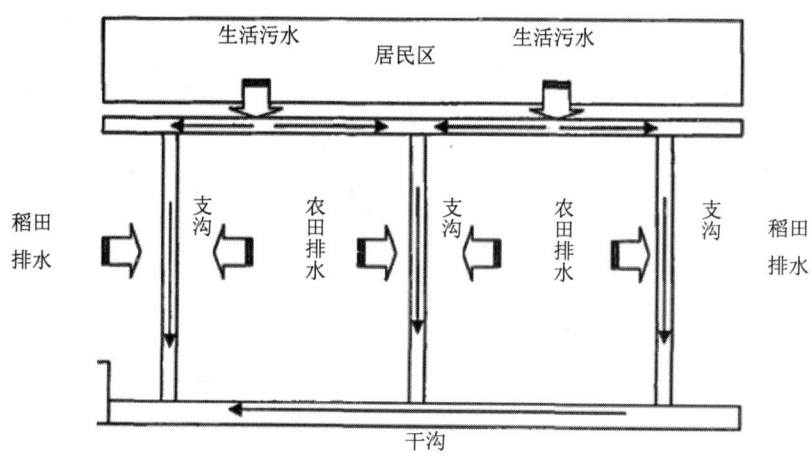

图 7-31 沿程沟渠净化收集系统图

图 7-32 沿程沟渠净化收集系统示范工程施工前图

江苏省农村地表集中式水源地
面源污染防控技术与示范

图 7-33 沿程沟渠净化收集系统示范工程施工后图

图 7-34 沿程沟渠净化收集系统示范工程施工后图

7.5.3.2 生态防护多级过滤墙示范

多级过滤墙脱氮除磷主体单元包括好氧段过滤墙、缺氧段过滤墙、生物强化净化过滤墙，还包括配水渠、好集水沉淀池和过水溢流槽，其中好氧段过滤墙、缺氧段过滤墙、生物强化净化段过滤墙串联布置。污水通过充氧跌落的方式进入配水渠，经透水花墙进入好氧段过滤墙，好氧段过滤墙填充大孔径陶粒滤料（粒径 1 ～ 3cm），填充高度 0.50m，长 1.00m，宽 0.5m，透水花墙超滤料高度 200mm，好氧段过滤墙出水通过透水花墙进入流程较长的缺氧段过滤墙，缺氧段过滤墙内填充煤渣滤料（粒径 ≤ 1cm），并混合长度 50mm 以下的破碎秸秆，混合比（体积比）1∶1，填充高度 0.50m，长 2.00m，宽 0.5m。污水在推流过程中逐步形成缺氧—厌氧的环境，煤渣滤料及破碎秸秆上富集的兼氧性反硝化菌利用好氧段过滤墙出水中高浓度硝化液实现反硝化脱氮，长度 50mm 以下的破碎秸秆腐败后为反硝化提供所需碳源。缺氧段过滤墙出水通过透水花墙进入生物强化净化过滤墙，生物强化净化过滤墙内填充碎石子（粒径 1 ～ 3cm），填充高度 0.50m，长 1.00m，宽 0.5m，表面种植菖蒲、芦苇或水芹等，通过植物吸收，滤料截留吸附等进一步去除污染物，生物强化净化过滤墙出水通过透水花墙进入集水沉淀池，出水中悬浮物质沉淀后通过出水堰口实现清水入湖库。工艺流程图和剖面图如图 7-35 至图 7-40 所示。

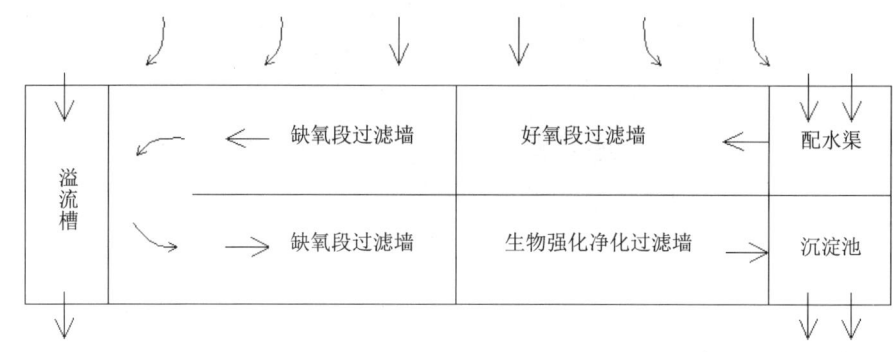

图 7-35 多级过滤墙脱氮除磷系统流程图

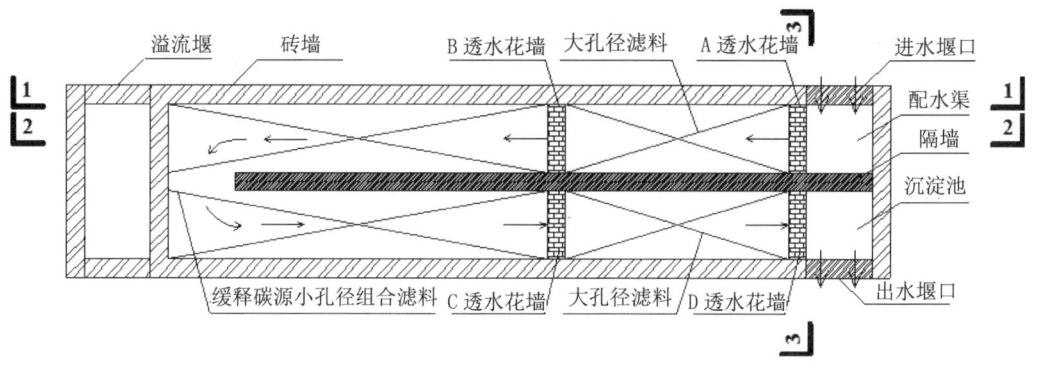

图 7-36 农村地表水源地生态防护多级过滤墙脱氮除磷系统俯视图

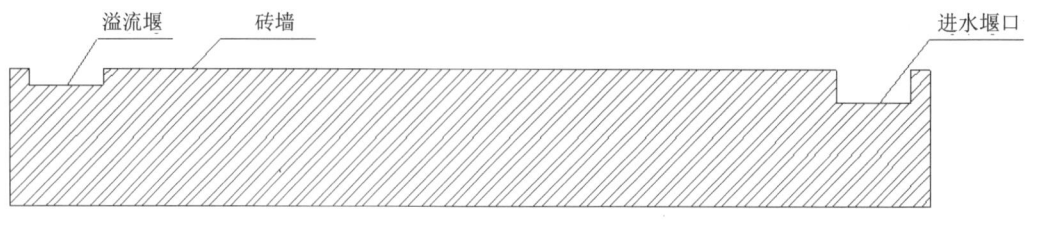

图 7-37 农村地表水源地生态防护多级过滤墙脱氮除磷系统 1-1 剖面图

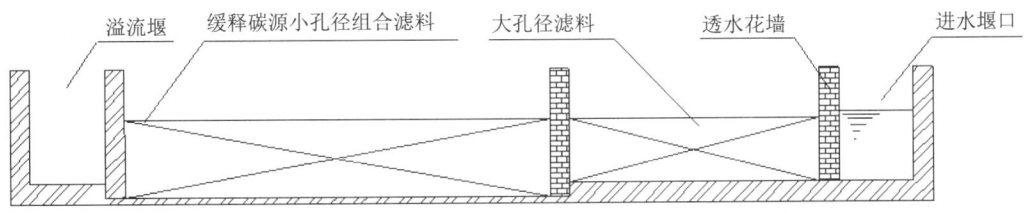

图 7-38 农村地表水源地生态防护多级过滤墙脱氮除磷系统 2-2 剖面图

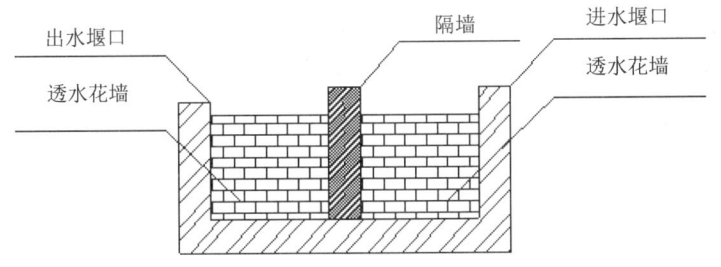

图 7-39 农村地表水源地生态防护多级过滤墙脱氮除磷系统 3-3 剖面图

图 7-40 农村地表水源地生态防护多级过滤墙脱现场图

7.5.3.3 前置库示范

库区设计一般原则：入库设计水量一般确定在一定保证率下来设计前置库入库水量的最大流量；选择沟渠、小河、水塘或低洼地，进行建造或改造，建成前置库系统；在汇水区域，径流易于收集；前置库库容可通过公式初步确定：$V = S \cdot H$（式中 V

为前置库库容，m^3，H 为年均降雨量，mm，S 为地表径流的收集面积，m^2）。

生态系统构建原则：

（1）营养平衡原则：磷平衡原则，前置库生态系统的磷输入与输出，在水中磷浓度小于或等于地表水水质标准中磷的浓度前提下达到平衡。氮平衡原则要考虑生物固氮输入和反硝化输出。

（2）生态平衡原则：设计水生植被的面积约占整个库区总面积的30%，水生植被要达到一定规模，适度控制挺水植物和浮叶植物的比例，保障水质，控制藻类的疯长，防止水生生物过度发展引起二次污染。

（3）物种选择原则：

①因地制宜，选择该地区土著物种，尽量避免引入外来物种，减少可能存在的不可控因素。

水生植物要求：根据库区景观设计的要求，配置不同高度、不同形态的植物；满足水体生态净化的要求；并注重种类的多样性。

②综合考虑物种的景观效果和水生生物对水质的净化功能。

③所选物种繁殖、竞争能力较强，栽培容易，易于管理、收获，除具有观赏价值外，最好具有一定利用价值和经济效益，不会泛滥成灾、造成水体的二次污染。根据调查，塘马水库流域现有土著沉水植物主要为苦草、狐尾藻、伊乐藻和菹草，且上下游均有分布，因此，沉水植物的恢复主要以水体自然修复为主，狐尾藻、伊乐藻和菹草生长期在冬春季节，保持冬春季节仍对涧河水质有一定净化能力。芦苇在塘马水库地区广域分布，根系发达，具有很强的净化能力；香蒲对N、P等污染物有很好的去除能力，且耐污能力强，可在堰的回水区入口处栽植；芦苇是成熟的生态修复物种，具有较强的N、P吸收能力，并对气候、土壤适宜性强、易栽种，且成本低廉。

前置库主要由物理沉降区、浅水净化区（挺水植物区）、深水净化区（沉水植物区）生物净化区和强化净化区组成。根据水深情况将前置库区其他区域划分为2个区：浅水区和深水区。库区深水区正常水深设计值为2.5m，库区浅水区正常水深设计值为1.0m，前置库区面积大约6 000m^2。主要由物理沉沙区、浅水净化区、深水区、生物净化区和强化净化区组成，如图7-41和图7-42所示。

前置库水生生态系统主要是对水生植物和鱼类进行合理的选择和配制，调节整个生态系统，趋于平衡、稳定。防止库区由草型转变为藻型，构建水生植物群落，降低水体营养物质循环的速度，使浮游植物不能迅速增长。根据实践经验，浅水湖泊大型水生植物的生物量保持在3kg/m^2左右、覆盖面积达到湖泊面积的30%左右时，对净化水质和维持湖泊生态系统的良性循环较为有利。前置库区水域面积10万m^2，因此水生植被群落构建的适宜面积应为3万m^2左右。

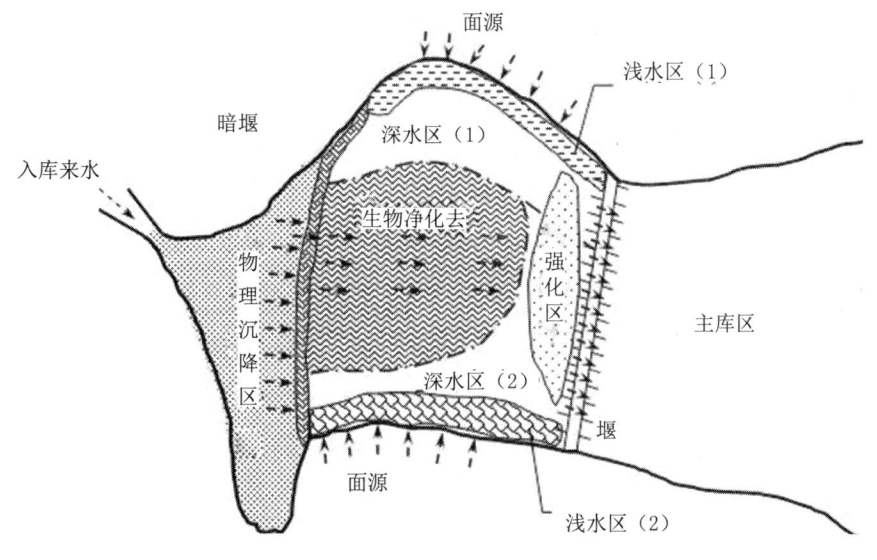

图 7-41 前置库工程布置示意图

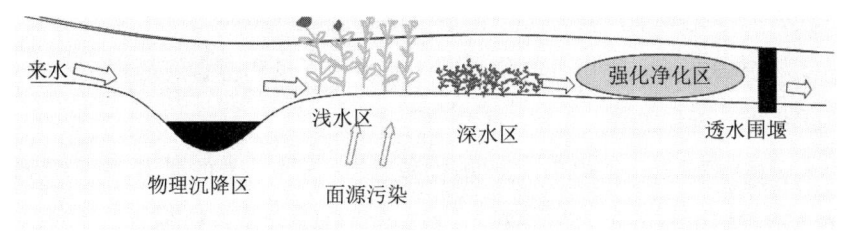

图 7-42 前置库设置剖面图

（1）物理沉降区

物理沉降区深度为 2m，建立高 1.7m 的暗堰，底面用水泥浇筑，方便沉积的淤泥和泥沙定期清淤。预期效果去除 80% 污染河水的悬浮物量的物理沉降区基底剖面图，见图 7-43。

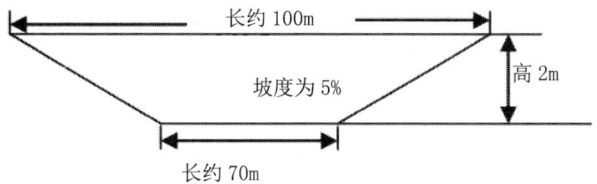

图 7-43 物理沉降区基底剖面图

（2）浅水区

浅水区水深为：0 ～ 1.5m，分为 3 个区，分布在全库区各个部分。水生植物种植以挺水植物为主，主要种类有芦苇、菖蒲、水葱、鸢尾等。

芦苇、水葱等挺水植物具有较强的净化能力，其茎叶挺出水面，根、地下茎生于泥土及水中，相互交织，水下部分具有水生植物的特性，而水上部分具有陆生植物的特点。植物将氧从叶部经茎、地下茎输送到根端，为根部附近的微生物及细菌繁衍创造了良好条件，使之在根部附近密集滋生，比周围高出几个数量级，而这些微生物和细菌是分解有机物的好手，它们分解的产物正好被植物所利用，起到了净化水体的作用。随着水生植物的收获还能转移出库区水体中的营养盐。同时，浅水区的水生植被不仅可以保护河流堤岸，同时又可以加速地表径流中泥沙的沉降。

根据景观要求形成高、中、低不同高度的植物层，高层植物芦苇（株距约 10 株 /m²）、中层香蒲、菖蒲、水葱、美人蕉中的一种或几种（株距约 15 株 /m²）。同时根据水面的大小不同布置植物种植槽，以控制水生植物的生长范围，避免其过度繁殖。

（3）深水区

深水区水深为 1.5～3.0m，为沉水植物及漂浮植物种植区，沉水植物有苦草、蓖草，漂浮植物有浮萍、水浮莲等。库区所选择物种是本地乡土种，不仅易于成活、适应性强，而且具有较好的净化效果，同时可以创造遮荫和躲藏环境（不利于鱼类捕食），为植食性浮游动物提供逃避鱼类摄食的隐蔽所，减少由于风和摄食底栖生物的鱼类所引起的沉积物重悬浮，降低浊度。

在深水区植物群落的布置时，沉水植物按照 3～5 株一丛的要求，分别进行狐尾藻、苦草、蓖草的种植，将各沉水植物种与漂浮植物种混合后随机种植，密度 3 株 /m²，沉水植物与漂浮植物比例为 4：1。

沉水植物区在较深水区植物群落的布置时，沉水植物按照 3～5 株一丛，密度 3 株 /m² 的要求，分别进行伊乐藻、狐尾藻、苦草、蓖草的种植。具有较好的净化效果，同时可以创造遮荫和躲藏环境（不利于鱼类捕食），为植食性浮游动物提供逃避鱼类摄食的隐蔽所，减少风和摄食底栖生物的鱼类所引起的沉积物再悬浮，降低浊度。

（4）生物净化区

生物净化区包括两部分，一部分是滤食性动物放养。放养的密度大约为 750kg/km²。鱼类的放养主要在深水区进行，放养种类有鲢鱼、鳙鱼、鳊鱼、鲴鱼、草鱼等。在鱼类配置时，按鲢鱼 600～800 尾 /hm²，鳙鱼（花鲢）250～350 尾 /hm²，鲴鱼 150～250 尾 /hm²，鳊鱼 150～250 尾 /hm² 投放，鱼苗长度以 10～12cm 为宜，6 月份最佳。最终鱼产力控制在 1 200kg/hm² 以内。河蚌、河螺、蚬根据经验和草食性鱼类按比例搭配放养，按 1 000kg/hm² 放养。另一部分是放入人工生物礁，每 100m² 放 2 个，为许多附着生物提供了栖生之所，也增加了许多微生物的繁殖的空间和生存空间。

滤食性动物也是生态系统中的重要组成部分，是水生态系统主要的消费者。通过调整鱼群结构，保护和发展大型牧食性浮游动物，进而控制藻类的过量生长，可有效间接减少湖前置库中营养负荷，改善鱼群结构调整目标是能够维持食物网关系的相对稳定，通过食物链关系减少藻类，持久维持水质良好和不发生富营养化，防止蓝藻、水华的暴发。滤食性动物净化技术是利用水产动物，净化水体，营造生境条件，减少进入水源地污染负荷。

（5）强化净化区

经过上述几个分区处理后入库来水污染物基本可达到饮用水源标准，但农村面源中包含有农药、肥料以及在暴雨径流初期高浓度污水，以及冬季低温条件下植物作用下降，依靠前端处理难以达到稳定去除率，生物净化区通过叠水富氧连接过渡到强化净化区，该区采用多孔填料和介质，提高污染物去除率，前置库系统稳定运行后，强化净化区填料上形成并附着一定量的生物膜，通过镜检发现填料上附着大量微生物，如图7-44和图7-45所示，由图中可知，强化净化区的生物膜已经形成，存在一定量脱落，前置库系统已处于稳定状态。

图 7-44 强化净化区生物膜强化培养

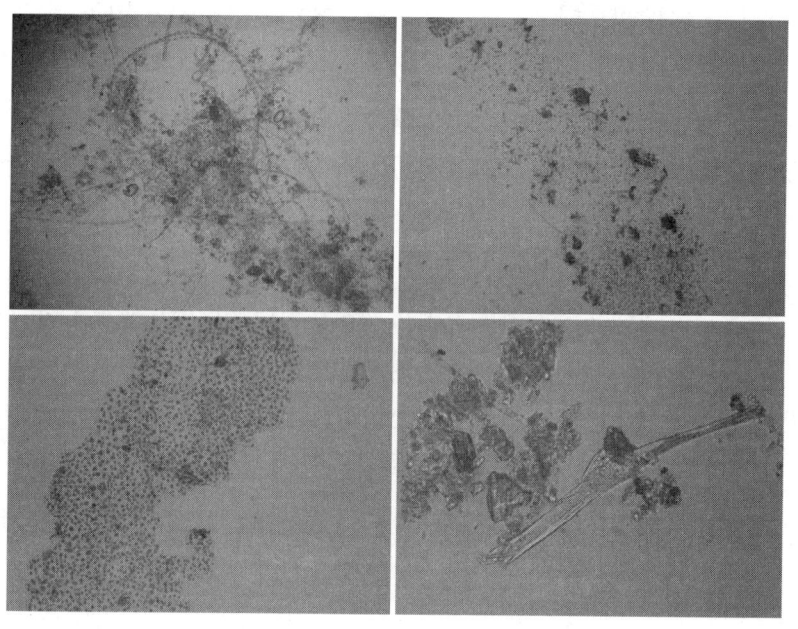

图 7-45 填料附着的微生物

（6）透水围堰

设置透水围堰，地基处理采用抛石挤淤法施工，采用一定级配的沙砾石填筑，具有良好的透水性，就近稻田排放污水，渗滤进入前置库，隔堰上部采用黏性土设置不透水性隔堰，作为小道便于维护。整个透水围堰水面上的宽度为 1.5m，底部宽度为 2.5m，主要是为了拦截稻田排水进入前置库中的污染物。物理沉降区、湖滨带、沉水植物区、生物净化区和透水围堰，这几个部分形成一个完整的湖前置库生态系统，建立健康的水生态环境净化水质，景观效应。该系统去除地表径流及其他未处理的污染源中的氮、磷等营养盐、悬浮固体和有机污染物，减少入库污染负荷量，有效控制入库污染负荷。通过 5 个子系统的联合作用，可实现去除 TN：50% ～ 60%，TP：60% ～ 80%，SS：90% 的目标，透水围堰设计如图 7-46 所示。

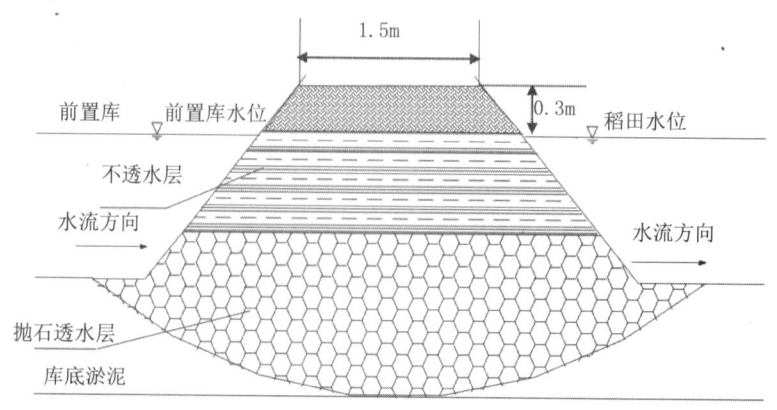

图 7-46 透水围堰剖面图

7.6 塘马水库水源地污染防控效果

7.6.1 单项示范工程效果

7.6.1.1 沿程净化沟渠示范效果

非降雨日，居民用水形成的污水通过沟渠排出。排放时间主要集中在一日三餐前后几小时，具有排放时间集中，排放量大，水质浓度高等特点。进水平均 TN 浓度分别为 43mg/L，TP 浓度分别为 4.1mg/L，COD 浓度分别为 48.6/L，见表 7-5。雨季进入沟渠分成沟渠前端进水和中间农田排水，利用相关地表径流系数，估算雨季沟渠两侧农田进入沟渠径流量，对生态沟渠进行分段采样，进行水质分析，对其处理效果进行比较分析。而经过改造的生态沟渠较传统沟渠净化效果有明显提高，对各污染物的浓度削减率均在 15%，沟渠作为自然生态系统中的一部分，本身具有土壤净化功能，沟渠中水生植物，植物根系周围的微氧—好氧环境为反硝化脱氮提供必要条件，有效地削减了污染物质。出水浓度受进水浓度影响较由于雨季时，不同的降雨强度及同一次降雨不同的时间径流污水浓度差异很大，农田在沟渠的不同段均有排水口，因此在不同季节时，浓度削减率对污染物的去除效果有一些差异，见图 7-47。

表 7-5 雨季稻田排水污染物参数值　　　　　　　　单位：mg/L

项目	平均值	最大（小）值	标准差
硝氮	10.1	14（3.2）	4.8
氨氮	1.5	5.2（0.6）	2.5
总氮	12	18（4.5）	6.1
总磷	0.5	1.2（0.05）	0.6
化学需氧量	32	41（18）	6.4
悬浮物	56	82（32）	7.8

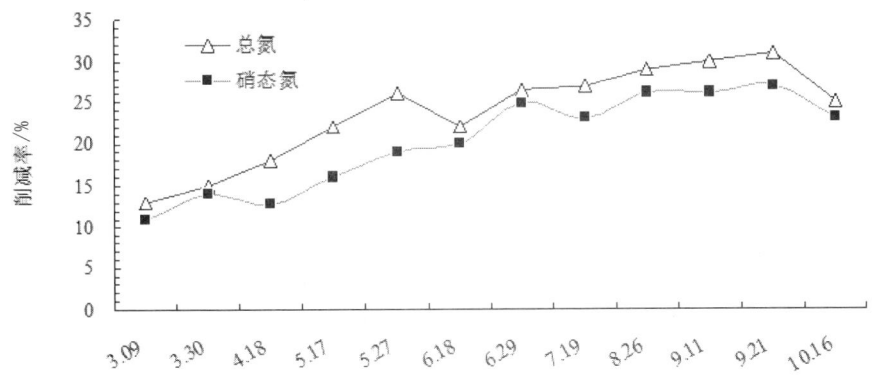

图 7-47 不同降雨事件沟渠净化污染物效果图

7.6.1.2 生态防护多级过滤墙示范工程效果

生态防护多级过滤墙示范工程立足于先收集处理高浓度污染水、再低浓度排放的理念，生物处理和生态净化相结合，着眼于处理效果好、操作方便、维护简单，提供一种农村地表水源地生态防护的多级功能性过滤墙脱氮除磷方法。来水通过跌落充氧方式进入配水渠，经透水花墙首先进入好氧段过滤墙，过滤墙内为大孔径滤料，以利于空气传质，滤料表面种植根系发达，输氧能力强的水生植物，充氧方式为配水渠叠水充氧结合种植水生植物根部氧气传输，营造良好的好氧环境，此段主要进行碳氧化、硝化作用，有机物及氨氮在此单元被大部分去除，部分磷通过过滤吸附和植物系吸收被去除。

好氧段过滤墙和缺氧段过滤墙由透水花墙分隔开，缺氧段过滤墙内填充缓释碳源和小孔径的组合滤料，表面不种植植物，构建缺氧—厌氧环境，以利兼氧—厌氧微生物生长，进行反硝化脱氮。缺氧段过滤墙和生物强化净化过滤墙由透水花墙分隔开，生物强化净化过滤墙内填充利于植物生长的大孔径滤料，表面种植去污能力强的植物，进一步吸收去除好氧段过滤墙、缺氧段过滤墙出水中尚未被去除的氮、磷等营养物质。

农村地表水源地生态防护多级功能性过滤墙方法及装置，其特征在于缺氧段过滤墙长度、滤料填充深度明显大于好氧段（缺氧段长度：好氧段长度≥2），水力停留时间相对较长，好氧段过滤墙出水溶解氧在缺氧段过滤墙段推流过程中逐步耗尽，形成缺氧—厌氧的环境。缺氧段过滤墙内填充缓释碳源优先选用农业生产过程中的废弃秸秆，破碎后均匀填入小孔径滤料，为反硝化过程提供碳源，解决污水处理中反硝化碳源不足的问题并实现废弃秸秆资源化利用。农村生活污水及农田初期径流排水。过水溢流墙溢流高度高于配水渠进水堰口高度，非雨季条件下，农村生活污水及农田径流排水等通过进水堰口进入多级功能性过滤墙，雨季条件下，农村生活污水及高污染浓度的农田初期径流排水通过进水堰口进入多级功能性过滤墙，后期污染物浓度较低的径流排水通过溢流墙直接排入水体，以减轻多级功能性过滤墙水力负荷。

多级过滤墙对 COD 去除效果如图 7-48 所示，多级过滤墙脱氮除磷装置进水混合了农村生活污水和农田地表径流排水，COD 浓度在 34.61～66.75mg/L，平均值为 51.19mg/L；出水 COD 浓度平均值为 16.93mg/L，达《地表水环境质量标准》（GB 3838—2002）Ⅲ类水标准，平均去除率 66.93%。好氧段过滤墙内滤料富集的碳氧化菌和缺氧段滤料富集的反硝化菌主要发挥了 COD 去除作用。

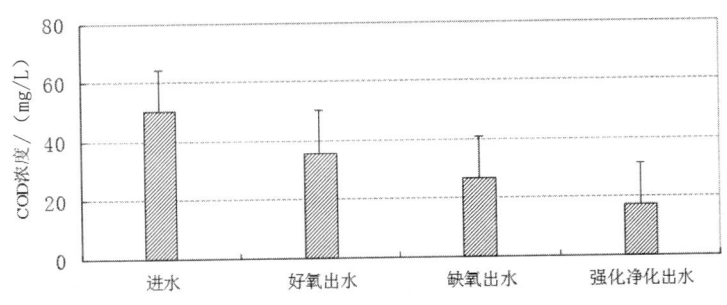

图 7-48　多级过滤墙脱氮除磷装置对 COD 去除效果

多级过滤墙对 $NH_3\text{-}N$ 去除效果如图 7-49 所示，$NH_3\text{-}N$ 的去除主要通过硝化细菌的氧化作用转变为 $NO_x\text{-}N$ 而得以去除，此外，植物吸收以及微生物同化作用也可去除一部分 $NH_3\text{-}N$。进水 $NH_3\text{-}N$ 浓度在 7.55～10.20mg/L，平均值为 8.87mg/L；出水 $NH_3\text{-}N$ 浓度平均值仅为 0.69mg/L，达《地表水环境质量标准》（GB 3838—2002）Ⅲ类水标准，平均去除率 92.22%。

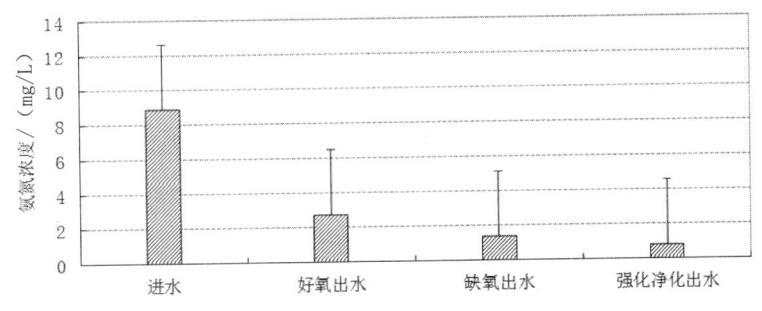

图 7-49　多级过滤墙脱氮除磷装置对 $NH_3\text{-}N$ 去除效果

由图可知，好氧段过滤墙出水 $NH_3\text{-}N$ 浓度降幅最大，可见 $NH_3\text{-}N$ 去除主要是好氧段硝化菌的硝化作用去除的；此外，$NH_3\text{-}N$ 在缺氧段也有一部分去除，这主要得益于微生物同化作用对其的吸收；缺氧段出水 $NH_3\text{-}N$ 在强化净化段通过植物吸收和微生物同化进一步被去除。

多级过滤墙对 TN 去除效果如图 7-50 所示。TN 的去除是相对复杂的过程，生活污水中有机氮 Org-N 首先转化成 $NH_3\text{-}N$，好氧条件下通过亚硝化菌作用氧化成 $NO_2\text{-}N$，再通过硝化菌作用进一步氧化成 $NO_3\text{-}N$，在溶解氧低于 0.5mg/L 的缺氧条件下，反硝化菌以有机物为碳源将 $NO_3\text{-}N$ 还原成 $NO_2\text{-}N$ 和 N_2，最终实现 N 的脱除。进水 TN 浓度在 8.10～11.25mg/L，平均值为 9.65mg/L，$NH_3\text{-}N$ 所占比例超过 90%，说明污水在沿途收集输送过程中已逐步完成了有机氮向氨氮的转化。出水 TN 浓度平均值为 4.05mg/L，平均去除率 58.06%。好氧段过滤墙出水 TN 平均降幅仅 0.75mg/L，而

NH₃-N 降幅却达 6.24 mg/L，这表明好氧段过滤墙并非 TN 去除的主要工艺单元，而是承担 N 形态转化的工艺单元。缺氧段过滤墙出水 TN 降幅达到了 4.67mg/L，对 TN 的去除贡献率超过 60%，是 TN 去除的主要工艺单元。这也正是多级过滤墙设计的初衷体现，2m 长的流程逐步耗尽了好氧过滤墙出水中溶解氧，为反硝化增殖富集创造了良好条件，而粉碎秸秆腐败后释放的有机碳成为反硝化脱氮所需碳源。

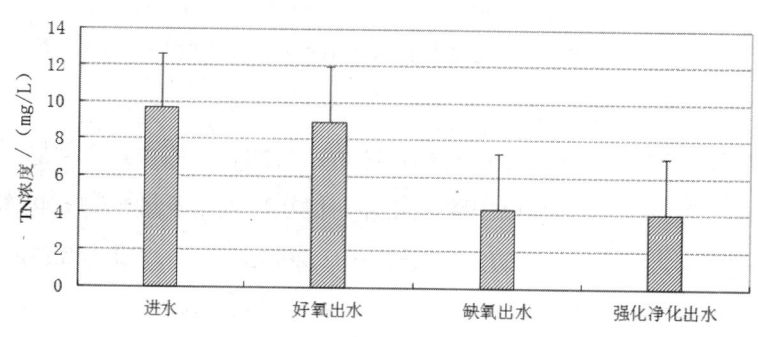

图 7-50 多级过滤墙脱氮除磷装置对 TN 去除效果

多级过滤墙对 TP 去除效果如图 7-51 所示。混合了农田地表径流排水的生活污水 TP 浓度相对较低，在 0.45 ～ 0.55mg/L，平均值为 0.50mg/L；出水 TP 浓度平均值为 0.05mg/L，达《地表水环境质量标准》（GB 3838—2002）Ⅲ类水（湖库）标准，平均去除率达到 89.95%。TP 的去除作用主要有滤料的截留吸附作用、植物吸收、微生物同化作用以及化学作用等。多级过滤墙填充的陶粒滤料、煤渣滤料等可截留颗粒态磷并吸附溶解性磷，而不管是好氧微生物还是缺氧微生物，其合成代谢也离不开磷。

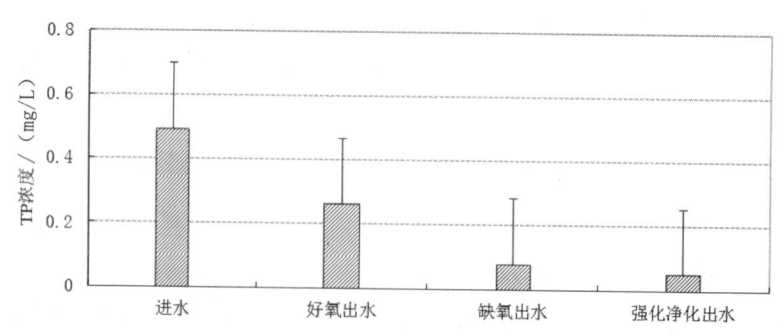

图 7-51 多级过滤墙脱氮除磷装置对 TP 去除效果

多级过滤墙脱氮除磷装置作为农村地表水源地生态防护装置，其好氧—缺氧—厌氧交替的环境，营造了良好的脱氮环境，较常规生态净化法显著提高了脱氮效果，TN 平均去除率 58.06%，出水 TN 平均浓度仅为 4.05mg/L。对 COD、NH₃-N、TP 的去除率分别达到了 66.93%、92.22%、89.95%，出水浓度分别为 16.93mg/L、0.69 mg/L 和 0.05 mg/L，均达到《地表水环境质量标准》（GB 3838—2002）Ⅲ类水（湖库）标准。装置因为省却了回流的步骤，装置流程简单，日常管理简便，适用于农村地区地表水源地、湖库等的生态防护。

7.6.1.3 前置库示范工程效果评价

前置库结合了当地特有的地形，针对农村集中式水源地面源污染量大面广、突发性、多途径的特点，因地制宜，逐步削减，高效控制，有效解决了面源污染大流量和高污染等问题，对减少水库外源有机污染负荷，特别是去除入库地表径流中的氮、磷安全有效，同时结合农村生态与环境综合整治，形成以前置库生态系统净化技术为核心的集成技术，充分发挥农村的植物和生物天然净化功能，为广大农村提供一条投资省、运行成本低的生态治污集成技术，示范工程建设后前后视图对比，如图 7-52 至图 7-54 所示。

图 7-52　示范工程建设后前后视图对比

图 7-53　示范工程建设后前后视图对比

图 7-54　示范工程建成后实景

示范工程建成后，委托当地监测站对进出前置库断面的水质进行了分析，由表 7-6 可知，运行数据进行了分析，监测浓度为数据的日平均值，污染物去除率为每月进出水平均浓度的差除以进水浓度然后取平均值，其中悬浮物、总氮、总磷、氨氮和农药噻嗪酮去除率分别达到了 66%、43%、48%、41% 和 39%，前置库投入运行后原水水质明显提高，特别是暴雨径流净化效果明显。

表 7-6　前置库工程运行主要污染物的平均去除率

污染物名称	进水浓度	出水浓度	去除率
悬浮物 /（mg/L）	82	28	66%
总氮 /（mg/L）	4.1	2.3	43%
总磷 /（mg/L）	0.42	0.22	48%
氨氮 /（mg/L）	1.70	1.0	41%
噻嗪酮 /10^{-9}	1.42	0.86	39%

7.6.1.4　人工浮床示范工程效果

人工浮床是一种净化受污染的地表水尤其是富营养化水源的生态处理系统。利用水生蔬菜型植物滤床技术低污染水，研究表明，在进水 TN 和 TP 分别为 1.77～4.43mg/L 和 0.12～0.37mg/L 的低营养物浓度（对蔬菜生长而言）水平时，空心菜能正常生长发育。对 TN、TP 的平均去除速率分别为 0.863 g /（m^2·d）、0.138 g /（m^2·d）。TP 去除速率与 SS 去除速率显著正相关。同时，氨氮和以高锰酸盐指数也得到显著降低，在改善水质的同时，还可收获有可观经济价值的水生蔬菜，见图 7-55。

图 7-55 生态浮床去除污染物效果

由图 7-56 可见，COD 平均去除率均在 20% 以上，但温度过低会导致 COD 去除效果显著下降。因为低温条件下微生物活性受到抑制，只能通过截滤作用去除部分吸附在颗粒物上的有机物。氨氮的去除率周年变化较明显，平均值在 30% 左右。氨氮的去除季节性很强，即受温度变化的影响较大，天气较冷时温度降低带来了不利影响，NH_4^+-N 去除率有下降的趋势。

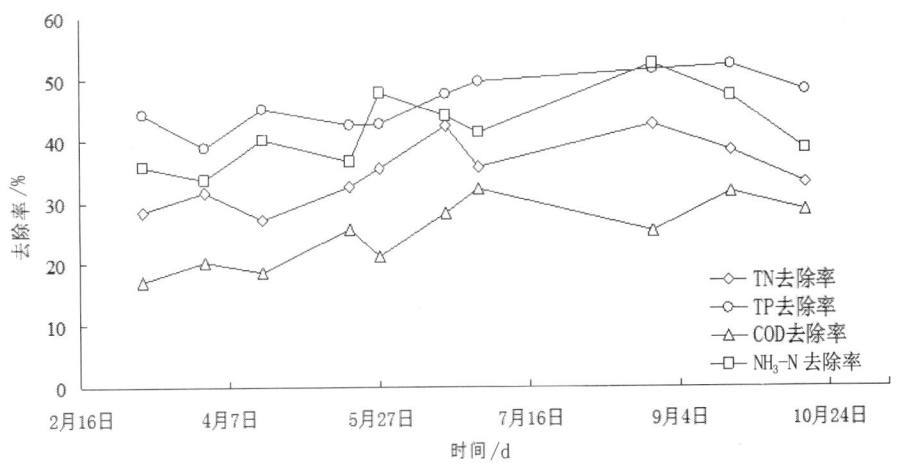

图 7-56 生态浮床去除污染物效果

空心菜床对 TN 的去除效果在整个试验期间都比较好，平均达到了 20% 以上，但是 7 月、8 月和 9 月的去除率也稍高于 10 月。由于试验期间没有对空心菜进行及时收割，到 10 月时，空心菜已经密密麻麻长满整个浮床，过大的生物量使彼此之间存在着对营养盐和光照等的竞争，并影响到植物的生长和营养盐吸收速率，最终造成了整体去除率的降低，说明蔬菜的适度收获对提高氮磷去除效果有益。

空心菜床对 TP 的去除效果在整个试验期间都最好，平均达到了 30% 以上，10 月的去除率与 7 月、8 月相比略有降低。在试验期间观察到，空心菜的根系极其发达，像致密的滤网，而且一旦形成就能长期保持其结构，研究区水质中磷以颗粒悬浮态为主，这种根系"滤网"对进水中的颗粒态物质的截留能力非常强，因此对磷的去除效果也非常好。

植物的存在有利于有机污染物质的降解。水生植物可能吸收和富集某些小分子有机污染物，更多的是通过促进物质的沉淀和促进微生物的分解作用来净化水体。噻嗪酮在伊乐藻、菹草、狐尾藻和水体中的分布表明，水生植物可吸收有机成分，发挥从水生环境中去除能力，生长的小枝是老枝吸收能力 5 倍。

7.6.2 塘马水库水源地污染防控效果

以溧阳塘马水库水源地污染防控为目标，集成示范工程成套技术，开展农村生活污水治理、面源污染综合治理、生态修复等示范工程建设，研究紧扣"水质改善为主"的思想，实现示范区主要污染源排放量削减 85% 以上目标，构建了农村水库型水源地防控系统构建，并在溧阳塘马水库开展了综合示范，为农村地表水源地（塘马水库）防控系统构建提供了技术可行、经济合理的科技支撑与示范。溧阳塘马水库上游地区流域为示范区，自 2010 年示范工程建设运行以来，库区及周边污染源大幅度减少，高锰酸盐指数、总磷、氨氮、总氮等主要水质指标呈逐年好转趋势，主要污染物指标去除率 90% 以上，见表 7-7 和表 7-8，已经消除塘马水库第三季度出现 IV 类水体的现象，库区水质得到明显改善，同时按照《生活饮用水卫生标准》（GB 5749—2006）要求，2012 年进行了水源地 106 项全指标监测分析，结果表明饮用水各项指标达到法定量的限值，塘马水库水源地满足《生活饮用水卫生标准》对农村集中式饮用水源地水质安全的各项要求。

表 7-7 农村地表水源地（塘马水库）防控系统污染物削减量　　　　　单位：t/a

项目	污染源	化学需氧量	氨氮	总氮	总磷
示范工程来水污染物量	畜禽养殖	23.7	1.9	4.2	1.61
	种植业	3.6	0.1	0.9	0.02
	水产养殖	6.7	0.1	0.1	0.02
	农村生活	3.2	0.6	0.8	0.06
	合计	37.1	2.8	6.1	1.7
示范工程出水污染物量		3.7	0.4	0.7	0.2
示范工程削减总量		33.4	2.4	5.3	1.6
示范工程总去除率 /%		90	86	88	91

表 7-8 塘马水库示范区实施前后水质对比　　　　　　　　单位：mg/L

项目	悬浮物	氨氮	总氮	总磷
示范工程实施前水质	30～95 （73）	0.3～1.9 （1.5）	1.5～4.8 （3.2）	0.3～0.7 （0.5）
示范工程实施后水质	15～38 （10）	0.2～0.9 （0.2）	1.2～1.8 （0.3）	0.08～0.12 （0.03）
污染物总去除率 /%	96	90	92	94

　　塘马水库水源地污染防控示范由局部改善到整体水环境改善，自然恢复与人工恢复相结合，工程治理与非工程治理相结合，促进了水源地保护生态工程良性循环。按照水源地流域防控和污染全过程控制理念，结合空间地貌和生态景观和谐要求，构建污染沿程逐级控制技术，层层削减污染物为目标，形成江苏省农村典型地表水源地面源污染防控模式，探索耦合流域农业污染控制与水源地保护的长效良性互动机制，形成了"源头控制、过程削减、循环利用"的江苏省农村地表集中式饮用水源地面源污染防控技术和应用体系，为解决其他地区典型农村水源地污染问题提供了管理模式和污染防控技术示范。

　　通过示范区的生态工程稳定运行，建立了挺水植物、浮叶植物和沉水植物群落，水生植物的多样性指数（Shannon-Wiener index）达到 2.6，指数分级属于良，植物覆盖度达到 40%～55%，说明示范区内有较高的水生植物多样性水平，生态系统的净化能力和稳定性得到一定提高，区域水质改善提升了周边环境质量，优化了生态和人居环境，环境经济效益充分体现，取得了显著的综合效益。同时，镇政府负责示范工程维护，继续完善工程长效管护机制，以农林站为管护责任单位，做到管理到位、人员到位、考核到位，确保实现长效管理目标，使得工程建好、管好和用好。

［1］李仰斌，张国华，谢崇宝 . 我国农村饮用水源现状及相关保护对策建议 [J]. 中国农村水利水电，2007，11：1-4.

［2］柴世伟，斐晓梅，张亚雷，等 . 农业面源污染及其控制技术研究 [J]. 水土保持学报，2006，20（6）：192-195.

［3］李彬，吕锡武，宁平，等 . 河口前置库技术在面源污染控制中的研究进展 [J]. 水处理技术，2008，34（9）：1-6.

［4］Uhlmann D，Benndorf J. The use of primary reservoirs to control eutrophication caused by nutrient inflows from non-point sources：land use impact on lake and reservoir ecosystems proceedings of a regional work shop on MAB project 5. Warsaw Facultas Wien，1980：152-188.

［5］Nyholm N，Sorensen P E，Olrik K，et al. Restoration of lake nakskov indrefjord denmark，using algal ponds to remove nutrients from inflowing river water. Prog wat Technol，1978（10）：881-892.

［6］Fiala L，Vassata P. Phosphorus reduction in a man-made lake by means of a small reservoir in the inflow. Arch Hydrobiol. 1982（94）：24-37.

［7］阎自申 . 前置库在滇池流域运用研究 [J]. 云南环境科学，1996，15（6）：33-35.

［8］杨文龙，杜娟 . 前置库在滇池非点源污染源控制中的研究 [J]. 云南环境科学，1996，12（4）：8-10.

［9］张毅敏，张永春 . 前置库技术在太湖流域面源污染控制中的应用探讨 [J]. 环境污染与防治，2003，12（6）：342-344.

［10］田猛，张永春 . 用于控制太湖流域农村面源污染的透水坝技术试验研究 [J]. 环境科学学报，2006，26（10）：1665-1670.

［11］段伟，刘昌明，黄炳彬 . 官厅水库入库口复合湿地系统对入库水质的净化 [J]. 北京师范大学学报（自然科学版），2009，45（5/6）：595-601.

［12］陆海明，邹鹰，孙金华，等 . 南方农村饮用水水源地生态防控体系示范工程——以南京市东龙河小流域为例 [J]. 水利水运工程学报，2011（3）：59-54.

［13］朱铭捷，胡洪营，何苗，等 . 河道滞留塘系统对污染河水中氮磷的去除特性 [J]. 生态环境，2006，15（1）：11-14.

［14］田景宏，黄炳彬 . 利用黑土洼沟净化官厅水库入库水水质研究 [J]. 水文，2008，28（3）：61-64.

［15］Paul L. Nutrient elimination in pre-dams: results of long term studies [C]. 4th International Conference on Reservoir Limnology and Water Quality，Ceske Budejovice，Czech Republic，2002，8：12-16.

［16］袁冬海，席北斗，王京刚，等 . 固定化微生物—水生生物强化系统在前置库示范工程中的应用 [J]. 环境科学研究，2006，19（5）：45-48.

［17］高阳俊，曹勇，陈小华，等 . 浮床技术在淀山湖千墩浦前置库区的应用 . 中国环境科学学会学术年会论文集，2010：2591-2594.

［18］Zhang QL，Chen YX，Jilani G，et al. Model AVSWAT apropos of simulating non-point source pollution in Taihu lake Basin. J Hazard Mater，2010（174）：824-830.

［19］Agudelo RM，Penuela G，Aguirre NJ，et al. Simultaneous removal of chlorpyrifos and dissolved organic carbon using horizontal sub-surface flow pilot wetlands. Ecol Eng，2010（36）：1401-1408.

［20］Budd R，O'geen A，Goh KS，et al. Removal mechanisms and fate of insecticides in constructed wetlands. Chemosphere，2011（83）：1581–1587

［21］Mazur A. Influence of the pre-dam reservoir on the quality of surface waters supplying reservoir，Nielisz，Teka Kom. Ochr. Kszt. Srod. Przyr. -OL PAN，2010（7）：243-250.

［22］Muñoz AR，Trevisan M，Capri E. Sorption and photodegradation of chlorpyrifos on riparian and aquatic macrophytes. J Environ Sci Health，Part B，2009（44）：7-12.

［23］Qin BQ，Xu PZ，Wu QL，et al. Zhang YL. Environmental issues of Lake Taihu，China. Hydrobiologia，2007（581）：3-14.

［24］Paul L，Putz K. Suspended matter elimination in a pre-dam with discharge dependent storage level regulation. Limnologica，2008（38）：388-399.

［25］Paul L. Nutrient elimination in pre-dams：results of long term studies. Hydrobiologia，2003（504）：289-295.

［26］Salvia-Castellvi M，Dohet A，Vander Borght P，et al. Control of the eutrophication of the reservoir of Esch-sur-Sûre （Luxembourg）：evaluation of the phosphorus removal by predams. Hydrobiologia，2001（459）：61-71.

［27］国家环保局，《水和废水监测分析方法》编委会 . 水和废水监测分析方法（第四版）. 北京：中国环境科学出版社，2002.

［28］Paul L，Schruter K，Labahn J. Phosphorus elimination by longitudinal subdivision of reservoirs and lakes. Water science and technology. 1998，37（2）：235-243.

［29］Salvia-Castellvi M，Dohet A，Vander P，et al. Control of the eutrophication of the reservoir of Esch-sur-Sûre（Luxembourg）：evaluation of the phosphorus removal by predams. Hydrobiologia，459（1-3）：61-71.

［30］朱铭捷，胡洪营，何苗，等 . 悬浮颗粒物在河道滞留塘系统中的沉降与沉积特性 [J]. 环境污染治理技术与设备，2006，7（12）：27-31.

［31］张邦喜，李存雄，夏品华，等 . 沉水植物水质净化研究及在前置库中的应用 [J]. 安徽农业科学，2010，38（2）：11931-11932.

288